미용학개론

Life & Beauty Culture

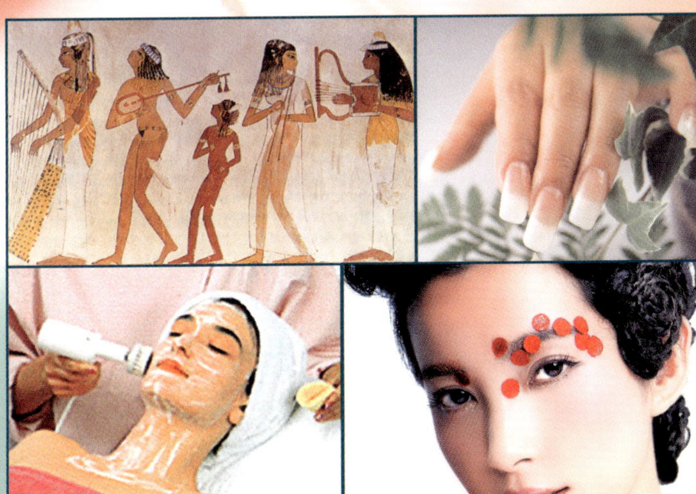

청구문화사

머리말...

오랫동안 계속되어 온 미용인들의 꾸준한 연구와 노력으로 괄목할 만한 미용산업의 발전이 이뤄짐에 따라, 최근에는 미용학을 배우고 계승해가려는 학생들이 점점 많아지고 있는 추세이다.

이로 인해 전체적인 미용 인구의 양적인 팽창뿐만 아니라 질적인 향상이 실현 으로써 고학력 미용인 시대가 열리게 되었으며, 대학을 졸업하고 현장에 진출한 후에도 끊임없는 세미나와 연수를 통해 전문지식을 갖추어 나감으로써, 가일층 향상된 전문직업분야로써의 위치를 확고히 해나가고 있다.

이에 따라 미용분야별로 미용학과 관련된 서적들이 입문서에서부터 심화적인 내용에 이르기까지 다양하게 출간되고 있으며, 이러한 일련의 현상들은 미용학을 이론적으로 접근해 가려는 근간의 노력을 뒷받침 해주는 초석이 되고 있다. 그러나 아직은 온갖 백화가 만발하는 단계여서 다양한 각도에서의 접근이 이루어지고 있으며, 이러한 과정을 거쳐 건실한 결실을 맺을 것으로 기대되고 있다.

본 미용학 개론도 이러한 차원에서 미용에 입문하려는 새내기 미용인들에게 있어서 필수적으로 알아두어야 할 미용분야(헤어, 피부관리, 메이크업, 네일 등)의 기초적인 지식을 간략하고 핵심적으로 전달하고자 여러 교수님들의 다양한 강의경험과 자료들을 모아 집필되었다.

내용에 있어서는 전반적인 입문서인 만큼 다양한 분야별 사진 및 그림 등을 첨부하여, 대학에서 뿐만이 아니라 미용 전 분야에 걸쳐 기초적인 개론부터 산업체에서의 작업시술 메뉴에 관한 기본적인 궁금증을 해결해 줄 수 있도록 좀 더 쉽고, 알차고, 활용도 높게 구성하였다.

원고정리에 최선을 다하였으나 막상 정리를 끝내고 나니 아직도 부분적으로 아쉬운 점과 보완해야 할 점 등이 남아있다. 이러한 점들은 앞으로 여러 선배제현들의 지도편달을 받아 지속적으로 수정·보완해 나갈 것을 다짐하며, 이 작은 책자가 미용을 공부하고자 하는 모든 이들에게 꼭 필요한 지침서가 되었으면 하는 바램을 가져본다.

끝으로 이 책의 출간을 위해 도움을 주신 모든 분들께 감사드리며, 좋은 책을 발간할 수 있도록 물심양면으로 지원을 아끼지 않으신 청구문화사 이상태 사장님과 여러 저자의 모든 자료와 의견을 꼼꼼히 챙겨주신 편집부 직원 여러분들의 노고에 깊은 감사를 드린다.

저자 일동

Contents

1편..헤어

1장, 미용의 역사 · 13

1. 고대미용의 역사·13
   1) 고대의 미용 / 13
   2) 중세 미용 / 13
   3) 르네상스시대 미용 / 14
   4) 16~17세기 미용 / 15
   5) 18세기 미용 / 15
2. 근·현대의 헤어스타일·16
   1) 근대 미용 기술의 발전 개요 / 16
   2) 근·현대 미용스타일 변천사 / 17
3. 한국 고대 미용의 역사·28
   1) 고조선 , 삼한 시대 미용 / 28
   2) 삼국시대 미용 / 29
   3) 통일신라 시대 미용 / 30
   4) 고려시대 미용 / 30
   5) 조선시대 미용 / 31
4. 근·현대 한국 헤어 스타일·33
   1) 해방이전의 헤어 스타일 / 33

2장, 모발 과학 · 41

1. 모발의 개요·41
   1) 모발의 분류 / 41
   2) 모발의 구조 / 42
2. 모발의 발생 및 성장·44
   1) 모발의 발생 / 44
   2) 모발의 성장주기 / 45
   3) 모발의 성장속도 / 47
3. 모발의 색·47
4. 모발성장에 영향을 주는 요인·48
5. 모발의 일반적 성질·49
   1) 모발의 물리적인 성질 / 49
   2) 모발의 화학적 성질 / 51

3장, 두피 및 모발관리 · 57

1. 두피관리·57
   1) 두피관리의 목적 / 57
   2) 두피의 이상상태 / 57
   3) 두피의 종류와 관리방법 / 57
   4) 두피, 모발 관리 단계 / 59
2. 샴푸와 린스·62
   1) 샴푸의 기원 / 62
   2) 샴푸의 목적 / 62
   3) 샴푸제의 분류 / 62
   4) 샴푸의 종류 / 62
   5) 샴푸제의 성분에 따른 분류 / 64

6) 샴푸제의 성분 / 65
7) 샴푸 시술 / 67
8) 린스 / 68
9) 린스 시술 / 68

4장, 헤어 커팅 · 73

1. 커트에 필요한 대표적 도구·73
   1) 가위 / 73
   2) 틴닝 가위 / 74
   3) 레이저 / 75
   4) 빗 / 76
   5) 분무기와 크립 / 76
   6) 클리퍼 / 77
2. 커팅도구 사용법·78
   1) 가위 쥐는 법 / 78
   2) 레이저 쥐는 법 / 79
   3) 빗과 가위 사용법 / 79
   4) 클리퍼 사용법 / 80
3. 커트의 종류와 특징·80
   1) 블런트 커트 / 80
   2) 질감처리에 따른 방법 / 84
4. 커트시 필요한 두상의 위치와 명칭·86
   1) 두부의 명칭 / 86
   2) 두부의 포인트 / 86
   3) 두부의 기본 라인 / 86
   4) 사용용어 / 87
5. 커트의 실제·88

5장, 헤어퍼머넌트웨이브 · 91

1. 퍼머넌트 웨이브의 역사·91
2. 퍼머넌트 웨이브의 원리·92
   1) 모발의 구조 및 케라틴 / 93
   2) 퍼머넌트웨이브제 화학적 작용 / 93
   3) 로드의 물리적인 작용 / 94
3. 퍼머넌트웨이브의 종류· 95
   1) 1욕식 콜드 웨이브 / 95
   2) 2욕식 콜드 웨이브 / 95
   3) 3욕법 / 98
   4) 퍼머넌트웨이브 용액에 주의점 / 98
4. 퍼머넌트 웨이브의 시술·99
5. 퍼머넌트 웨이브 형성에 영향을 미치는 요인·104
   1) 모발의 질 / 104
   2) 베이스 섹션 / 105
   3) 로드의 직경 / 105
   4) 스트랜드의 각도 / 105
   5) 약제 / 106

6장, 헤어컬러링 · 109

1. 모발 염색의 정의·109
2. 모발 염색의 역사·109
3. 염색이론·110
   1) 멜라닌 / 110
   2) 색채이론 / 111
   3) 염모제의 분류 / 115
   4) 염색의 원리 / 118

4. 탈색·118

1) 탈색이란 / 118
2) 탈색제의 종류와 장·단점 / 119
3) 탈색제의 성분 및 작용 / 120
4) 탈색의 원리 / 120
5) 헤어 컬러링 실제 / 122

7장, 브로우드라이와 브로우 드라이와 업스타일 · 131

1. 브로우 드라이·131

1) 브로우 드라이의 원리 / 131
2) 핸드 드라이어 / 131
3) 브러쉬 / 132
4) 드라이를 위한 사전처리 / 134
5) 브로우 드라이 실기 / 134
6) 드라이 시술시 주의사항 / 136

2. 업 스타일·136

1) 디자인 법칙 / 136
2) 업 스타일 도구 및 사용법 / 137
3) 업 스타일 기본 기법 / 138
4) 다양한 업 스타일 패턴 / 140

2편..피부미용

8장, 에스테틱 · 145

1. 피부미용의 개요·145
2. 피부관리의 방법·145
3. 피부관리의 역사·146

1) 서양의 피부관리 역사 / 146
2) 한국의 피부미용 / 147

3. 피부의 구조·148

1) 표피 / 148
2) 진피 / 151
3) 피하조직 / 152

4. 피부의 기능 및 유형·153

1) 피부의 기능 / 153
2) 피부의 유형 / 154
3) 문제성 피부의 유형 / 157

5. 피부 미용 기기와 도구·158

1) 피부미용 기기 / 158
2) 피부미용 도구 / 162

9장, 피부관리 실기 · 163

1. 고객카드의 작성·163

1) 고객카드 작성의 의미 / 163
2) 카드작성시 상담내용 / 163

2. 크린싱·166

1) 크린싱제의 특징 / 166
2) 크린싱제의 종류 / 166

3. 딥 크린싱·167

1) 효과 / 167
2) 종류 / 167

4. 습포·168
1) 온습포 / 168
2) 냉습포 / 168
5. 마사지·169
1) 효과 / 169
2) 주의 사항 / 169
3) 마사지 기본 동작 및 효과 / 169
6. 마스크와 팩·170
1) 효과 / 170
2) 주의 사항 / 171
3) 사용 방법에 따른 분류 / 171
4) 내용상에 따른 분류 / 171

10장, 아로마 테라피 · 173
1. 아로마테라피 정의와 역사·173
2. 에센셜오일의 정의·173
3. 에센셜오일 체내 유입, 효과·174
4. 에센셜오일의 추출법·174
1) 냉침법 / 174
2) 수증기 증류법 / 175
3) 압축법 / 175
4) 휘발성 용매 추출 / 175
5. 캐리어 오일·175
6. 에센셜 오일의 일반적 사용방법·175
1) 확산법 / 175
2) 목욕법 / 176
3) 마사지법 / 176
4) 흡입법 / 176
5) 습포법 / 176
7. 피부관리에 적용과 사용시 주의사항·176

11장, 발관리 · 179
1. 발관리의 정의·179
2. 발관리 역사·179
1) 중국의 발관리 / 179
2) 16세기의 발관리 / 179
3) 19세기의 발관리 / 179
4) 20세기의 발관리 / 180
3. 발반사의 원리·180
4. 발관리가 인체에 미치는 영향·180
5. 발관리법·181
6. 건강하고 이상적인 발·182
7. 발관리시 유의해야 할 사항·183

12장, 경락마사지 · 185
1. 경락과 경혈·185
2. 경락의 기능·185
3. 경락의 효과·185
4. 경락의 구성·186
5. 14경락·186
1) 수태음폐경 / 186
2) 수양명대장경 / 186
3) 족양명위경 / 186
4) 족태음비경 / 187
5) 수소음심경 / 187
6) 수태양소장경 / 187
7) 족태양방광경 / 187

8) 족소음신경 / 188
9) 수궐음심포경 / 188
10) 수소양삼초경 / 188
11) 족소음담경 / 188
12) 족궐음간경 / 189
13) 임맥 / 189
14) 독맥(督脈) / 189

13장, 하이드로테라피 · 191

1. 수요법 · 191
2. 수요법의 역사 · 191
3. 수요법의 종류 · 192
4. 수요법의 효과 · 192
1) 온도에 의한 효과 / 192
2) 물의 기계적 자극에 의한 효과 / 193
3) 물의 생화학적 작용에 의한 효과 / 193
4) 정수압에 의한 효과 / 193
5) 부력작용에 의한 효과 / 194
5. 수요법이 인체에 미치는 영향 · 194

14장, 림프드레나쥐 · 197

1. 림프계 · 197
2. 림프의 정의 · 197
3. 림프의 기능 · 197
4. 주요 림프 기관 · 198
5. 림프구와 면역체계 · 199
6. 림프 드레니쥐 마사지 · 199

3편.. 메이크업

15장, 메이크업의 개요와 역사 · 205

1. 메이크업의 정의 · 205
2. 메이크업의 역사 · 205
1) 한국화장사 / 205
2) 서양화장사 / 209

16장, 메이크업의 기초 이론 · 217

1. 메이크업의 구성요소 · 217
1) 색상 / 217
2) 선 / 220
3) 질감 / 221
2. 메이크업과 조명 · 223
1) 자연조명 / 223
2) 인공조명 / 223
3. 이상적인 Face Proportion · 224
4. 메이크업 제품과 기초이론 · 226
1) 베이스 메이크업 / 226
2) 아이 메이크업 / 229
3) 립메이크업 / 233

17장, 메이크업의 실제 · 237

1. 메이크업의 분류 · 237
1) 시간에 따른 메이크업 / 237
2) 이미지 메이크업 / 240
3) 패션 메이크업 / 241
4) 트랜드 메이크업 / 242

5) 미디어 메이크업 / 243
6) 웨딩메이크업 / 244

18장, 분장의 기초이론 · 249

1. 분장의 의의와 목적·249
2. 분장의 분류·249
3. 분장의 재료와 도구·250

19장, 매체별 분장의 실제 · 255

1. 무대 분장·255
   1) 기원 / 255
   2) 무대 분장의 특징 / 255
   3) 무대 기본 분장(남자) / 256
   4) 무대 기본 분장(여자) / 256
   5) 무대 노역 분장 / 257
   6) 발레리나 / 259
   7) 마녀/259
   8) 인형/260
   9) 판타지, 바디 페인팅, 아트 메이크업 / 260
2. 영상매체 분장·262
   1) TV 분장 / 262
   2) TV 분장의 실제 / 263
   3) 영화분장 / 269
   4) CF 메이크업 / 270
3. 인쇄매체 분장·271
   1) 사진 / 271
   2) 잡지, 카달로그, 포스터 등 / 272
   3) 메이크업 이미지 사진들 / 273

4편..네일케어

20장, 네일케어의 개요 · 277

1. 네일 케어의 개요·277
   1) 네일(Nail)의 의미 / 277
   2) 네일(Nail)의 구조 / 277
   3) 네일의 기능 / 279
   4) 네일의 성장 / 279

21장, 네일케어의 분야 및 실제 · 281

1. 네일 케어의 기기와 도구·281
   1) 네일 케어 기기 / 281
   2) 네일 케어 도구 및 재료 / 283
2. 네일 케어의 분야와 실제·288
   1) 네일 모양(Nail Shape) / 288
   2) 손과 팔 마사지 / 289
   3) 레귤러 매니큐어 / 289
   4) 프랜치 매니큐어 / 291
   5) 파라핀 매니큐어 / 291
   6) 패디큐어(Pedicure) / 292
   7) 인조 네일의 응용 / 294
   8) 아크릴릭 네일 / 296
   9) 왁싱(Waxing) / 298
3. 네일 아트(Nail Art)·299
   1) 네일아트의 종류 / 299

1편... 헤어

1. 미용의 역사
2. 모발과학
3. 두피 및 모발관리
4. 헤어커팅
5. 헤어퍼머넌트 웨이브
6. 헤어컬러링
7. 브로우드라이와 업스타일

Chapter 1. 미용의 역사

미용의 역사

1. 고대미용의 역사

1) 고대의 미용

고대 이집트 사회로 거슬러 올라가면 모발은 그 시대의 부를 상징하고 신분을 나타내는 하나의 위상으로서 자리 잡았으며, 각기 다른 스타일의 가발을 사용하는 것이 자신의 신분과 힘을 표시하는 하나의 수단이 되었다는 것을 알 수 있다. 또한 그리스나 로마시대에는 머리모양이 생의 감정을 반영해주는 일종의 장식품으로 가발, 웨이브, 쪽짓는 머리, 올림머리 등을 이용한 수많은 헤어스타일이 존재했다.

◀ 뱀모양장식관

◀ 그리스, 로마시대

2) 중세 미용

중세에는 종교적인 영향으로 머리를 자르거나 웨이브를 넣는 것을 금하는 풍습이 있었으며, 14세기에는 여성들이 머리에 망토를 쓰던가 린넨이나 실크에 레이스를 꿰메어 뒤집어 쓰기도 했다. 이렇듯이 중세 여성들의 머리 장식과 헤드 드레스는 패션사상 여자의 모자가 갖추어지기 시작했다는 점에서 중요한 의미를 갖는다.

로브, 뿌르쁘웽 ▶

3) 르네상스시대 미용

르네상스시대에는 모든 사물의 중심이 인간이라는 사상하에 중세의 거추장스런 장식이 사라지고 남자들은 어깨까지 내려오는 웨이브에 앞머리를 뱅으로 자른 스타일에서 중기의 남자의 모리보양은 길이가 짧아져 강한 남자의 인상을 느끼게 했다. 모자류를 없애고 낮고 작은 머리자체를 아름답게 형성하는 장식없는 스타일이나 가발과 끈을 교차시켜 돌려 감아 땋은 머리가 여성들 사이에서 유행하였다.

▲ 르네상스시대 미용

4) 16~17세기 미용

르네상스 말 16세기에는 정중앙에서 가르마를 만들어 이마부분을 약간 부풀게 하면서 뒤로 넘겨 빗어서 시니온으로 정돈하는 방법이 사용되었다. 17세기의 헤어스타일은 패션디자인에 따라 변해 러프가 성행하는 동안은 남자들은 짧은 머리가 유행하였고, 어깨가 내려앉는 플랫칼 2세가 유행하자 머리를 어깨까지 늘어뜨리게 되었다. 여성들의 헤어스타일은 앞에서 뒤로 빗어넘긴 짧은 머리형이 초에 유행하여 부드러운 웨이브를 만들어 틀어 올려 탑부분이 작아보이게 손질하였다.

▲ 16~17세기 미용

5) 18세기 미용

18세기 특히 루이 16세기 시대는 미발의 역사상 전성기임과 동시에 과다한 부조화를 가져온 시대이기도 했다. 프랑스 혁명이 일어난 후 모든 것이 단순화되어 숏커트 등이 출현했다. 이후로 물리, 화학의 발달과 기계, 기술의 발전으로 헤어 스타일이 다양화 되었다.

▲ 18세기 전반부 퐁파두르

▲ 18세기 후반부 여자의 머리장식

incroyable ▶

2. 근·현대에 나타나는 헤어스타일

1) 근대 미용 기술의 발전 개요

1872년 프랑스의 마샬 그라또우(Marcel Grateau)가 아이론을 이용하여 일시적인 웨이브를 창출하였고, 1906년 독일의 남자미용사인 찰스 네슬러(Charles Nestler)가 전열 퍼머넌트 기기를 이용해 웨이브를 만드는 일명 스파이럴식 히트 웨이브를 창안했다. 붕사와 같은 알칼리성 수용액을 이용해 화학적인 처리를 가하고 전기로 가열하는 방식으로 모근에서부터 와인딩 해 나가는 스파이럴식 와인딩에 이어 1925년 죠셉 메이어(Joseph Mayer)에 의해 짧은 머리에도 와인딩 할 수 있도록 모발 끝에서 모근쪽으로 와인딩해 가는 방식의 크로키롤식 웨이브 고안하였다.

그리고 1927년에는 독일의 웰라 회사에서 핫 웨이빙 기구를 출시했고, 1936년 영국의 아스트베리, 스피크만 등의 학자들이 아유산수소나트륨을 사용하면 40℃ 정도의 온도에서 퍼머넌트 웨이브가 얻어지는 것을 발견 높은 열을 사용하지 않고 실온에서도 퍼머넌트 웨이브가 가능하다는 의미로 콜드라는 명칭을 사용해 콜드 퍼머넌트 웨이브를 만들어냈다. 1941년 미국에서 치오글리콜릭산을 주제로 한 콜드 펌 웨이브제가 제조되었으며 1947년 미국의 식품의약국(FDA)에 의해 치오글리콜릭산의 제조 방법이 간단하면서 보건 위생상 무해하고 냄새가 적고 웨이브를 얻는데 효과적이라는 것을 인증받았다.

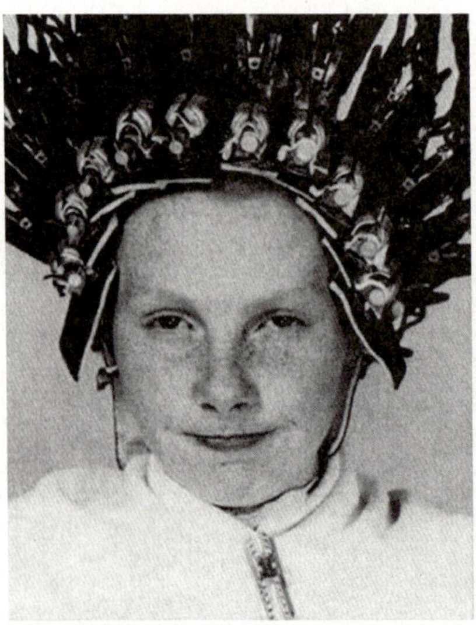

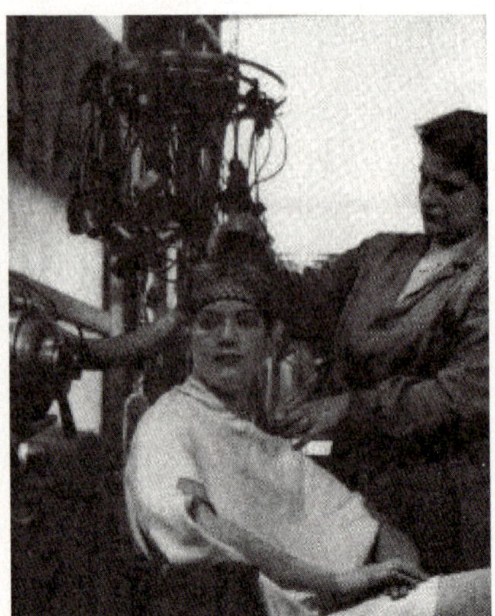

2) 근 · 현대 미용스타일 변천사

(1) 1900~1910년대 스타일 - 업스타일

① 깁슨걸 스타일

19세기말에서 20세기초에는 모발의 길이에 약간의 층을 주어 롤을 말아놓은 것처럼 윤곽을 표현하는 깁슨걸 스타일이 유행하였는데, 롱헤어 스타일의 머리 앞쪽은 약간 높게 하여 네이프에서 정돈하였고, 머리끝은 링이나 네트의 다발로 해서 흘러내리게 하고 탑 부분을 낮게 만드는 게 특징으로 굵은 웨이브를 줌으로써 두상을 크게 강조하여 머리 양쪽을 부풀게 하여 귀여운 분위기를 자아냈다.

② 원롤 스타일

원롤 스타일은 웨이브를 줄이고 심플한 디자인으로 앞머리를 부풀려서 빗어 넘기는 깁슨걸 스타일의 변형된 스타일이다. 전체적으로 컬을 하나의 롤로 만들어 앞머리를 높게 한 이 스타일은 싱을 넣어 머리를 커 보이게 하던 르네상스시대보다는 높이가 낮아졌다. 우리 나라에서는 이 스타일을 한때 일본풍이라 하여 기피하기도 했으나 신여성들 사이에서는 매우 선호되었으며, 온화하고 부드러운 느낌을 자아내도록 젊은 여성의 머리형에서 아이롱으로 자잘하게 컬을 내어 앞이마를 덮어 뱅(bang)을 만들고 나머지는 뒷부분으로 넘겼다.

③ 퐁파두르 스타일

1900초 서구에서는 퐁파두르 스타일이 유행하였는데 그 당시 머리형태는 가르마를 하지 않고 머리카락을 두상에 딱 붙여 빗어 올려 머리 뒤에서 정리해 양쪽 귀 밑으로 애교머리를 내놓는 방식으로 표현됐다.

퐁파두르는 18세기 프랑스 루이 15세의 애인이었던 퐁파두르 후작부인을 말한다. 그당시 그녀는 최고의 교양을 쌓고 국왕 이상의 강한 영향력을 갖고 있었는데 그녀의 행동, 취미, 모습 하나 하나가 상류사회 여성들의 동경의 대상이 되었다. 1907년에는 마샬웨이브가 유행 짧은 머리에 곱슬거리게 퍼머넌트웨이브를 하였다.

(2) 1920년대 스타일 - 단발스타일

① 스트레이트 보브 스타일

서양에서는 제1차 세계대전과 여성운동의 영향으로 인해 보브 스타일이 인기를 끌었다. 전후 직장여성들이 늘어남으로써 종전의 여성성을 강조한 장식적인 것에서 탈피하여 기능과 실용위주로 변화하였다. 이같은 현상은 여성이 남자와 같은 짧은 머리를 하게됨으로써 남녀 평등사상으로 나타나게 되었다. 그러나 서양의 역사상 짧은 머리가 유행했던 시대는 엠파이어 시대를 제외하고는 없었다.

긴머리는 여성성의 대명사였기 때문에 급격한 변화를 피해 서서히 변화를 맞게 된다. 1910년대 짧은 단발로 층이 진 보이쉬한 보브 스타일의 유행에 이어 1920년대 중반에 들어서는 숏 커트가 유행하였다. 이는 보브의 유행으로부터 비롯된 것으로 서서히 짧은 숏 커트의 바람에 무리없이 동화하게 된다. 숏 커트의 유행은 소위 여성과 남성이 같은 대열에서 맞서는 사회활동의 변화의 산물이라고 말할 수 있을 것이다.

(3) 1930년대 스타일

① 퍼머넌트웨이브 스타일

1930년대의 서양에서는 경제의 대공황이 시작되고 여성 해방 운동이 움추러 드는 시기로 당시의 남성들은 일터로 나간 여성이 가정으로 돌아오길 간절히 바라게된다. 이시기의 헤어스타일은 보이쉬하고 짧은 스타일은 퇴조하고 부드러운 웨이브와 여성스러운 긴 머리와 부드러운 실루엣이 강조되었다.

▲ 세미보브

▲ 진할로우

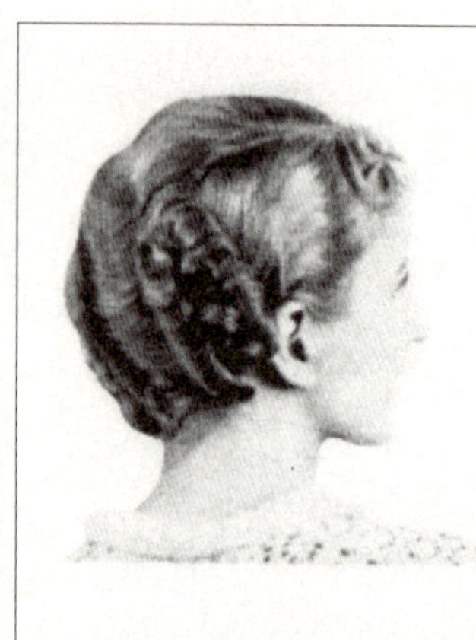

▲ 핑거웨이브

▲ 킨키스타일

짧았던 머리가 다시 길어지면서 여성스러운 느낌을 강조할 수 있는 퍼머 웨이브가 유행을 하게되었다. 또한 경제공황을 맞아 생활이 힘들어지면서 잠시나마 현실을 잊고 즐길 수 있는 영화를 찾게 되어 헐리웃의 전성기를 맞이하게 되어 유행을 이끌었다.

1934년에는 헐리웃 스타인 진 할로우의 백금색 머리의 옅은색 탈색을 시작으로 염색이 시작되었다. 이 시기에는 완만한 웨이브의 단발과 함께 롱 보브가 점차적으로 유행하면서 머리길이는 갈수록 길어졌고 핀을 이용하거나 터번을 머리에 메어 연출하였다. 또한 작고, 관이 얕은 모자가 유행하였으며 당시의 도시의 여성들은 꼭 유행의 첨단을 걷는 여성이 아니더라도 필수품으로 웨이브를 준 보브 헤어 위에 모자로 자신을 연출하였다.

1930년대에서 1935년까지는 이마에는 아무 장식도 하지 않고 모발을 그냥 둔 채로 머리모양을 만드는 스타일이 유행하였다. 곱슬거리는 퍼머를 한 다음 옆 가르마나 가운데 가르마를 하고 모발을 귀가 보이지 않게 내렸으며 귀 뒷부분에는 알루미늄 세팅기로 둥글게 물결무늬의 핑거 웨이브를 만들었다.

불에 달군 아이롱을 이용하여 웨이브를 부드럽게 만들었기 때문에 컬에 탄력이 있고 웨이브의 지속성이 좋아졌으며, 더 길어진 머리에 머리핀이나 터번도 함께 사용하였다. 이 시기에는 롤이 많은 인형의 머리처럼 많이 곱슬거리며 부풀린 형태의 흑인 머리 같은 곱슬거리는 킨키(kinki) 헤어가 등장하여 질감과 양감을 강조하였다.

② 세미 보브 스타일

세미 보브 스타일의 대표적인 스타로는 그레타 가르보를 들 수 있다. 그녀의 헤어스타일은 입체적으로 생긴 외형에 매력적인 분위기를 돋보이게 하기 위해 기교를 부리지 않고 단순하게 스트레이트한 세미롱 보브 스타일로 모발 끝 부분에 약간의 웨이브가 드리워졌다. 또한 그 시대의 유명한 스타인 클로데트 콜베르는 앞머리에 뱅으로 처리해서 소녀다운 분위기를 연출하기도 하였다. 또한 프랑스어로 영국풍이란 뜻인 앙글레즈 스타일은 18세기 나폴레옹 1세의 황후였던 조세핀의 머리형으로써 고대 로마의 머리형을 가미시킨 당시 유행 감각을 엿볼 수 있는 스타일이다.

(4) 1940년대 스타일

① 링고 스타일

▲ 링고

스타일은 유행에 민감한 여성들과 배우 그리고 카페나 요정의 여성들 사이에 유행했던 머리형으로서 프린지를 잘라 위로 향하게 둥글게 말아서 붙여 올린 것 같은 웨이브를 내고 롤을 말아서 앞머리와 비슷하게 바깥 말음을 사용했다.

이 스타일은 롤의 연결이 자연스럽게 흐르도록 만들어서 롤의 길이의 따라서 다양한 연령층에서 선호되었고 따라서 시대를 초월하여 유행하게 되었다.

② 아이론 웨이브

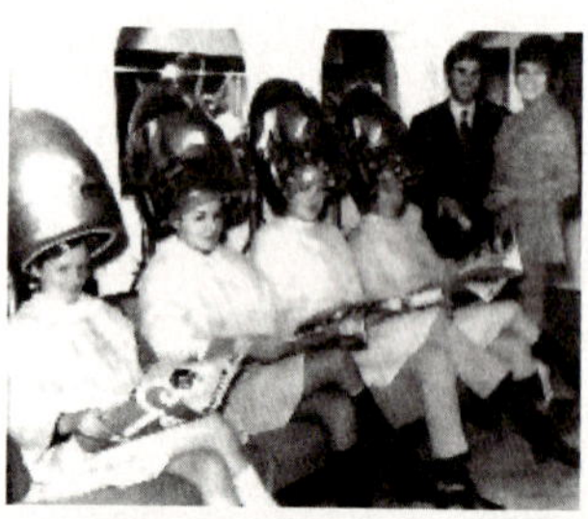

아이론 웨이브는 머리에 기름을 발라 종이를 대지 않고 아이론으로 둥글게 말아 올리는 지라시라는 스타일이 유행하였으며 그 후 시간이 지나면서 웨이브를 부드럽게 하기 위해 머리를 말 때 종이를 대기도 하였다.

업스타일이나 웨이브를 내기 위해서 마샬아이롱과 롤러컬을 말아서 셋팅을 하고 원통형의 드라이기로 말려서 웨이브를 고정시켰다.

당시 퍼머는 아이론을 하기 위한 전 단계로서 웨이브의 지속력을 주기 위한 개념으로 볼 수 있었으며, 퍼머머리를 굵은 웨이브의 셋팅이나 고데로 손질하거나 단순한 스트레이트 형태에 약간의 층을 내어 머리 끝을 둥글게 말아 넣거나 바깥말음을 하였다.

③ 시뇽 스타일 (헤르메스 헤어두)

전쟁 이후의 머리 형태는 머리가 작게 보이도록 두상에 달라붙는 시뇽 스타일이 유행하였고 모자는 필박스나 베레모가 유행하였다. 이때는 1900년대의 긴머리 스타일의 퐁파두르가 어깨 길이의 머리에 앞머리는 위로 빗어 핀을 꽂고 안에는 패딩을 않은 간소화된 퐁파두르 스타일이 유행하였다.

시뇽 스타일은 네이프선까지 가지런히 정돈하여 묶어 청순한 이미지를 부각시키는 스타일로 신부의 업스타일에 많이 연출됐다. 아르헨티나의 독재자의 부인인 에바페론의 헤어 스타일이 전 세계적으로 유행했다.

40년대 후반에는 부드럽고 손질하기 쉬운 숏트가 유행하였으며 머리카락이 귀의 앞쪽으로 빗겨지고 이마에서 불규칙한 모양을 한 픽시 커트가 생겨났으며 다양한 머리스타일이 공존하는 시대로 접어드는 시기이다.

◀ 에바페론(시뇽)
◀ 시뇽 Elle

(5) 1950년대 스타일 - 콜드 퍼머와 숏커트 스타일

1950년대는 미국이 유행을 주도하는 시기였으며, 평화 시대에 접어든 50년대는 경제가 발전하고 풍요로운 가운데 젊은이들이 문화의 유행을 이끌어 나간 시기이기도 하다. 1950년대 젊은이들 사이에는 마릴린 먼로가 즐겨하던 머리카락 3인치 정도의 길이를 큰 롤로 감아 만든 둥근 모양의 버블스타일, 오드리 햅번의 불규칙한 앞머리에 짧은 머리모양의 픽시 커트, 브리짓드 바르도의 머리카락을 흐트린 스타일도 유행하였다.

그 외에도 머리가 꼭 붙게 시뇽을 하거나 머리카락을 약 4㎝ 길이로 똑같이 짤라서 느슨하게 컷을 한 푸들 컷(poodle cut), 어깨까지 내려온 머리의 끝을 안으로 말은 페이지 보이 보브(page boy bob)등이 유행했으며 이외에도 긴머리를 뒤로 모아 고무줄이나 끈으로 테일(horse'tail) 또는 포니 테일(pony tail)도 유행했다.

◀ 버블스타일
◀ 포니테일러

◀ 브리짓드바르도
◀ 푸들컷

(6) 1960년대 스타일
- 업스타일과 다양한 컷트 스타일

1960년대는 대중매체의 대량 보급을 통해 의상, 헤어스타일, 메이크업 등 전 분야에 걸쳐 새로운 유행의 시작을 알리는 황금기였다. 특히 머리모양의 변화가 많았는데 커트 기술의 향상과 다양화로 커트형의 머리모양이 유행하였다. 특히 영국의 메리퀀트가 모델 트위기에게 미니스커트를 입히면서 커트와 미니스커트는 전세계적으로 유행하게 되었다.

1960년대 초에는 듀오라인 스타일과 백조라인 스타일 같은 크라운에 볼륨이 있고 부풀어 있는 모양의 일명 크라운 봄베지 스타일이 유행했다.

▲ 트위기

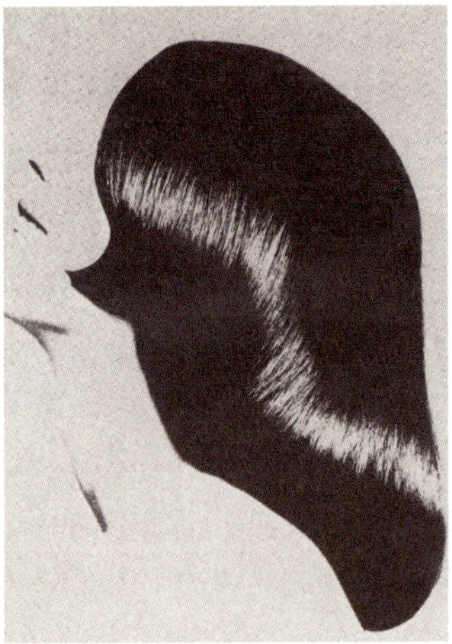

◀ 크라운 봄베이지 스타일
◀ 이사도라 컷트(비달사순)

(7) 1970년대 스타일 - 콜드 펌, 기하학적인 컷트, 펑크 스타일

▲ 머쉬룸 컷트

이시기의 유럽에서는 헤어스타일이 예술로써 인정받게 되며 미용의 모든 부분에서 과학적 사고와 창조가 중요시 되었으며, 긴 머리를 그냥 자른다는 커트에서 모발의 각도를 달리해서 유연함과 유동성에 의한 비달사순의 기하학적인 커트의 개념이 정립된 시기이다.

1970년대 전반기에는 커트 붐이 절정을 이루었으며 특히 뒷 목덜미 부위에 길게 레이어 형으로 커트한 스타일의 일명 거지커트라고 불리는 쉐기 커트가 유행하였다. 이러한 쉐기 커트는 기성세대에 대한 기존의 전통과 관념을 거부하는 젊은이들의 반항아적인 헤어스타일로 통했다.

1970년대에는 젤이나 무스, 스프레이 등을 사용하여 머리형태를 도발적으로 만든 펑크스타일이 유행하였는데, 이는 머리를 불규칙적으로 잘라서 뾰족하게 만든 다음 젤이나 무스 스프레이를 이용하여 고정시켜서 마치 머리에 뿔이 난 것처럼 보이게 했으며, 머리 양쪽을 바짝 자르거나 사이드 부분에 면도를 하고 마치 수닭의 벼슬처럼 머리카락을 꼿꼿이 세운 형태의 스타일을 보이기도 했다. 또한 정형화된 단발에 식상한 세대들이 비대칭적인 스타일 변화를 추구하면서 언밸런스 스타일도 함께 유행하였다.

이 시기에는 여성들 다양하고 적극적으로 사회 활동에 참여하면서 개성 있는 퍼머넌트웨이브 스타일을 연출하였다. 이전의 여성들은 대부분 미용실에서 헤어스타일을 연출하였는데 바쁘게 사회활동을 하는 여성들에게는 간편하게 시간을 절약하고 자신의 개성을 표현할 수 있는 퍼머넌트웨이브 스타일이 유행하였다.

퍼머넌트웨이브 스타일의 명칭은 사용하는 기구나 완성된 머리 형태에 따라 분류되며 펌 기구에 따라 분류하면 스트레이트 펌, 드라이펌, 부메랑, 핀 컬, 1/2펌, 기본형, 뿌리펌, 디자인 펌 등으로 나눌 수 있다. 1970년대 중반에는 버섯모양의 머쉬룸이 유행했는데 이는 모발을 중심에서 방사형으로 흘러서 옆이 넓게 되며 모발 끝이 안쪽을 향해서 모아진 스타일로서 여자다움을 잃지 않는 디자인성으로 인해 여성들에게 애용된 스타일이다.

1970년대 말부터는 불균형적으로 정돈되지 않은 듯한 머리형태의 콘케이브 커트가 나오기 시작하였는데 이 스타일은 머리의 형태보다는 새롭고 신선한 감을 줄 수 있도록 모발의 흐름과 질감에 포인트를 주는 스타일이다. 말에는 블로우 드라이라는 새로운 기구를 사용하여 그동안 아이론을 이용했던 딱딱한 분위기의 웨이브를 소프트하면서도 자연스러운 웨이브 스타일로 연출하였다.

▲ 언밸런스 스타일

▲ 기하학적인 컷트(비달사순)

▲ 쉐기컷트

▲ 바람머리

특히 블로우 스타일 중에서도 바람에 날리듯 자연스럽다고 해서 이름 지어진 바람머리 스타일이 유행하였다.

이마를 거의 가린 듯한 형태로 청순한 이미지를 풍기는 영국의 황태자비인 다이애나가 주로 애용했던 이 스타일은 삽시간에 유행했다. 이 블로우 스타일은 퍼머머리에 블로우 드라이로 부드럽고 유연하게 연출했는데 현재에도 많이 유행하고 있는 스타일의 하나이다.

(8) 1980년대 스타일 - 다양한 퍼머넌트웨이브 스타일 유행

1980년대는 커트와 퍼머가 매우 다양해지고 최신 미용기구도 많이 선보였으며, 헤어디자이너들도 예술가라는 긍지를 갖게 된 시기이며 헤어디자이너들의 감성과 감각이 매우 중요하게 받아들여지던 때이다.

1980년대 초반에는 클리퍼(바리캉)와 레이저를 병행한 커트가 새롭게 발표되었으며, 특히 클리퍼 기구가 본격적으로 사용되어 상고단발형 스타일이 유행하였다. 또한 젊은 여성층에서는 웨이브에 싫증을 느껴 스트레이트 퍼머와 긴 머리에 굵게 살짝만 웨이브를 준 퍼머가 유행했으며 무스와 젤, 스프레이 등을 이용한 앞머리를 세우는 스타일이 유행하였다. 1984년에는 이전의 직선커트의 보브 스타일보다 앞머리를 자연스런 퍼머 웨이브를 주고 뒷머리는 클립퍼로 머리 결을 밀어 올리는 2단층 보브와 상고 단발형이 유행하였다.

이 스타일은 전체적으로 층이 가볍게 연결되며 단발의 끝선이 턱 끝 위로 올라간 형태이며, 앞이마에 머리숱을 솎아 내는 틴닝(tinning)커트로 가볍게 머리를 살짝 내려놓아 여성적인 부드러움을 살린 것으로 여학생들이 주로 애용하였다.

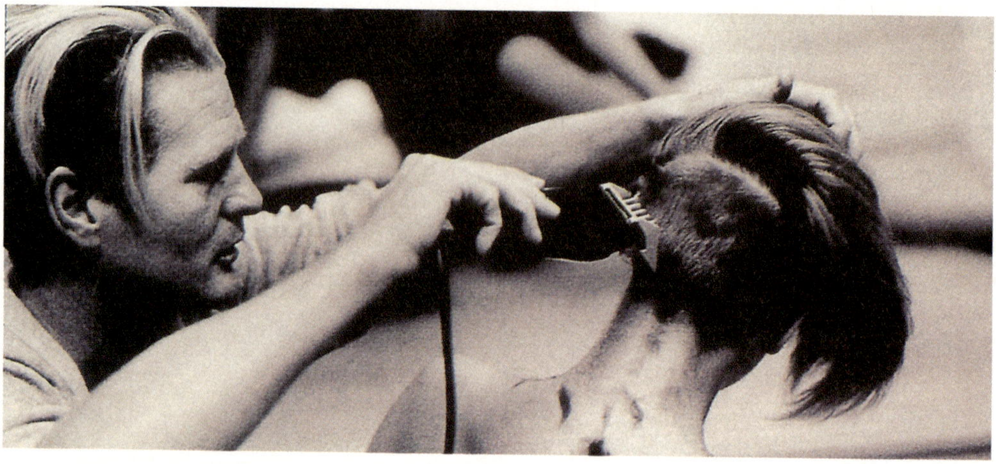

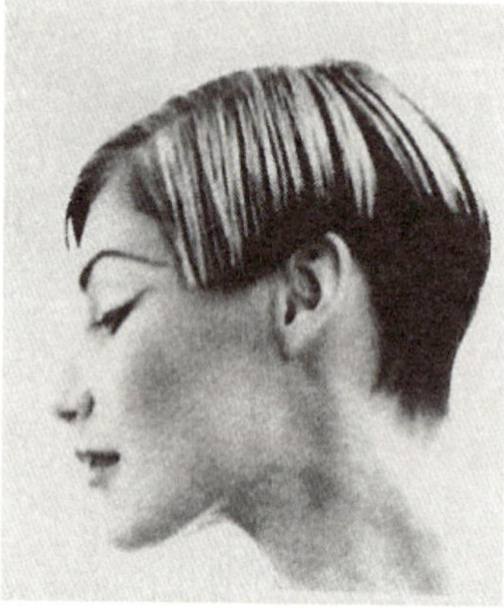

1980년대 말에는 긴머리의 굵은 퍼머 스타일과 함께 생머리에도 퍼머를 하는 스트레이트 퍼머넌트 웨이브를 많이 했으며, 퍼머의 종류가 많아져서 기본형의 퍼머에서 부터 앞머리 형태에서 웨이브를 굵고 자연스럽게 나타내는 핀컬 퍼머, 부메랑 퍼머 등 다양한 형태의 퍼머가 성행하였다.

◀ 상고단발

(9) 1990년대 - 개성 추구형 복고풍 스타일, 컬러의 다양화

1990년대에는 개성을 추구하는 풍조가 자리잡은 시기로 자신에게 맞는 다양한 스타일이 공존했다. 퍼머넌트웨이브의 종류는 펌 로드 모양이나 펌이 형성된 과정 또는 제품 등에 의해 명명되어졌으며, 여러 종류의 퍼머넌트웨이브가 유행하였다.

90년대 초에는 60년대의 스타일을 현대감각에 맞게 변화시킨 스트레이트와 자연스러운 스타일이 유행하였다. 또한 세팅과 아이롱이 재등장하였으며 모발을 자유스러운 현대감각에 맞게 바깥말음이나 안말음을 함으로써 딱딱했던 60년대의 분위기와는 다른 여성스러운 분위기가 연출되었다. 한편으로는 복고풍과는 무관하게 개성을 추구하는 헤어스타일이 유행하였으며 굵은 웨이브 퍼머에 무스나 젤을 발라 웨이브를 그대로 살리는 경쾌한 스타일이나 자유분방하고 톡톡 튀는 스타일이 젊은이들 사이에 유행하였다.

▲ 셋팅펌

90년 초에는 로멘틱 보브라는 스타일이 유행해 후론트와 싸이드는 자연스럽게 큰 롤로 웨이브를 주고 크라운 부위에 볼륨을 주는 스타일이 중년 여성들 사이에서 유행되었다. 90년대에는 머리끝과 전체적인 느낌을 중시하여 질감이나 양감을 예민하게 나타낼 수 있는 레저 커트가 주를 이루었으며 가위로 커트한 느낌보다는 레저로 에칭한 커트는 머리끝이 가볍고 부드러운 느낌이 잘 표현됐다.

90년대의 젊은 층에서는 헐리웃 배우인 제니퍼 에니스톤의 1970년대 유행한 중간 길이의 레이어 컷트와 끝머리를 가볍게 처리해 밖으로 머리카락의 끝을 삐치게 한 맥 라이언 의 헤어스타일, 긴 스트레이트 아이롱펌, 곱슬머리 스트레이트 등이 유행하였다.

매직 스트레이트펌 ▶
헤어 익스텐션 ▶

맥라이언 ▶
쉬빙 스트랜드(컬러) ▶

퍼머스타일도 획일적인 스타일에서 벗어나 여러 가지 롯드를 이용한 복합적인 디자인의 웨이브가 등장하였으며, 특히 90년대 후반에는 매직 아이롱이 등장하여 찰랑거리는 헤어스타일의 매직 스트레이트 펌이 젊은이들 사이에 크게 유행하였다.

90년대는 또한 컬러링의 시대라고 할 수 있다. 젊은이들은 매우 다양해진 염색제와 부분 탈색제 코팅제 등을 이용하여 자기의 개성을 마음껏 연출했다. 여러 가지 컬러를 다양하게 사용하여 헤어전체에 입체감을 주는 위빙 스트랜드를 즐기는 여성들이 늘어나고 웨이브 사이사이에 강한 블릿지나 칼라링으로 탈색을 하여 생동감 있고 부드러운 느낌을 주는 스타일도 많이 애용되었다.

90년대 말기에는 천연 머리카락 다발을 실리콘을 이용하여 붙여서 머리길이를 연장시키는 일명 헤어 익스텐션이나 컬러링을 한 인조머리카락이나 천연 머리카락을 붙여 컬러를 주는 방법이 유행했다.

헤어 칼라링과 펌 뒤에 오는 모발의 손상과 함께 모발에 건강을 생각하는 해초 펌, 산성 펌, 영양 펌, 산소 펌 등이 출시되고 모발을 재생시킨다는 클리닉제품과 오존을 발생시키는 기계를 비롯하여 모발이나 두피를 관리하는 전문관리소가 등장하기도 했다.

3. 한국 고대 미용의 역사

1) 고조선 , 삼한 시대 미용

청동기 문화를 배경으로 세워진 고조선시대의 미용의 실체를 입증할 근거는 희박하지만, 뼈 비녀와 그 밖의 유물이 출토되는 것으로 미루어 보아, 지금으로부터 4,000여 년 이전에 이미 쪽진 머리와 상투 머리가 이용된 것으로 보인다. 2,000여 년 전, 삼한 시대에 미용의 개념이 존재하였음을 후한서나 신당서 등에서 찾아볼 수 있다. 철기시대로 접어들면서 철기 장신구들이 발전하였고, 수장들은 상투를 틀고, 노예는 머리를 깎는 등의 머리형의 변화가 많았던 것으로 보인다.

2) 삼국시대 미용

▲ 수산리고분벽화모사도

(1) 신라시대 미용(B.C 57~A.D 668)

신라시대에는 '아름다운 육체에 아름다운 정신이 깃든다.'는 영육일치 사상의 영향으로 남, 여 모두가 외모에 대한 관심이 높은 시기였다. 신라의 여인들은 긴 머리에 가체를 사용하는 장발 처리 기술이 뛰어났고, 땋아서 감아 올리고 금, 은, 주옥, 비단으로 장식을 하거나 앞가르마를 똑 바로 타고 뒤에서 틀어 쪽을 틀었다. 남자는 산사조 페르시아의 영향으로 정수리가 뾰족하게 솟도록 상투를 틀거나 머리를 잘라서 팔고 검은 두건을 썼다. 신라 사람들의 가체는 중국을 비롯한 다른 나라에까지 우수성이 알려 졌다.

(2) 고구려 시대 미용 (B.C 37~A.D 668)

'당서'에 보면 고구려의 여자들이 가발을 사용하여 크게 얹은머리로 자신의 지위를 나타내었다는 기록이 있다. 또한 여인들은 모발을 뒷머리로부터 앞머리로 감아 돌려 끝을 앞머리 가운데로 꽂거나, 쪽진 머리, 묶은 머리, 얹은머리 쌍계와 낮게 묶은 민머리, 비녀를 꽂은 낭자머리, 쌍 상투머리 등으로 그 종류가 다양하였다. 남자들의 머리는 외상투가 많았으며, 쌍 상투를 하는 경우도 있었다.

(3) 백제시대 미용 (B.C 18~A.D 663)

지리적 여건으로 고구려나 신라보다 늦게 출발한 백제는 일본에 화장품 제조 기술과 화장법을 전수하였을 정도로 미의식이 발달했는데, 두발을 길고 아름답게 가꾼 마한 인들의 전통을 계승하여 남자들은 상투를 틀었고, 여인들은 머리를 두 갈래로 땋아 머리를 틀어 올렸다.

3) 통일신라 시대 미용

삼국의 문화를 융합하고 신라의 전통적인 문화를 계승한 통일신라시대에는 신라 시대의 머리 모양이 다양하게 변화하여 이어졌고 당나라의 영향으로 남, 녀의 치장이 매우 화려해졌다. 앞에서 보면 쌍상투 모양을 하고 있는데 뒷모습을 보면 뒷가리마를 하여 둘로 나눈 뒤 다시 이를 상하로 이등분하여 한쪽은 위로 모아 머리 위에 틀고 아래쪽은 길게 빗어 내린 후 땋아 마치 새앙머리처럼 귀 뒤에서 고정시켰다. 쌍상투와 같은 머리 모양은 미성년자들이 하는 것이었으나, 발해에서는 쌍상투 형식을 빌린 머리모양을 성인 여성들도 즐겨한 것으로 보인다. 이 시기의 머리 형태는 이후 고려와 조선시대에도 크게 영향을 미쳤다.

◀ 남자상
◀ 여인상
▼ 쌍상투 머리

4) 고려시대 미용

고려시대에는 통일신라시대의 풍속이 거의 전승되어 신분과 나이에 따라 두발을 달리하였다. 혼인 전 여자들은 붉은 띠로 머리의 일부를 묶고 나머지는 뒤로 내렸다. 통일신라 시대에서 이어져 내려온 비녀의 사용이 많아져 옥잠 호도잠 등의 꽃과 보석으로 장식된 비녀와 가체를 상류층에서 사용했다는 기록을 찾아 볼 수 있다.

미혼 남자들을 검은 띠로 머리를 묶었다. 그리고 원 침략 이후 남성들은 변발을 하기도 했다. 고려 말엽에는 머리 염색이 서민 사회까지 확산되었는데, 그 재료로는 숯, 재, 옻나무 등이 백모를 커버하기 위해 사용되었다.

▲ 왕비와 시녀, 관경서분변상도

▲ 자의 복원품

5) 조선시대 미용

남존여비, 재가금지, 서열차별 등이 가부장적 부계중심의 유교 사회로 정착된 조선시대에의 남자들은 상투를 트는 것이 일반적이었으며, 혼례를 올리지 않은 처녀 총각의 머리는 가운데 가르마를 하고, 양쪽 귀 위 머리를 땋아서, 뒤에서 모아서 땋아 늘어뜨리고, 댕기를 묶었다. 부인들의 머리에는 얹은머리와 쪽진 머리가 성행했다.

얹은머리에는 궁중에서 왕비 혼례용으로 사용되었던 대수머리와 내명부가 상용했던 의례용 대수머리가 있고, 족두리를 쓰는 어여머리는 외명부나 반가의 부녀자들과 일반인이 혼례용으로 사용하였다. 조선 후기 영조의 가체 금지령 이후, 쪽진 머리가 가장 일반적이고 대표적으로 사용되었는데, 왕비는 도금한 봉황을 내, 외명부는 흑각으로 개구리를 만들어 앞가르마 정 가운데를 장식하였다. 단순화된 쪽진 머리에는 비녀와 뒤꽂이 등의 장식품이 사용되었다.

▲ 어여머리, 대수, 쪽진머리

▲ 첩지

◀ 뒤꽂이

4. 근·현대에 나타난 한국의 헤어 스타일

1) 해방이전에 나타난 특징적 헤어 스타일

(1) 1900~1910년대

1895년 갑오경장이후 단발령이 내려지면서 고종 자신이 머리를 자른 후, 성문이나 거리에 관리들이 지나가는 사람들의 머리를 잘랐다. 이에 반발하는 사대부는 자살하는 사람들이 생겨나기도 했다. 1900년대에 유행한 깁슨걸 스타일은 동백기름을 바르고 머리를 달라붙게 하던 관습적인 머리형태에서 탈피한 획기적인 스타일이기도 했다. 올백으로 빗어 후론트 부분을 세워 부풀리고 네이프 부분에 세가닥 땋기의 댕기머리로 겹쳐묶는 방법으로 외국공관의 외교관 부인들과 여선교사들의 퐁파두르 스타일은 당시 이화학당의 학생 중 여러 명과 1910년대에는 일부 유행을 따르는 신여성들 사이에 유행하였다. 이는 당시 가까운 일본 여성들 사이에 유행했던 스타일로 일본 유학파 였던 최활란이라는 유학생이 이 스타일 머리와 모자를 착용하고 돌아와 장안에 화제가 되기도 했다.

조선시대의 쪽진 머리와 업스타일 헤어가 전통과 신문물 사이에 갈등이 오갔으며 변화를 추구하려는 여성들 사이에서 다양한 머리장식 꽂이와 비녀와 다양한 색상의 댕기로 업스타일을 치장하였다. 신여성들이나 학생들, 직업여성들 사이에 짧은 헤어스타일과 더불어 댕기머리가 행해졌으며, 중년 여성은 쪽머리를 여전히 고수하였다.

(2) 1920년대

▲ 최승희

이때 우리 나라 최초의 미용사가 등장하였고, 1차대전 이후의 서양이 영향을 받은 단발머리가 일본 유학생의 귀국으로 신여성들 사이에 급속히 유행되었다. 이 단발머리와 함께 흐트러진 곱슬머리에 터번을 사용해 묶고 다양한 길이를 주는 보브스타일이 유행하였다. 찰랑거리는 스트레이트 단발과 전체적으로 부드러운 웨이브를 주는 아주 여성스럽고 우아한 느낌의 큰 웨이브의 단발이 유행하였는데 대표적인 인물로는 당시 예술가이면서 현대무용가인 최승희를 들 수 있다. 그녀의 헤어 스타일 샤프하고 심플한 이미지를 강하게 어필하여 보브 스타일의 대명사로 평가되었다.

(3) 1930년대

▲ 1930년대 펌

1930년 우리 나라에서는 당시 한일합방 이후 일본 유학파 신여성들의 부류가 리더였으며 당시 시인, 화가, 음악가 등 소위 예술가라고 불리는 선구자적인 여성들의 생활이니 결혼관, 화장법 등은 일반인들에게는 매우 충격적이었다.

우리 나라 최초의 미용실은 일본 유학 시절 미용공부를 하고 귀국한 오엽주가 1933년 화신백화점안에 개설한 화신미용실이었으며 당시 퍼머값은 쌀 두섬 정도의 값으로 아주 비쌌지만 장안의 부유층 여성들과 멋쟁이 여성들은 앞다투어 줄을 섰다고 한다. 이 시기 우리 나라의 젊은 여성들은 외국 영화 배우들을 따라하기를 좋아하여 머리를 어깨 위의 길이로 웨이브를 주어 흘러내리게 했고 앞머리나 옆머리에는 헤어 액세서리를 이용하였으며 뒷머리를 길고 느슨하게 연출하는 것이 유행하였다. 1930년대는 대중성과 실용성에 있어서 누구에게나 무난히 어울리는 롱헤어 패턴과 짧게 자른 단발 스타일이 공존해서 유행했던 시기이다.

(4) 1940년대

광복이후 일제말에 금지되었던 퍼머넌트가 다시 등장하고, 묶는 머리나 평범한 가미머리에 익숙해 있던 일반 여성들도 퍼머나 세팅 또는 아이론으로 웨이브를 만들어 멋을 부렸다.

그 당시 미용기술로는 머리전체에 웨이브를 내는 것은 상당히 어려운 기술이었기 때문에 뒷머리는 적당히 빗고 앞머리에 웨이브를 자잘히 내어 멋을 부리는 아라이 아이론이 유행하였다. 또한 머리에 심을 집어넣고 머리 뒤를 부풀게 하는 도르마키라는 스타일이 멋쟁이 유한부인들 사이에 유행하였다. 최첨단을 걷는 여성이라든가, 영화배우 요정들 사이에서 유행했던 링고 스타일은 한복이나 양장차림에도 잘 어울려서 일제시대부터 광복 후까지 애용되었다.

◀ 1930년대 펌

(5) 1950년대

한국 전쟁이후 패션의 풍속도가 새롭게 전개되었는데 유엔군의 참전으로 유행의 판도가 달라졌다. 6.25전까지는 주로 전기 퍼머였으나 전쟁 후, 전력공급이 중단되어 불퍼머를 개발하게 되었다.

당시 불퍼머는 지금의 번개탄과 비슷한 손가락 크기의 가봉이라는 펌기기에 불을 붙여 퍼머 집게의 양쪽에 두 개씩 넣어 은박지를 대고 머리를 말아서 퍼머를 하였는데, 이때 가봉의 재가 떨어지고 불똥이 튀어 옷에 구멍이 나고 화상을 입는 불편함에도 유행처럼 번져나갔다.

전쟁 후, 개발된 불퍼머의 번거로움에도 불구하고 퍼머 머리가 유행되고 미군 부대 근처의 양 색시들의 강한 컬의 콜드펌과 미국잡지나 영화의 유입으로 헤어스타일은 점점 더 서구화되고 급속도로 확산되었다.

미국잡지와 영화의 영향으로 오드리햅번이 주연한 로마의 휴일이 상영되자 그녀의 이탈리안 보이란 헤어스타일이 햅번 스타일이라 불리며 점차 여성들 사이에서 짧은 머리형이 늘어났다. 50년대 후반에는 퍼머약이 처음으로 판매되어 헤어스타일이 급격히 다양해졌다.

(6) 1960년대

우리 나라에서는 1960년대 초에는 앞머리의 부위와 귀 양옆에 높이를 준 헤어스타일이 유행하였다. 우리 나라에서는 이 스타일을 바가지 스타일이라고 부르기도 했다. 1964년에 업스타일과 함께 보브 스타일이 유행하였고, 65년경부터는 가발 붐이 일기 시작해서 머리모양을 개성 있게 선택할 수 있게되어 세련된 멋을 냈다.

68년에는 보브 스타일이 가수 윤복희씨에 의해 소개되어, 간편하고 손질하기 쉽기 때문에 직장 여성이나 학구파 신여성에게 유행하였다. 또한 양장이나 한복을 입고 올림머리를 함으로써 고데기를 사용해서 머리형을 살리고 장식적인 컬과 가발을 사용했는데 이것이 현대 드라이어의 시초가 되었다.

◀ 월간 패션지 의상의 창간호 (1968년 12월). 표지 모델은 미니스커트를 입은 가수 윤복희씨

◀ 60년대 유행한 부풀린 머리 스타일의 한옥수씨

(7) 1970년대

70년대에는 긴 머리를 그냥 자른다는 개념에서 모발을 각도에 의해 나누어 기하학적으로 자른다는 개념이 완전히 정립된 시기이다. 1970년대 전반기는 컷트의 절정을 이루었고, 쉐기 컷트라는 일명 거지 컷트가 유행하였고 앞머리를 변형한 계단식과 젊은 여성들의 간결하고 생동감 나는 상고머리 스타일이 유행하였다.

이제까지 아이론과 셋트에 의한 단단한 웨이브 구성은 사라지고 가벼운 웨이브 스타일이 나왔는데, 재미교포 미용가 홍계남씨에 의해 우리 나라에 소개되었다.

(8) 1980년대

80년대 초에는 여대생이나 직장여성을 중심으로 바리캉과 레이저를 변형한 컷트와 펑크헤어 또는 디스코머리와 같은 중성적인 헤어스타일이 유행하였다.

80년대 말에는 긴 머리의 굵은 퍼머 스타일과 스트레이트와 더불어 머리장식이 유행하였다. 1982년에는 세계 미용 연맹에 정식 회원국으로 가입하게 되었다.

▲ 1980년대의 다양한 펌스타일

(9) 1990년~현대 헤어스타일

1990년대에는 60년대의 복고풍으로 돌아가 로맨틱 보브라는 스타일이 유행하기 시작했다. 퍼머넌트웨이브에는 여러 가지로 개발된 특수 로드와 여러 기술이 사용되게 되었고, 컬러와 코팅을 동시에 처리하는 퍼머와 볼륨 없이 달라붙는 머리와 길게 층을 낸 스트레이트가 유행하였다. 헤어 컬러링은 더욱 다양하고 대담해져 여러 가지 색으로 머리 전체를 염색하기도 하고 몇가닥 만을 블리치 처리를 하는 등 각자의 취향에 따라 선택되었고 패션가발이 유행하여 헤어스타일도 매일 바꿀 수 있다는 개념이 생기기도 하였다. 더불어서 모발의 건강을 생각해서 모발재생에 개념과 모발 전문 관리실도 등장했다.

▲ 현대의 다양한 헤어스타

Chapter 2. 모발과학

모발과학

1. 모발의 개요

모발은 피부의 부속 기관으로 피부 조직의 표피 중에서 발생하여 손바닥, 발바닥, 입술 유두, 음부 등을 제외한 전신에 분포하고 있다. 모발은 태생 9~12주에서 발생되어 두부를 보호할 뿐만 아니라 신체의 보호, 보온 촉각 등의 기능과 땀, 먼지, 세균의 침입을 막아주는 기능을 한다.

또한 모발의 발생 부위에 따라 남성과 여성을 구분하는 역할을 하며 헤어스타일의 개인의 이미지 표현을 위한 장식적인 측면까지 관여한다. 그러므로 모발과학은 헤어디자이너들이 항상 접하는 부분으로 전문적인 지식을 함양해야 만이 탁월한 능력을 발휘할 수 있으므로 매우 중요한 영역이라 할 수 있다.

1) 모발의 분류

모발은 자라나는 부위에 따라 길이나 굵기가 다르며 억센털인 경모(terminal hair)와 잔털인 연모(lanugo hair)로 구분된다. 경모는 다시 장모(long hair)와 단모(short hair)로 구분되며 두발, 수염, 겨드랑이털 등은 장모에 속하고 눈썹, 속눈썹, 코털과 같이 0.5~1.3cm 정도의 것은 단모라고 한다.

잔털은 사람 특유의 것으로 길이는 1.4cm를 넘지 않는다. 이 잔털은 제2차 성징이 나타날 때부터 발생부위에 따라서는 억센털로 변하기도 하는데 음모, 겨드랑이털, 수염, 코털, 가슴털 등이 이에 속하며 주로 생식선의 발육에 따라 변화가 일어난다.

2) 모발의 구조

모발은 크게 모근(hair root)과 모간(hair shaft)으로 나눈다. 모근은 피부내에 있는 것을 말하며, 모간이란 피부 바깥으로 나와 있는 부분이다.

(1) 모근(root of hair)

작고 긴 주머니 모양을 한 모낭 속에 모근이 들어가 있으며 모근의 가장 아래의 부풀어진 부분을 모구라고 하고 모구의 아래 부분에 요철모양의 모유두가 존재하며 많은 혈관이 분포하고 있어 세포형성에 영양을 공급하고 모발의 성장에 관여한다.

모발은 두피에서 45° 각도로 비스듬하게 성장하며 모낭에 존재하는 기모근이 연결되어 추위나 공포를 느끼게 되면 털을 세우게 된다. 그러나 눈썹, 속눈썹, 겨드랑이 털에는 기모근이 존재하지 않는다.

(2) 모간(hair shaft)

모간의 단면을 잘라보면 크게 3개 층으로 나누어지는데 가장 바깥층에서부터 모표피(cuticle), 모피질 (cortex), 모수질(medulla)로 구성되어 있다.

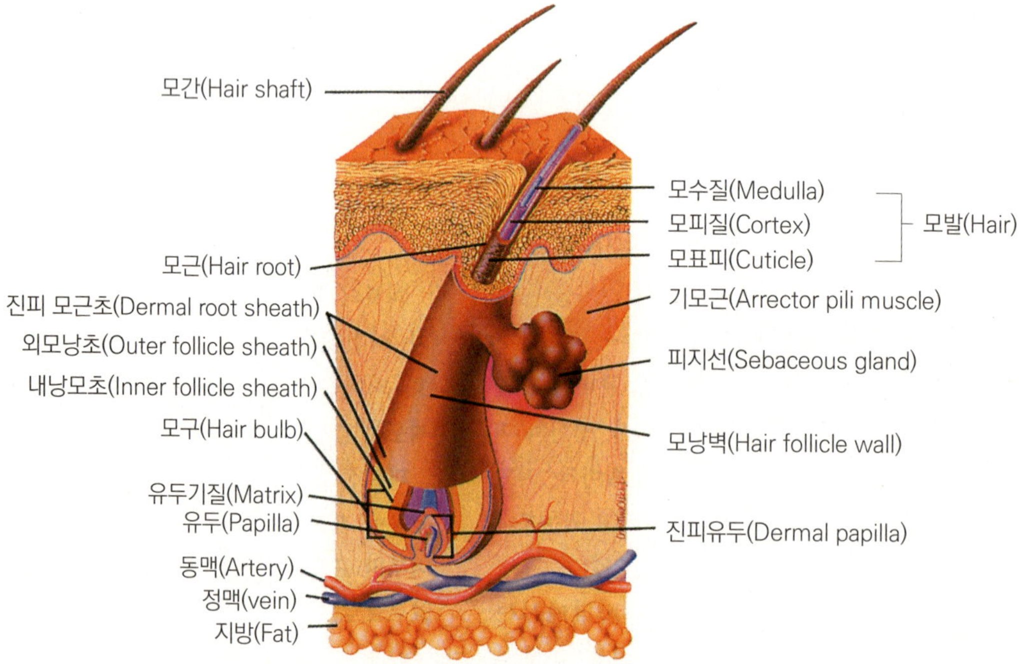

▲ 모근부의 구조

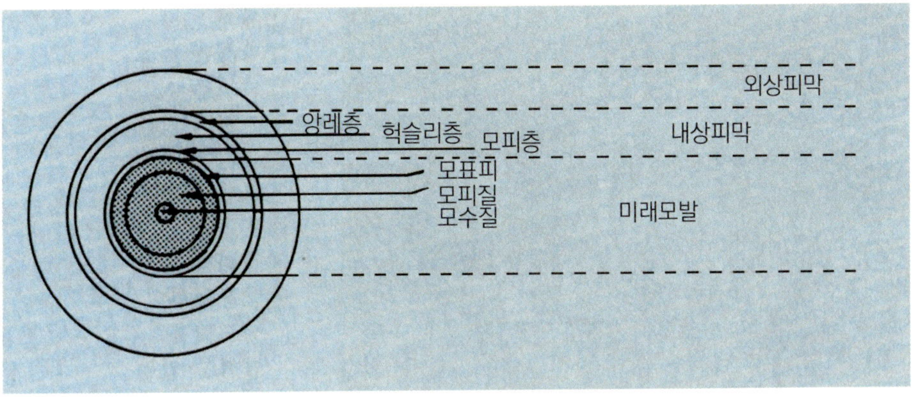

① 모표피(cuticle)

모간의 가장 외측 부분으로 4~8매로 겹쳐져 있는 비늘상으로서 모발 내부의 모피질을 감싸고 있는 화학적 저항성이 강한 층이다. 모표피는 판상으로 둘러싸인 듯한 형태의 세포로 되어 있으며, 이 각 세포는 두께 약 0.5~1.0 길이 80~100이다. 일반적으로 인모의 모표피 5~10층이며, 또한 20층인 것도 있다.

양모는 약 1~2층이다. 모표피층의 수는 섬유가 어떠한 종류의 동물로부터 나온 것인지를 판단하는데 중요하며, 모발이 손상되었다고 하는 의미는 바로 모표피(cuticle)층이 손상된 것을 의미하며 한번 손상된 모발은 스스로의 재생능력이 없다. 모표피(cuticle)는 외부의 자극으로부터 모발의 내부를 보호해주며 모발의 습윤성, 광택 등 모발의 성질을 좌우한다.

② 모피질(cortex)

모피질은 피질세포와 세포간 결합물질로 구성되어 있으며 각화된 keratin질의 피질세포가 모발의 길이 방향으로 비교적 규칙적으로 나열된 세포집단으로서 모발의 대부분 85~90%를 차지하고 있으며, 피질세포(결정영역)와 세포간 결합물질(비결정영역)의 2개로 구성되어 있다. 피질세포는 중앙에 핵의 잔사가 있고 이는 세포의 중심부근의 작은 섬세한 공간이다. 섬유의 다발이 모여 전체가 조금 비틀려 있고 세포막은 거의 소멸되어 세포와 세포사이는 섬유사 keratin(간충물질)으로 서로 강하게 연결되어 있다. 또한, 섬유의 횡방향은 유연한 keratin으로 되어 있지 않으므로 모발을 횡으로 절단하기 어렵고 종으로는 비교적 분열이 쉽게 된다. 모피질은 과립상의 멜라닌 색소를 함유하고 물과 쉽게 친화하는 친수성으로 약제의 작용을 쉽게 받기 때문에 permanent wave, hair coloring 등과 가장 관련성이 있는 부분이다. 탄력, 강도, 감촉, 질감, 색상을 좌우하며 모발의 성질을 나타내는 가장 중요한 부분이다.

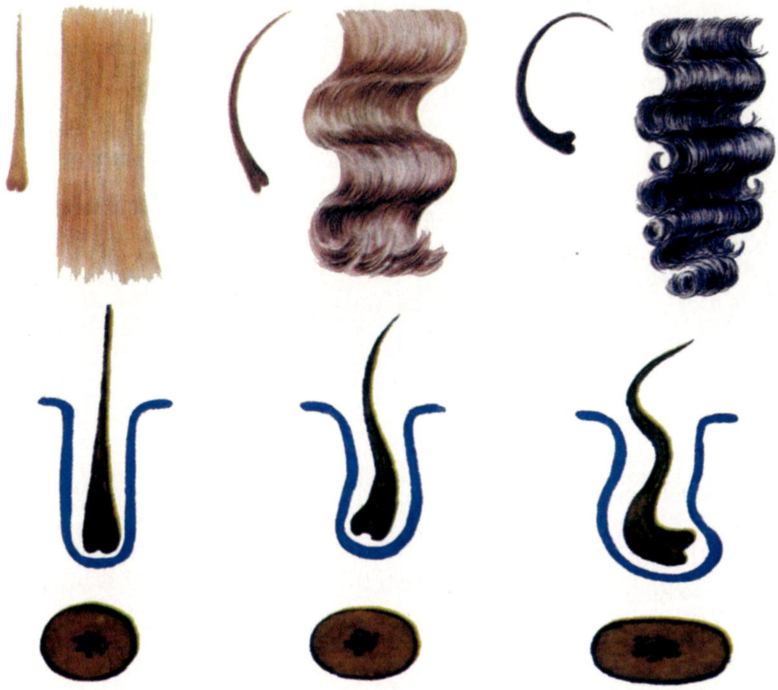

▲ 모발의 종류에 따른 모발의 단면과 모낭의 형태

③ 모수질(medulla)

모발의 중심부에 있는 모수질은 공동으로 가득찬 벌집모양의 다각형 세포가 길이 방향으로 나열되어 있다. 모수질은 아주 가는 모발에는 존재하지 않으며 대개 굵은 모발에 존재하고, 특별한 작용은 하지 않는다.

2. 모발의 발생 및 성장

1) 모발의 발생

모발은 모낭의 아래쪽에 위치한 모구의 모모세포에서 생성하게 된다. 모낭의 형태가 발달한 후 모발성장에 필요한 부분을 분배하는 피지선과 모낭 벽에 붙어있는 기모근이 형성된 다음 모발이 생장할 수 있도록 모세혈관과 영양분이 분포하고 있는 모유두가 형성되어 세포분열이 일어남으로써 새로운 모발이 자라나게 된다.

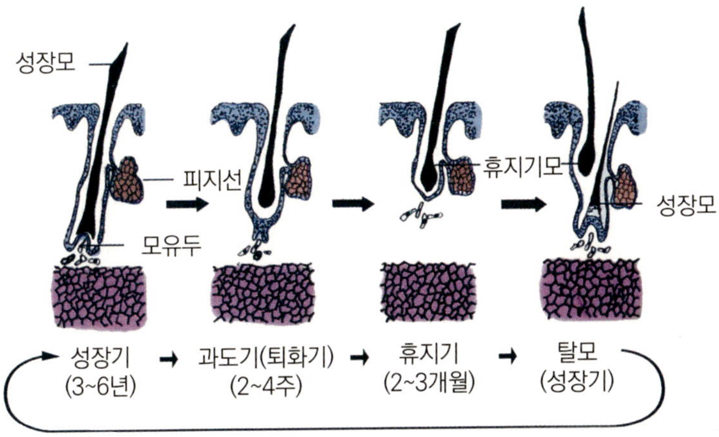

▲ 모발의 생장주기

2) 모발의 성장주기 (Hair cycle)

모발은 보통 평균수명이 3~6년 정도로 모주기(hair cycle)를 지나고 나면 자연스럽게 함몰된다. 개인의 건강상태나 몸의 부위별에 따라 수명과 성장기간이 다르며 모유두내의 모모세포의 분열에 의해 자라나게 된다. 하루에 0.2~0.5mm정도 자라고 하루 중 낮보다 밤에. 가을, 겨울보다 봄, 여름에 성장속도가 빠르다.

신생아는 전체모발의 90% 이상이 성장기에 속하며 나이가 들어감에 따라 모발의 성장속도는 느리게 진행된다.

(1) 성장기(Anagen Stage)

모발이 성장하는 기간이며 퇴화기까지 자가 성장을 계속한다. 모유두내의 모모 세포가 모세혈관으로부터 영양을 공급받아 세포분열이 왕성해지는 단계로서 전체 모발의 80~90%를 차지하고 개인의 건강상태나 연령에 따라 조금씩 차이는 있으나 보통 3~6년 정도이고 남성은 3~5년, 여성은 4~6년정도이다. 호르몬. 영양상태 질병의 유무, 비타민에 의해 영향을 받으며 1개월에 1~1.5㎝ 자라난다.

(2) 퇴화기(Catagen)

모발의 형태는 유지되고 있지만 성장기가 정지된 상태로 대사과정이 느려져 케라틴을 만들어 내지 않는 단계이다. 퇴화기의 누명은 보통1개월 정도이며 전체모발의 1%가 해당된다.

(3) 휴지기(Talogen)

모발을 성장시키는 모유두 내의 모모세포 분열이 정지되고 모낭이 축소되어 더 이상의 모발 성장이 이루어지지 않는 단계이다. 모낭이 점차 작아지면서 두피 내에 있던 모발이 모근 뒤쪽으로 밀려나면서 물리적인 자극이나 샴푸, 브러싱 등에 의해 자연적인 탈모현상이 일어난다.

전체모발의 약 4~14%(분만 후30~40%)가 이시기에 해당되며 3~4개월 지속되다가 탈모되며 새로운 성장기로 전환되면 모낭에서의 성장 이란성이 재개된다.

(4) 발생기(New Anagen)

모낭에 둘러싸여 있던 모구부가 모유두와 다시 결합하여 새로운 모발을 생장시킨다. 새로 생장하는 모발은 휴지기에 있던 모발을 밀어내어 자연 탈모시킨다.

■ 발생부위와 성장속도

	1일성장(mm)	1개월 성장(mm)
수염	0.38	11.4
모발	0.35~0.40	10.5~12.0
액모	0.23	6.9
음모	0.20	6.0
눈썹, 속눈썹	0.18	5.4

■ 발생부위와 모주기

모발	남성 3~5년
	여성 4~6년
수염(beard)	2~3년
액와모(underarm)	1~2년
음모(pubic)	1~2년
미모(eyebrows)	4~5개월
속눈썹(eyelash)	3~4개월
솜털	2~4개월

3) 모발의 성장속도

모발의 성장속도는 하루에 0.3~0.4㎜정도 자라고 1개월에 1~1.5㎝, 1년에 12㎝정도 자란다. 이 성장속도는 개인의 연령 영양상태 호르몬 등에 의해 다소 차이가 있으며 특히 세포분열이 왕성한 새벽12시~1시 사이에 성장이 잘된다.

표에서와 같이 모주기를 5년으로 할 때 모발을 10만개로 본다면 10만개÷(5년×365일)=55개가 된다. 하루에 55개 정도가 자연 탈모되고 새로운 모발이 발생되는 것이다. 모발의 성장에 관여하는 모모세포는 급격하게 세포분열을 반복하므로 항상 많은 에너지와 영양분을 필요로 하게 된다.

몸과 팔다리의 털은 6개월 이하의 성장기와 휴지기를 가지고 모발의 주기는 10~15회 반복하므로 이 주기가 일찍 끝나는 사람은 탈모가 된다. 또한 성장기가 2년밖에 안 되는 모근은 20대 전후가 되면 더 이상 새로운 모발이 자라지 않으며 휴지기의 모발이 20%이상 되면 머리털이 빠지는 상태라 할 수 있는데 평균 하루 50~100개 이상 탈모되는 현상을 말한다.

3. 모발의 색

동양인의 모발은 일반적으로 흑색 또는 흑갈색인 것이 정상이고 흰머리는 색소의 이상현상에 의한 것이다. 모발의 색은 모발 중에 함유되어 있는 멜라닌 색소량의 많고 적음에 따라 모발의 색이 결정된다. 멜라닌은 멜라노사이드(melanoside, 색소세포)에서 만들어지지만 이 멜라노사이드의 위치는 모발의 경우는 모유두의 끝에, 피부의 경우는 표피의 최하층에 닿는 기저층에 있다. 멜라노사이드는 주위에 돌기를 가진 세포로 티로시나아제라 하는 산화효소를 많이 함유한 적혈구에 의해 옮겨진 티로신(tyrosine)이라 하는 아미노산을 변화시켜 멜라닌 색소 과립을 만든다.

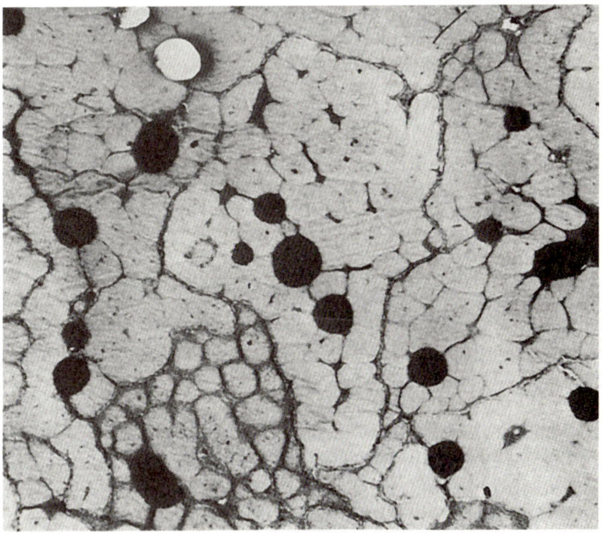

모발내부의 멜라닌 색소와 ▶
모발케라틴의 구조

4. 모발성장에 영향을 주는 요인

(1) 영양적인 요인

모발성장에 관여하는 식품에는 단백질의 공급원이 되는 우유, 계란, 치즈, 생선, 육류 등이 있다. 모발의 주성분이 단백질이므로 충분한 단백질의 섭취는 모발의 성장을 촉진시킨다. 하지만 모발의 건강과 성장을 촉진시키기 위해서 단백질 뿐 아니라 비타민이나 미네랄(철, 아연)의 섭취도 고려되어져야 한다.

또한 미역, 다시마 등 해조류도 모발영양에 관여하며 해조류에는 Fe, I, Ca 이 함유되어 있어 두피의 신진대사를 항진시키는 것으로 알려져 있다. 특히 I(요오드)는 갑상선 호르몬의 분비를 촉진시켜 모발의 성장을 도와주고 있다.

(2) 유전적인 요인

유전인자에 의해 모발 색의 좌우, 곱슬정도, 이마의 헤어라인 형태, 새치머리, 대머리, 숱의 양 등이 요인으로 작용한다.

■ 단백질의 종류

분류			소재명칭
단순 단백질	가용성 단백질	알부민 글로불린 글로틴 플로라민 히스톤 프로타민	계란흰자위, 혈청, 우유, 식물의 씨앗 등 계란노른자위, 혈청, 근육 등 밀가루, 쌀 등 소맥, 대맥, 옥수수 등 동물세포, 모든 염색체 성숙된 생식세포, 연어알
	불용성 단백질	케라틴 콜라겐 피브로인	모발, 손톱, 새털, 뿔 등 진피, 뼈, 근육 등 누에고치
		핵단백질	세포핵내(핵산과 결합)
		인단백질	젖, 난황(인산과 결합)
		당단백질	타액, 단백(당과 결합)
		색소단백질	혈색소, 플라빈효소(색소와 결합)
		리포단백질	동식물세포(레시틴과 같은 리포이드와 결합)

■ 모발에서의 비타민 작용

분 류	작 용
비타민A	부족 되면 피부가 건조해지고 모공이 위축되며 모공각화증이 발생되어 탈모가 촉진된다.
비타민B_2	부족 되면 피부, 모발의 신진대사가 원활하지 못한다.
비타민D	모발재생에 효과가 있다.
비타민F	Linol acilo, Linoren acid의 지방산으로 식물성 기름에 함유되어 있어 모발에 광택을 준다.

(3) 호르몬에 의한 요인

모발에 있어서 호르몬은 적은 양이라도 결핍되거나 과다하면 신체에 이상을 일으키며 모발의 성장에 관여하는 호르몬에는 뇌하수체 호르몬, 갑상선호르몬, 성호르몬, 부신피질호르몬 등이 있다.

(4) 연령

모발의 성장은 10대에서 20대 전후에 가장 왕성하고 50대를 지나면 성장속도가 점차 느려진다. 사춘기 때의 음모발생과 남자의 대머리 등이 나이와 연관된다.

(5) 물리적인 요인

모발을 심하게 잡아당겨서 발생하는 견인성 탈모는 새로운 모낭이 생성되기까지 보통 4~6주정도 걸린다. 모발을 인위적으로 뽑으면 탈모의 원인이 된다.

5. 모발의 일반적 성질

1) 모발의 물리적인 성질

(1) 모발의 밀도

우리 나라 사람의 모발밀도는 약 11만개이고 금발은 15만, 흑발은 10만, 적색모발은 9만개 정도이다. 정상적인 사람의 경우 하루에 탈모되는 수는 약 50~70가닥 되며 노화가 진행되면 하루에 200가닥 정도 탈모된다.

(2) 모발의 질감

모발의 질감은 각 개인의 머리카락 직경에 따라 달라진다. 일반적으로 굵은 모발, 중간 모발, 가는 모발로 나누어지며, 영양 상태나 건강상태에 따라서도 질감이 달라지고 가는 모발일수록 모발의 염색이나 퍼머넌트 웨이브 시술시간이 단축된다.

(3) 모발의 탄력성

모발을 잡아당겼다가 놓았을 때 원래상태로 돌아가는 성질을 말하며, 정상모발은 탄력성이 우수하며 물에 젖어 있으면 원래 길이의 1.7배정도 늘어나지만, 건성모발은 탄력성이 적어 약 1.25배정도 늘어난다. 탄력성은 태양, 환경, 지나친 건조와 열기 및 화학적인 처리에 의해 영향을 받는다.

(4) 모발의 습윤성

모발은 수분 함유량에 따라 모발상태가 결정되는데 공기층의 습도가 높으면 수분을 흡수하고 건조하면 수분을 빼앗기는 성질을 갖고 있다. 즉, 수분의 양에 따라 모발상태가 달라지게된다. 모발이 건조하면 매끄러움, 부드러움, 광택 등이 없어지는 반면에 물을 흡수하면 부드러워지고 매끄러우며 광택이 난다. 수분은 모발에 매우 필요한 것으로 모발의 수분보유율은 10~12%일 때가 가장 이상적이다. 그러므로 항상 모발이 건조해지지 않게 주의하고 수분과 유분이 함유되어 있는 헤어 크림(hair cream)이나 헤어 트리트먼트(hair treatment)제를 사용하여 모발에 항상 수분을 공급하도록 한다.

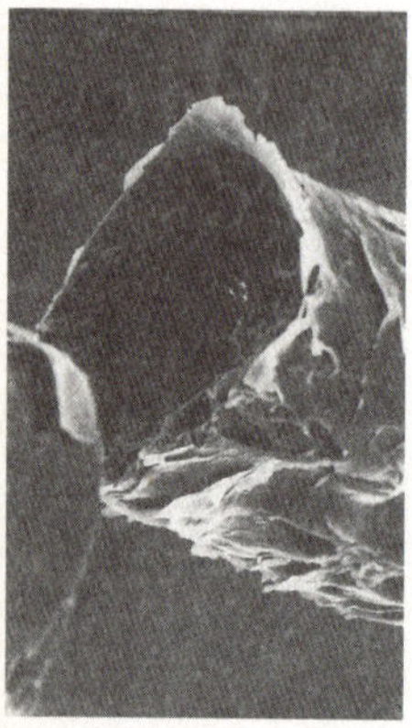

▲ 다공성모의 단면

(5) 모발의 다공성

모발의 다공성은 모발이 수분을 흡수하는 힘이며, 염색이나 퍼머넌트 웨이브 등의 특수처리로 인해 생기는 것이다. 또한 cuticle의 상태가 다공성을 결정짓는데, 건강한 모발일수록 cuticle이 규칙적으로 겹쳐져 있어 염색제나 퍼머넌트 웨이브제를 과도하게 흡수하지 않는다. 반대로 손상모의 경우 cuticle 사이가 벌어져 있기 때문에 염색제나 퍼머넌트 웨이브제를 과도하게 흡수하여 단시간내에 형성되지만 모발은 심하게 손상된다.

(6) 모발의 강도

모발의 강도는 모발을 잡아 당겼을 때 끊어지지 않고 견디는 힘을 말한다. 시험기(털을 잡아당겨 강도를 측정하는 기계)에 의하여 측정한 결과 모발 한 가닥이 끊어지지 않고 견디는데 필요한 힘은 약 150g 정도였다. 모발의 강도가 강하면 강할수록 건강한 모발이며, 나이나 환경, 화학적 처리에 의해 영향을 받는다.

2) 모발의 화학적 성질

(1) 모발과 pH

pH란 Power of Hydrogen Ions(수소 이온 농도)로서 어떤 용액의 산성 또는 알카리성을 측정하기 위한 수치로 0(강한 산성)에서 14(강알카리성)까지 표시 된 것이며 측정 후 pH가 7이면 그 용액은 중성이라 말할 수 있다. pH가 10이상이면 알카리성으로 모발을 부풀게 하며, 표피에 더 많은 기공이 생기게 하므로 cuticle과 cuticle 사이에 벌어진 기공 사이로 염색제나 퍼머넌트 웨이브제가 모발 표피층에 쉽게 침투되어 모발 손상을 초래하게 되며, pH가 1.5~2와 같이 너무 낮은 강산성이어도 모발은 심하게 손상된다.

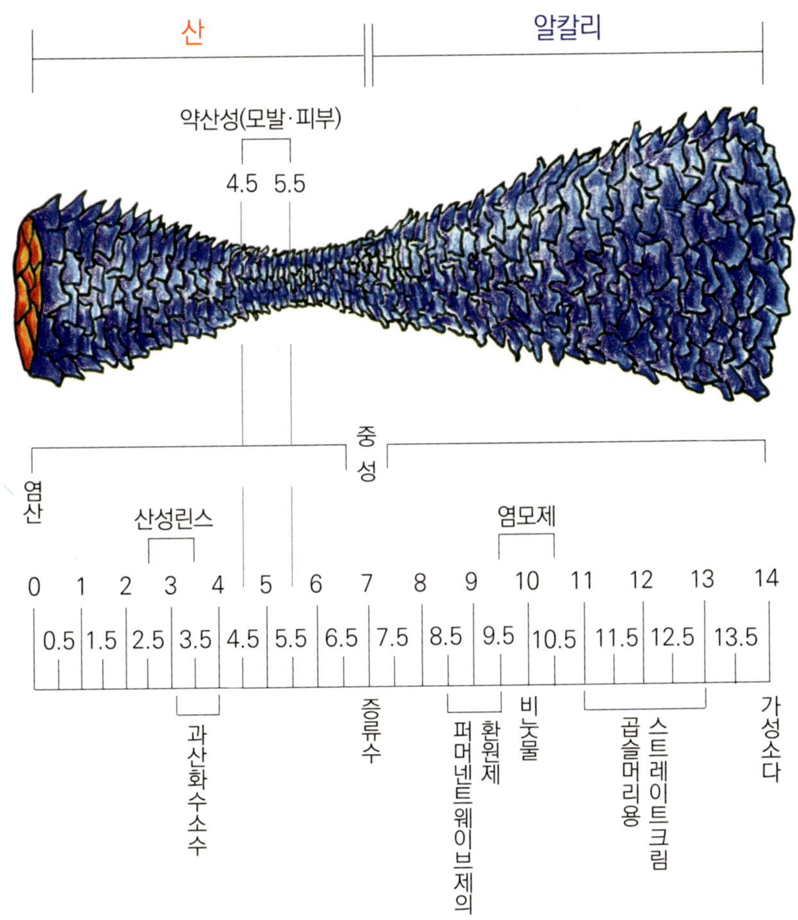

▲ 모발과 pH

(2) 펩타이드 결합(peptide linkage)

아미노산의 결합방법은 펩타이드 결합에 의해서 이루어지고 있으며 이 결합은 2분자의 아미노산이 축합반응에 의해서 아미노산 A의 -COOH와 다른 아미노산 B의 NH2에서 한 분자의 물분자가 빠지면서 -CO-NH-로 결합하는 방식으로 단백질을 형성하기 위한 기본결합이다.

(3) 폴리펩타이드(Polypeptide)

Keratin의 본체는 앞에서 기술한 바와 같이 약 18종류의 아미노산이 펩타이드 결합을 순차적으로 긴 쇄상의 폴리펩타이드에 의해 구성되어 있다. 이 구조는 다음과 같다.

이들 아미노산은 A의 -CCOH와 별도의 아미노산 B의 NH_2에서 H_2O로 되어 -CO, -NH로 연결되어 있다. 이 -CO-NH-의 결합을 펩타이드 결합이라 부른다. 이 결합이 서서히 반복되어 쇄상으로 길게 되는 것(통상 아미노산이 100개 이하, 분자량 1만 이하의 것)을 폴리펩타이드라고 하고, 분자량 1만이상의 수백만의 고분자화합물을 단백질이라고 한다.

(4) 측쇄결합

*α*형인 폴리펩타이드 주쇄간에 상호 가지고 있는 측쇄끼리 측쇄결합이라고 부르는 결합으로 연결되어 있다. 이 횡으로 연결된 것이 keratin 분자를 고정시켜 강도와 탄력등 여러 가지 동성을 keratin으로 주어진다.

측쇄결합은 주로 cystine 결합, 염결합, 수소결합의 3종류가 있지만, 이외에 소수결합, peptide 결합의 2종류와 판넬, 왁스력이라고 하는 분자간의 약한 인력을 들고 있다. 모발을 크게 손상시킴 없이 화학 변화시키는 데에 케라틴의 측쇄를 일시적으로 개쇄 또는 폐쇄시키는 것이 있다.

(5) Cystine 결합

이 결합은 유황(S)을 포함한 단백질에 특유한 것으로 다른 천연섬유(견, 목면 등) 합성섬유에서는 볼 수 없는 측쇄결합으로 keratin을 특징지우는 중요한 결합이다. 기계적으로는 상당히 견고한 결합이지만 화학적으로는 반응을 받아서 절단하고 또한 다시 결합시킬 수도 있다.

permanent wave(축모교정도 포함)는 이 화학적 성질을 이용한 것이다. Cystine 은 2분자의 cysteine이 산화되어 수소(H)가 물 (H_2O)로 되어 상호 결합한 것이다. 이 cysteine를 환원하면, 원래의 2분자의 cysteine으로 되돌아간다.

이 산화와 환원의 반응을 모형적으로 표시하면 다음식과 같이 된다. 이 -S-S- 결합을 cysteine결합 혹은 단순히 S-S 결합이라 부르고 있다. 그리고 폴리펩타이드 주쇄를 구성하고 있는 cysteine은 측쇄잔기로서 $-CH_2$ -CH가 남아 있다. 인접한 주쇄간의 cysteine 잔기끼리는 산화되어 수소가 얻어지면 주쇄간은 -S-S의 결합으로 횡으로 결합한다.

(6) 염결합(이온결합)

앞에서도 기술하였듯이 아미노산에는 아미노기 1개와 카르복실기 1개를 가진 중염기성아미노산, 아미노기 1개와 카르복실기 2개를 가지고 있는 산성 아미노산의 3종류가 있다. 아미노산의 펩타이드 결합을 만들때에는 카르복실기와 아미노기가 1개씩 사용되기 때문에 염기성 아미노산은 아미노기가 1개, 산성아미노산은 카르복실기가 1개 또는 또는 여라가지 잔기로서 남아 있다. 이와 같은 측쇄를 가진 폴리펩타이드 주쇄가 접근하면 상호 아미노기 +와 카르복실기 -가 이온적으로 결합한다. 이것이 염결합이다. pH 4.5~5.5의 범위(등전점)일 때 결합력은 최대가 되고 keratin은 가장 안정된 좋은 상태가 된다. 산과 알카리에 따라 pH가 등전점보다 산성측 혹은 알카리성측으로 기울어지는 만큼 결합이 약하게 된다.

보통의 permanent wave제가 알카리성이 되는 이유중의 하나는 이 결합을 절단하는데에 사용되기 때문이다.

(7) 수소결합

주쇄의 가운데 혹은 인접된 주쇄간의 산소(O)와 수소(H)간의 인장력에 의한 결합이다. 산소와 수소간의 거리가 먼 경우의 결합은 물에 쉽게 절단되지만 건조함으로써 재결합한다. 물론 거리가 가까운 만큼 결합력이 강하게 된다. 특히 결정영역의 수소결합은 물은 물론이며 보상의 약품으로도 절단시킬 수 없다.

(8) 그 외의 결합

① 소수결합

알콜, 수지류 등은 시간을 주면 흡수되기 때문에 keratin 중에는 같은 소수성기와 소수성기 사이에는 움직이는 힘이 있다. 이 결합을 소수결합이라 부른다. 최근 주목 받고 있는 결합방식으로 아직 충분하게는 해명되지 않았지만 프록토비 브릴의 형성, 모발 set의 기구 등으로 깊은 관계가 있는 것으로 알려져 있다.

② Peptide 결합

주쇄와 같은 결합 방식으로 그 수는 적지만 가장 강한 결합이다. 그러나 강한 산화제(예를 들면 알카리성 과산화수소수)와 강산, 강알카리 등에 의해 절단된다.

③ 판넬·왁스력

분자간의 인력으로 종합적으로 움직이는 응집력으로 결합된 것이라고까지는 할 수 없는 약한 것이다.

Chapter 3. 두피 및 두발관리

두피 및 모발관리

1. 두피관리

1) 두피관리의 목적

두피는 크게 3가지로 분류하면 정상두피, 건성두피, 지성두피로 나누어 지며 모발의 성장과 건강은 두피내의 혈액순환에 의해 이루어지므로 두피를 청결하게 관리하는 것이 모발을 건강하게 하는 것이다. 두피관리의 목적을 세분화하면 비듬제거 및 방지, 두피의 혈액순환 촉진, 탈모방지, 각화작용의 활성화, 유수분 공급 원할 등이 있다.

2) 두피의 이상상태

두피에 버짐이 발생된 상태로 붉은 반점이나 각질이 일어나는 현상을 말하며 두피강화 현상은 두피가 딱딱해져 혈액순환이 되지않아 잔모가 발생되지 않는 현상을 말한다.

3) 두피의 종류와 관리방법

(1) 정상두피의 관리

두피가 깨끗하고 적당한 피지막이 형성되어 있으며 두피색이 투명하고 정상적인 각화 작용이 되고있는 두피이다.

▲ 정상두피

① 준비도구

타올, 빗, 브러쉬, 두피케어제품, 적외선 램프, 스티머, 샴푸케이프

② 시술방법

- ▶ 어깨보를 두르고 모발을 충분히 빗질 한 후 가볍게 샴푸한다.
- ▶ 헤어 스티머를 이용하여 모발에 적당한 수분을 공급한다.

▶ 모발에 트리트먼트 제품을 도포하고 비닐캡을 씌우고 가온처리를 한다.
▶ 두피마사지를 실시하여 두피의 혈액순환이 원활하도록 한다.
▶ 헤어스타일링 제품으로 헤어스타일을 마무리 한다.

(2) 지성두피의 관리

피지분비가 과도하게 분비되는 상태로서 번들거림이 심하고 각화작용이 원활하지 않은 두피이다.

▲ 지성두피

① 준비도구

타올, 빗, 브러쉬, 지성용 샴푸제, 헤어스티머, 자외선 램프, 적외선 램프, 샴푸케이프

② 시술방법

▶ 두피나 모발의 상태를 살펴보고 빗질한 후 지성용 샴푸제로 샴푸한다.
▶ 두피에 유분이 적게 함유된 로션을 면봉으로 바른 후 광선기를 조사한다.
▶ 다시 적외선 램프를 5분정도 조사한 다음 헤어스타일을 마무리한다.

(3) 건성두피의 관리

피지분비가 원활하지 못하여 두피가 건조한 상태로서 건조한 느낌이 들며 모발이 가늘고 건조하며 마른 비듬이 발생되는 두피이다. 건성두피는 유분이 부족하므로 자극이 적은 제품을 사용한다.

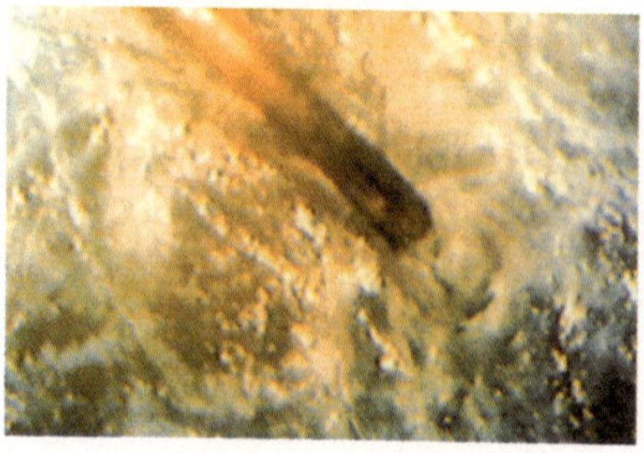

▲ 건성두피

① 준비도구

타올, 빗, 브러쉬, 면봉, 건성용샴푸제, 적외선 램프, 고주파기, 헤어스티머, 헤어오일, 헤어 컨디셔너, 샴푸케이프, 어깨보

② 시술방법

▶ 두피 및 모발의 상태를 관찰하고 빗질한 후 건성두피 전용 샴푸제로 가볍게 샴푸한다.
▶ 헤어 스티머로 모발에 수분을 공급한 후 타올로 가볍게 드라이 한다.

▶ 건성두피 전용 크림이나 헤어 로션을 도포하고 두피마사지를 실시한다.
▶ 광선기를 조사한 후 고주파기로 5분 정도 두피에 자극을 준 다음 헤어스타일을 마무리 한다.

(4) 비듬성 두피

비듬성두피에는 건성비듬, 지성 비듬으로 분류할 수 있으며 발생원인이나 치유방법은 크게 차이가 없으며 비듬두피 전용샴푸제를 사용하는 것이 바람직하다.

① 준비도구

타올, 비듬전용샴푸, 비듬 제거용 로션, 면봉, 적외선 램프, 스팀 타올, 자외선 램프, 고주파기, 헤어 스티머, 어깨보

② 시술방법

▶ 모발을 빗질한 후 가볍게 샴푸를 한다.
▶ 두피의 비듬 상태에 따라 제품을 선정한 다음 면봉으로 두피에 도포한다.
▶ 헤어 스티머를 사용하여 수분을 공급한 후 모발을 드라이 한다.
▶ 비듬 제거용 제품을 바르고 적외선 램프를 조사한다.
▶ 두피 마사지를 실시하고 항 비듬전용 샴푸로 세정한다.
▶ 헤어 스타일링 제품을 바른 후 헤어스타일을 마무리한다.

4) 두피,모발 관리 단계

(1) 상담(Consulting)

탈모의 정확한 원인을 파악하기 위해 충분히 상담한다.

(2) 진단(Diagnosis)

모발진단기로 두피 상태를 살펴보고 정확하게 진단하여 관리방법을 결정한다.

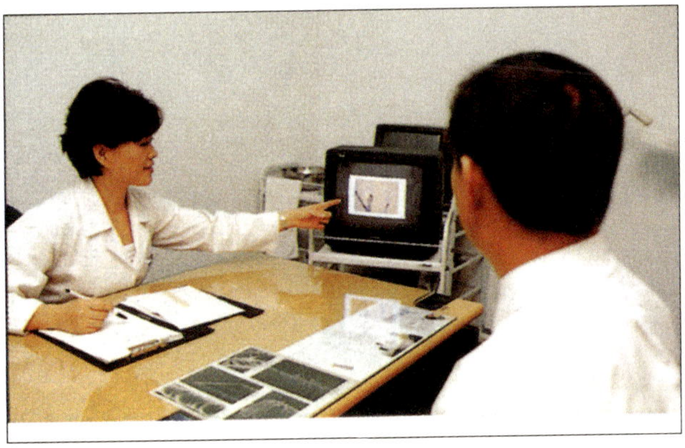

◀ 모발 진단

(3) 세정(Scaling)

두피에 이상현상이 발생한 경우 두피 타입에 따른 스켈링을 실시하여 먼지, 비듬, 기타 노폐물, 각질 등을 제거해 준다.

(4) 영양 공급(Natrition Supply)

두피 및 모발의 생리기능을 활성화 하기 위해 육모제나 앰플을 투여해 모모세포의 세포분열을 촉진시킬수 있도록 한다.

(5) 특수 관리(Special Care)

두피의 이상현상을 개선하기 위해 두피재생관리 단계 시술과정으로 육모로션이나 앰플 등을 사용하여 혈액순환을 원활하게 하고 두피에 탄력을 부여한다.

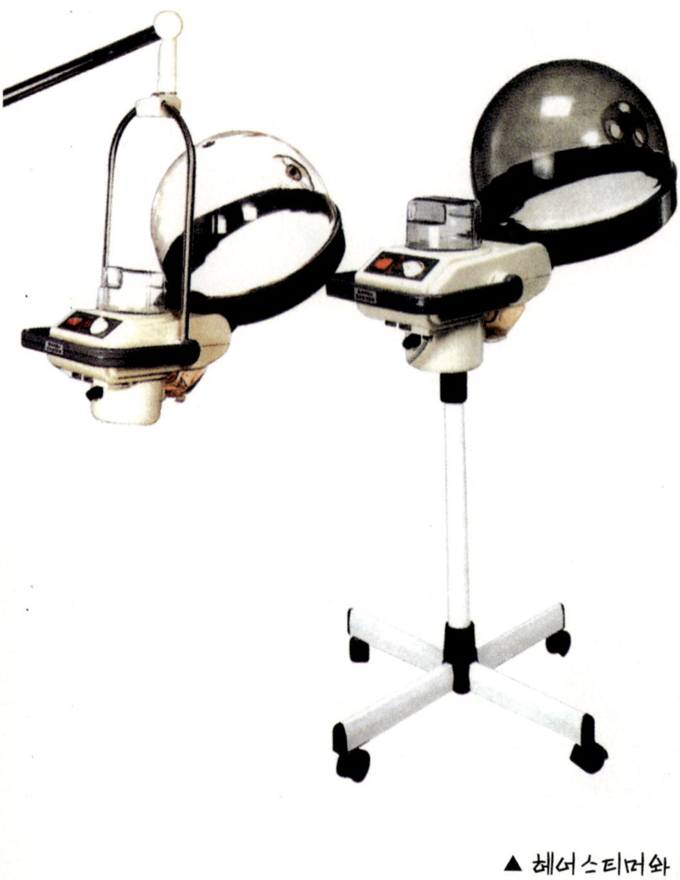

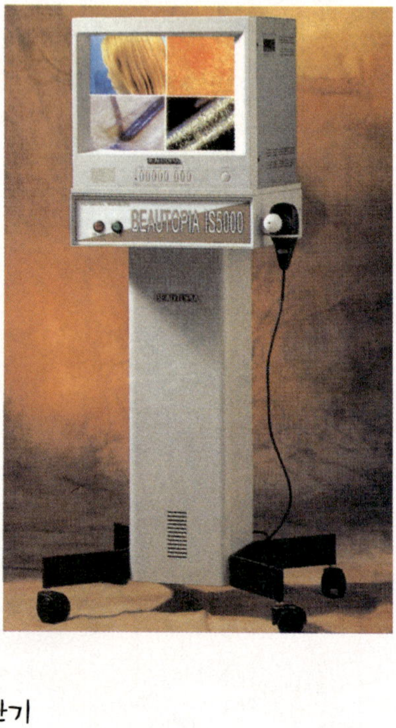

▲ 헤어스티머와 두피진단기

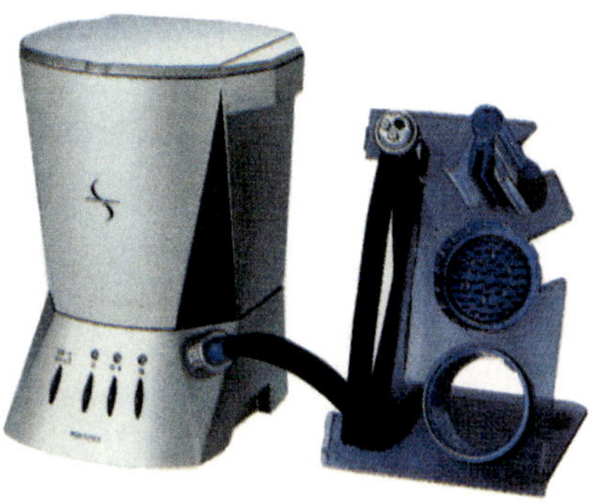

▲ 스캘프펀치

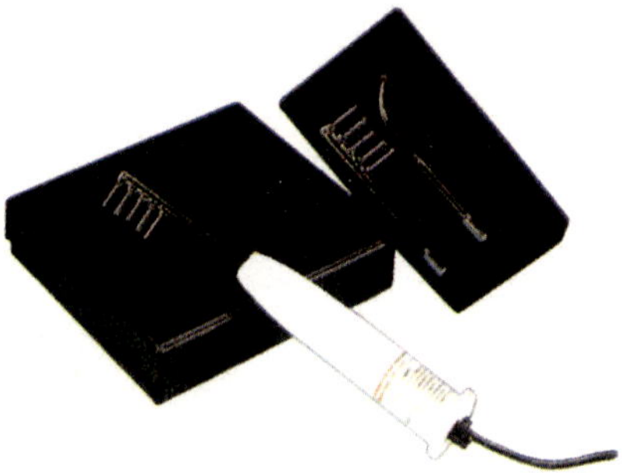

▲ 뷰티콤

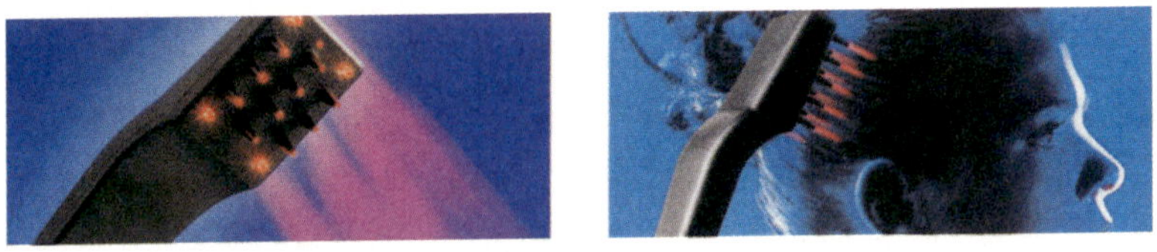

▲ 소프트 바이오빔

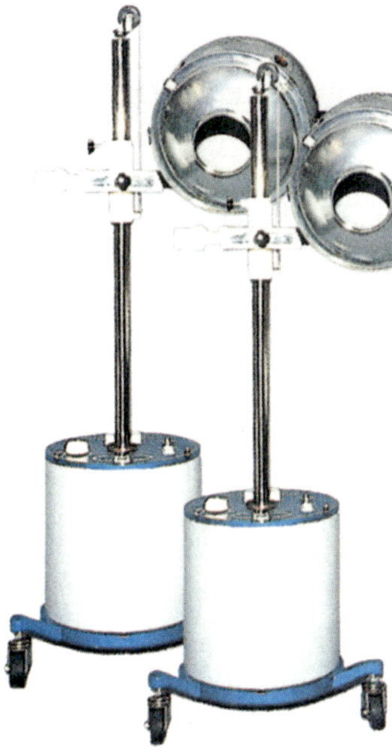

▲ 광선기

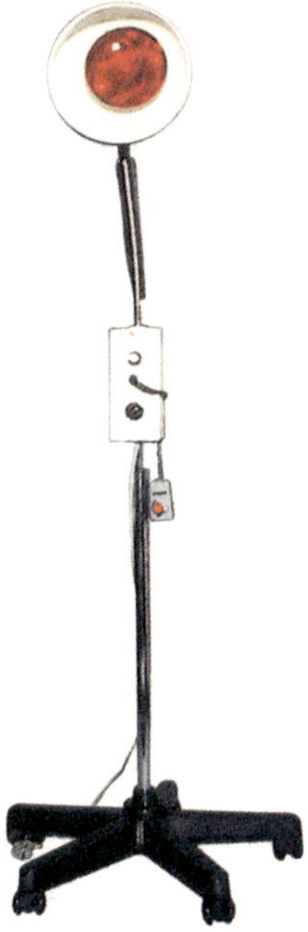

▲ 적외선

▲ 두피마사지기

2. 샴푸와 린스

1) 샴푸의 기원

Shampoo의 어원은 힌두어인 'Champoo'에서 기원되었으며 사전적 의미로는 '비누나 샴푸를 이용하여 머리를 감다, 씻다, 마사지하다' 라는 뜻으로 미용실에서 고객에게 행하는 최초의 서비스이고, 헤어스타일을 만들기 위한 가장 기본적인 행위로 모발과 두피의 세정을 뜻한다.

2) 샴푸의 목적

모발은 먼지, 때, 두발화장품, 땀, 피지 등으로 항상 불결해지기 쉬우므로 탈모가 발생되거나, 각종질병을 유발시킬 수 있다. 따라서 각종 질병을 예방하고 두피의 혈액순환을 원활하게하며 건강한 모발을 유지하기 위해 샴푸를 실시한다.

샴푸는 크게 두 가지 목적으로 분류하면 첫째 모발의 때를 제거하는 것이고, 둘째 두피를 청결하게 관리 하는 것이다.

3) 샴푸제의 분류

샴푸제는 사용목적에 따라 크게 4가지로 분류할 수 있다. 첫째 두피나 모발의 때를 가볍게 제거하는 플레인 샴푸 (plain shampoo), 둘째 모발이나 두피의 건강을 유지하기 위한 트리트먼트 샴푸(treatment shampoo), 셋째 모발의 특수관리를 목적으로 실시하는 스페셜 삼푸(special shampoo), 넷째 드라이 샴푸 등으로 분류된다.

4) 샴푸의 종류

(1) 일반 샴푸(general shampoo)

모발 및 두피를 청결하게 하는 것을 목적으로 실시하며, 가볍게 브러싱한 후 두피의 먼지나 때를 제거한다. 이때 모발에 심하게 마찰을 가하거나 부비지 않도록 하며 두피에 상처가 나지않도록 주의한다.

모발에 샴푸제가 남지않도록 충분히 헹구어 주고 린스를 사용할 때는 모발에만 도포하여 두피에는 닿지 않도록 한다. 퍼머넌트 웨이브나 헤어컬러링 시술 전에는 린스를 사용하지 않는다.

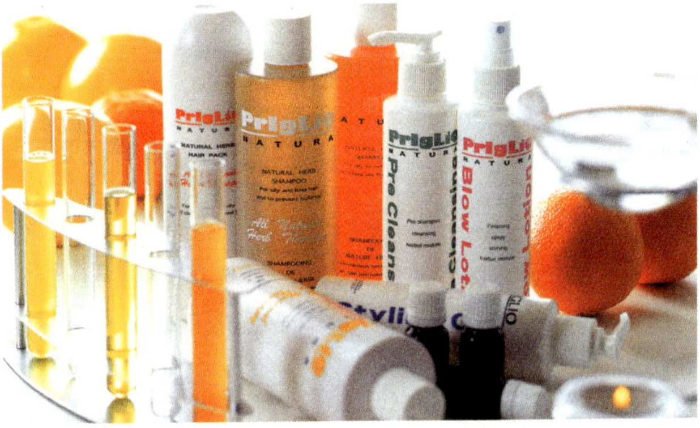

① 프리 샴푸(pre-shampoo)

퍼머넌트웨이브, 헤어컬러링, 헤어블리치 시술전에 제품이 균일하게 작용하거나 빠르게 진행 되도록 샴푸를 실시한다.

② 에프터 샴푸(after-shampoo)

헤어컬러링, 헤어블리치등을 시술한 후에 모발의 pH를 조절 하기 위해 샴푸를 실시한다.

③ 컬러 픽스 샴푸

헤어컬러링 후 모발의 색상을 오래 유지시키기 위해 사용한다.

④ 블리치 샴푸

탈색전용 샴푸로서 모발색상을 밝게 하고 싶을 때 사용한다..

(2) 드라이 샴푸

① 분말 샴푸

산성 백토에 카올린, 탄산마그네슘, 붕사 등을 혼합해서 사용한다.

② 에그 분말 샴푸

달걀의 흰자를 이용하여 모발에 발라 건조시킨 후 빗질한다.

③ 토닉 샴푸

헤어 토닉을 이용하여 모발을 세정한다.

④ 리퀴드 드라이 샴푸

벤젠, 알콜 등으로 헤어피스, 위그를 세정하는 데 사용하며 솜에 용액을 묻혀 닦아내거나 용액에 12시간 담구어 두었다가 타올로 닦은 후 건조시킨다.

5) 샴푸제의 성분에 따른 분류

(1) 비누 샴푸

비누는 동물성의 유지를 수산화나트륨이나 수산화칼륨 등으로 중화시켜서 얻어진다. 하지만 경수를 사용하여 샨푸 할 경우는 물속의 금속이온과 결합하여 불용성인 금속비누를 형성하므로 주의해야 한다. 또한 경수를 사용하면 거품이 잘나지 않고 세정력이 떨어져서 모발의 감촉이나 광택을 감소시키므로 탈모의 원인이 되기도 한다. 퍼머넌트 웨이브나 헤어컬러링을할 때 약액의 침투를 방해하게 되므로 충분히 씻어내는 것이 중요하다.

(2) 고급알콜계 샴푸

샴푸제 중 가장 일반적으로 사용되는 세정제로 천연유지, 석유 등으로 합성되는 것이 있으며 천연유지로는 야자유가 사용된다.

(3) 산성 샴푸

헤어컬러링이나 퍼머넌트 웨이브등을 자주 시술하게 되면 모발의 pH도 알칼리화 되므로 산성 샴푸의 사용으로 모발의 pH는 조절하는 것이 바람직하다. 특히 헤어컬러링 후에 사용하면 효과가 크다.

(4) 항 비듬성 샴푸

비듬성 두피에 사용하는 샴푸제로 1주일에 2회 정도 사용하는 것이 적당하다.

(5) 베이비 샴푸

어린이 전용 샴푸제로 탈지력이 약하고 피부, 눈에 자극이 적은 샴푸제이다.

(6) 허벌 샴푸

식물성 샴푸제로 고급 알코올계 세제를 사용하고 식물약초 엑기스를 함유하며 두피의 생리기능을 조절하므로 자극이 적어서 손상된 모발에 사용하면 효과적이다.

(7) 프로테인 샴푸

모발에 영양을 공급하는 샴푸제로 마일드한 세정작용과 케라틴을 보호하며 퍼머넨트 웨이브나 헤어컬러링 후의 손상모 등에 사용한다.

(8) 컨디셔닝 샴푸

소량의 동물성, 식물성, 광물성 성분이 첨가되어 모발에 보습을 준다.

(9) 논 스트리핑 샴푸

산성 샴푸로 헤어컬러링, 헤어블리치 후에 사용한다.

6) 샴푸제의 성분

(1) 계면활성제

모발에 부착된 때는 물에 용해되는 것도 있지만 잘 용해되지 않는 물질이 더 많다. 특히 두피에서 생성되는 피지, 비듬 등의 노폐물과 헤어스타일링 제품은 물에 잘 용해되지 않는데 이러한 물질을 제거하기 위해 때와 물을 결합시키는 역할을 하는 것이 계면활성제이다.

계면활성제는 분자구조상 물에 녹기 쉬운 친수성기와 기름에 녹기 쉬운 친유성기를 동일분자내에 지니고 있으며 이 두 개의 원자간의 강도에 따라 계면활성제의 성질이 변화한다. 샴푸제에 사용되는 계면활성제는 음이온계면활성제, 양이온계면활성제, 양성이온계면활성제, 비이온계면활성제 등이 있다.

① 음이온 계면활성제

계면 활성을 발휘하는 기가 음이온의 전하를 띄는 것으로 물에 잘녹아 기포력, 세정력이 뛰어나 가장 많이 사용하고 있다.

② 양이온 계면활성제

계면활성을 발휘하는 기가 양이온의 전하를 띄는 것으로 세정력보다는 살균, 소독작용이 뛰어나며 대전방지효과가 높기 때문에 린스제, 트리트먼트제에 사용된다.

③ 양성이온 계면활성제

알칼리에서는 음이온 계면활성제 역할을 하고 산성에서는 양이온 계면활성제의 역할을 하며 자극성이 작고 안정성이 높아서 유아용 샴푸제로 사용된다.

④ 비이온 계면활성제

물에 녹았을 때 이온화되지 않는 것으로 다른 활성제와 배합이 가능하므로 폭넓게 사용할 수 있다. 세정, 유화, 분산, 습윤 등의 효과도 있지만 헤어크림이나 트리트먼트제로 사용된다.

(2) 첨가제

샴푸제는 세정하는 것을 목적으로 사용하지만 지속적으로 사용하게 되면 모발이 푸석거리거나 광택이 없어지는 현상이 나타난다. 그러므로 모발에 컨디셔닝 효과를 충족시키기 위해 여러 가지 첨가제를 활용하고 있다.

① 증점제

모발을 샴푸하는 방법에 따라 점도의 조절을 가능하게 하며 양질의 샴푸제를 갖추기 위해 각종 증점제를 첨가한다.

② 증표제

한종류의 계면활성제만으로는 세정력이 약한 경우가 있기 때문에 이것을 보완하기 위해 기포제, 저품안정제, 알카놀아미드, 아민옥사이드 등을 첨가한다.

(3) 컨티셔닝제

샴푸후의 광택을 향상시키고 모표피를 보호하며 모발 손상의 회복시키기 위해 사용된다.

7) 샴푸 시술

① 두피를 전체적으로 지그재그 방향으로 마사지 한다.

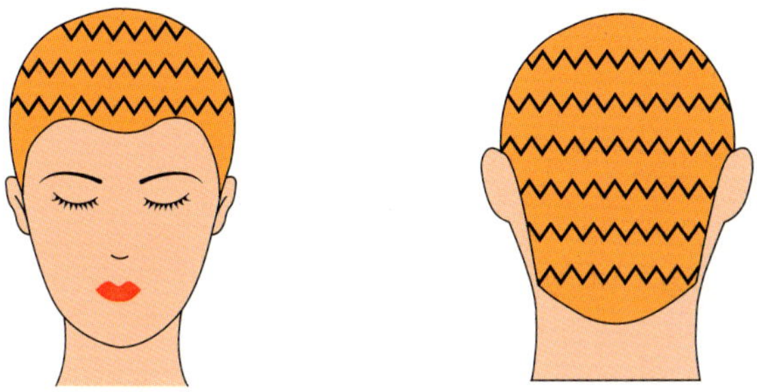

② 두피 전체에 둥들게 원을 그리듯이 마사지 한다.

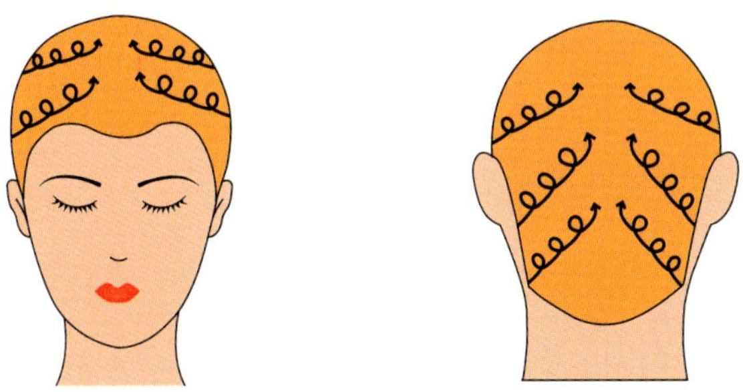

③ 두부를 전체적으로 가볍게 손가락으로 튕겨준다.

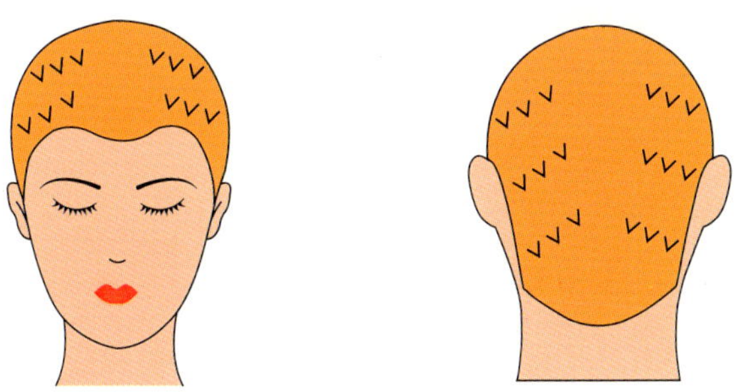

8) 린스

린스는 "헹구다" 라는 뜻으로 샴푸 후 알칼리화 된 모발을 중화시켜 모발의 광택, 보습 등을 충족 시키기 위해 사용된다. 이외에도 대전방지나 금속성피지막과 비누의 불용성 알칼리 성분을 제거한다.

(1) 린스의 종류

① 플레인 린스

린스제를 사용하지 않고 미지근한 물로 헹궈내는 방법으로 퍼머넨트 웨이브나 헤어 컬러링 시술 전에 시술하는 방법이다.

② 산성린스

퍼머넨트 웨이브, 헤어컬러링, 헤어블리치 시술 후에 알칼리화 된 모발을 중화시키는 효과를 위해 사용되며 모발의 pH균형을 조절한다. 하지만 산성린스는 표백작용의 우려가 있으므로 장기간 사용하는 것은 바람직하지 못하다.

③ 특수린스

헤어컬러링 후 탈색작용을 방지하기 위해 사용된다.

9) 린스 시술

① 두피 전체에 원을 그리듯이 충분히 마사지 한다.

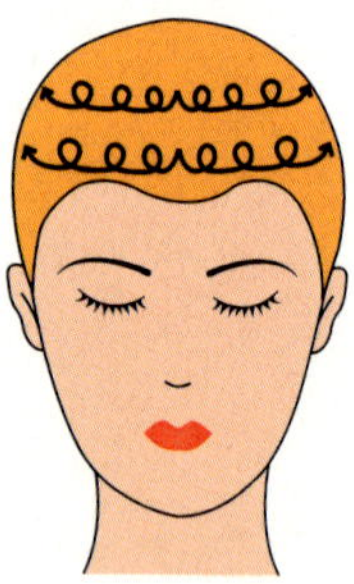

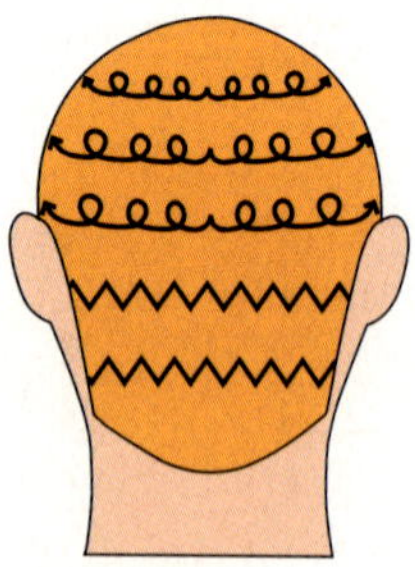

② 두부의 정중선을 중심으로 가볍게 지압한다.

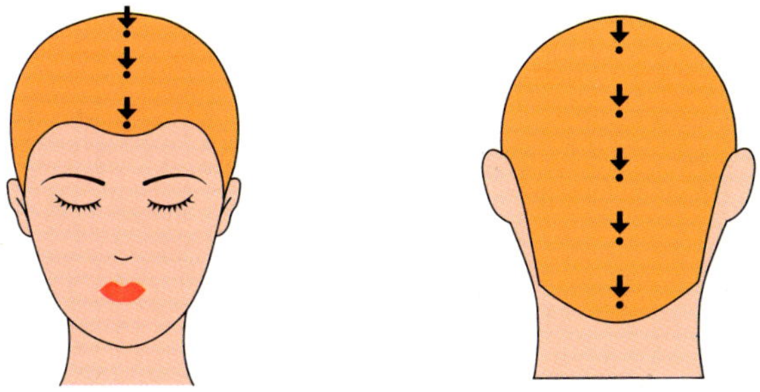

③ 두부를 전체적을 가볍게 튕겨준다.

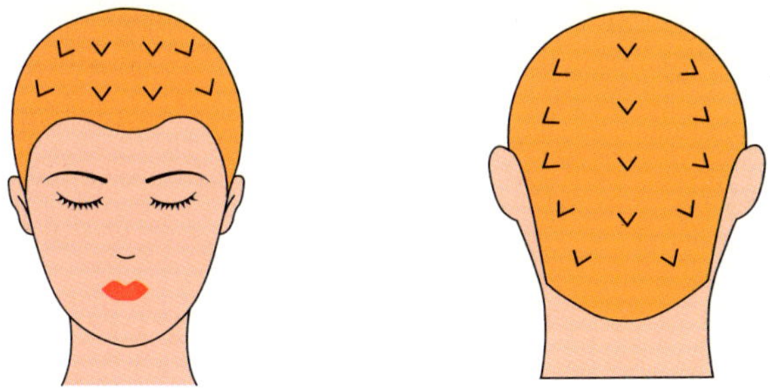

Chapter 4. 헤어커팅

헤어커팅

헤어 커팅은 헤어 스타일을 만드는 데 기초가 되는 기술이다. 헤어 셰이핑(hair shaping)이라고도 하며 '머리 모양을 만든다'라는 뜻이다. 펌이나 세팅에 의해서 형성되는 헤어 스타일도 커트에 의해 사전에 형이 만들어진다.

헤어 커트의 목적은 모발의 길이를 정리하고, 모발의 밀도 정비를 통해서 헤어 스타일을 완성 짓기 위한 기초를 만드는 데 있다.

1. 커트에 필요한 대표적 도구

1) 가위(Cutting scissors)

모발을 커트하는데 사용되는 주요도구이다. 길이가 4인치에서 7인치까지로 종류는 다양하다. 길이가 짧을수록 섬세한 컷트를 할 수 있고 길수록 신속하게 할 수 있다.

직선날 가위(Cutting Scissors)	·두발을 커트하고 세이핑(Shaping)하는데 사용 ·양날이 동일하게 매끄럽고 날카롭다.
틴닝 가위(Thinning Scissors)	·텍스쳐라이징 시저스(Texturizing Scissors)라고도 한다. 모발숱을 감소시키거나 모발 끝을 부드럽게 나타내고자 할 때 사용한다.
미니 가위(Mini Scissors)	·4인치에서 5.5인치까지의 범위에 속하는 것으로 정밀한 블런드 커팅에 사용한다.
곡선 날 가위(R- Scissors)	·날은 직선날이지만 가윗날의 끝이 굽어져 있는 가위로 스트록 커트(Stroke Cut)에 좋으며 프런트(front), 네이프(nape), 사이드(side) 등에 세밀한 부분 수정이나 두발 끝 트밍시 효과적이다.
리버스 가위(Riverse Scissors)	·레이져(Razor)와 가위(Scissors)의 이중효과를 목적으로 시작된 가위로 한쪽 날은 Razor로 되어있다. 모발끝을 가볍게 하는 커트시 용이하다.

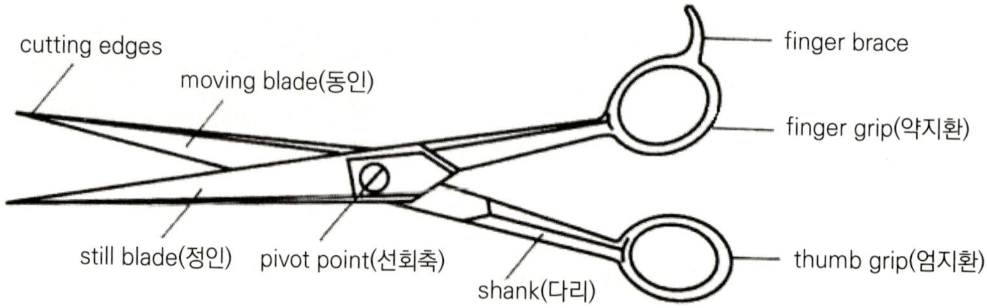

▲ 가위의 구조 명칭

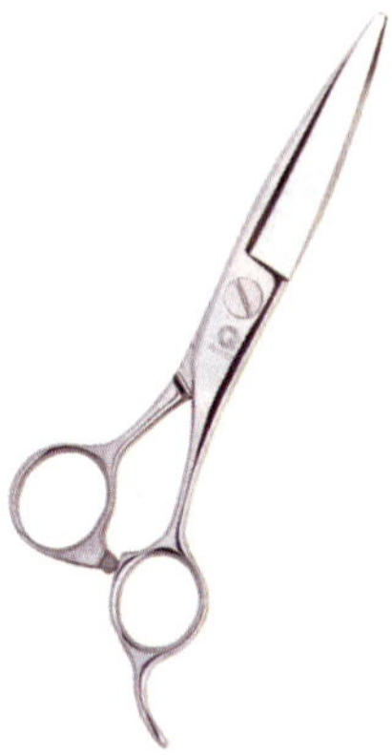

곡선날

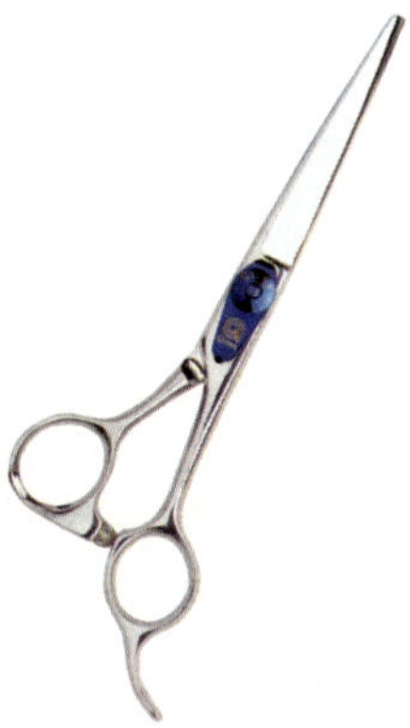

직선날

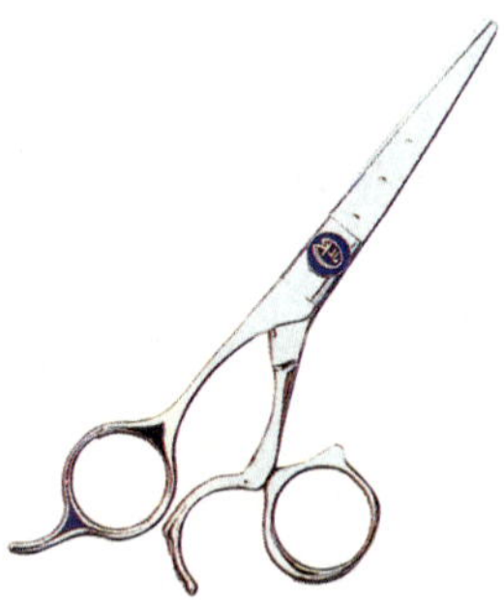

회전날

2) 틴닝 가위(Thinning scissors)

모발의 길이는 그대로 두고 불필요한 모발양을 감소시키는데 사용된다. 한면 만 톱니 모양을 가진 틴닝 가위가 양면 틴닝 가위보다, 틴닝날의 간격이 넓을수록 더 많은 양의 모발이 잘려 나가므로 스타일에 맞게 선택하도록 한다.

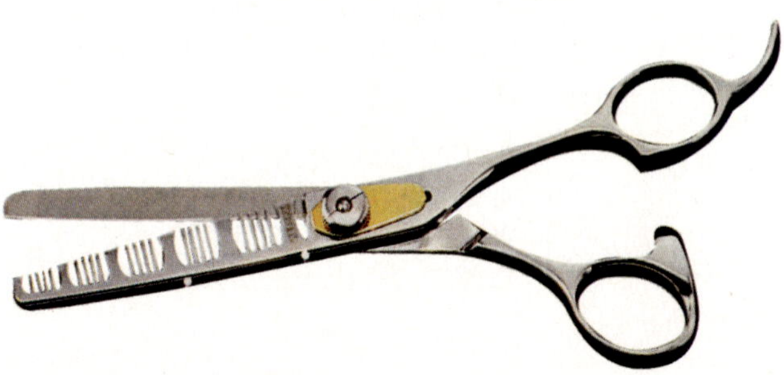

3) 레이저(Razor)

커트시 사용하는 용구로 자연스럽고 모발의 가벼운 질감 처리를 하기 위해 사용된다. 오디너리 레이저(Ordinary Razor : 일사용 레이져), 세이프티 레이저(Safety Razor), 세이핑 레이저(Shaping Razor) 등으로 분류한다.

■ 레이저의 종류와 기능

레이저의 종류	기 능
일상용 레이저 (Ordinary Razor)	·빠른 시간내에 시술이 가능하여 능률적이며, 세밀한 작업이 용이한 반면 지나치게 자를 우려가 있어 초보자에겐 부적당하다.
세이핑 레이져 (Shaping Razor)	·날이 닿은 두발이 제한되어 있으며 안전핀이 있어 안전률 또한 높다. ·두발이 조금씩 잘리는 결점이 있긴하나 초보자에겐 용이하다.

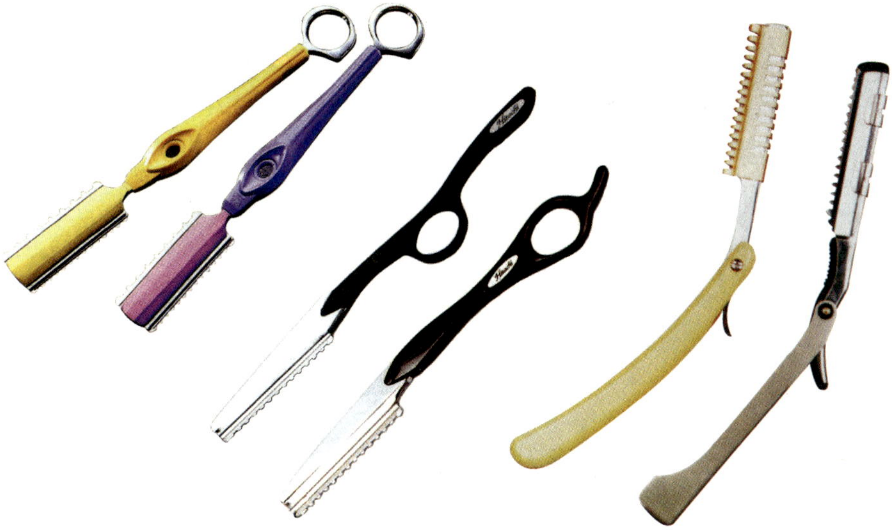

4) 빗(Comb)

커트시 머리카락을 곱게 빗어 매만지거나, 모발을 들어올리는 역할을 한다. 즉 빗살 끝으로는 두피에 접하여 모발을 세우는 역할을 하며, 빗살 간격이 일정한 것이 좋다. 빗살은 모발을 정돈하는 역할을 하며 고운살은 빗질시, 얼레살은 섹션을 뜰 때 사용된다.

■ 커트 빗의 종류와 기능

스타일링 빗	·커트시 가장 일반적으로 사용되며 스타일링시 사용한다.
클리퍼 빗	·클리퍼를 이용한 커트시 사용한다.
이발용 빗	·싱글링처럼 넓은 면적의 모발을 특별한 섹션을 나누지 고, 빗질이나 빗의 각도를 이용하여 커트시 사용한다.

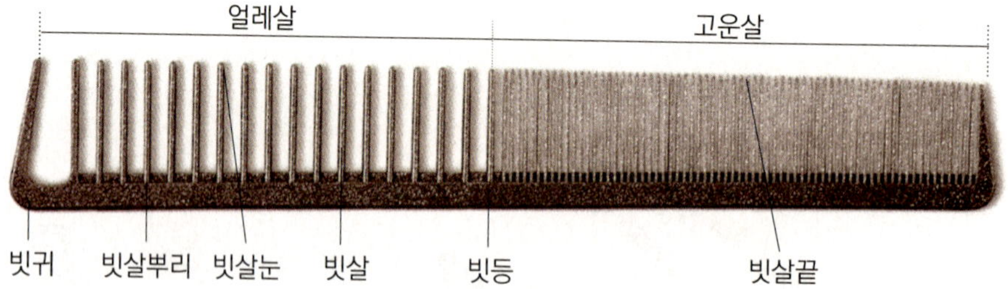

▲ 빗의 각부 명칭

5) 분무기(Water spray)와 크립(Clip, pincers)

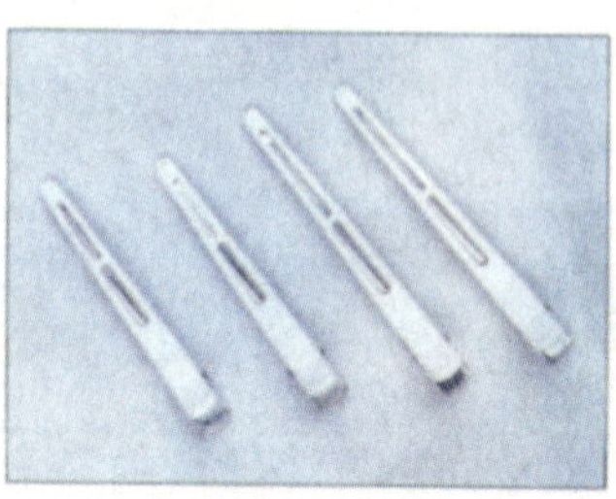

6) 클리퍼(Clipper)

가위나 레이저와 마찬가지로 모발을 자르고 정돈하는 데 사용되는 용구이다. 1871년 프랑스 기계제작자 바리깡(Barican)에 의해 발명되어 일본을 통해 우리 나라에 전해져 현재까지 사용되어 지고 있다. 짧은 모발을 커트할 경우, 특히 남성 컷 시술시 주로 많이 사용되며 미세한 부분의 커트시 적합하다. 과거에는 수동식을 주로 사용하였으나 지금은 전기를 이용한 전동식을 주로 사용한다.

모발뿐 만이 아닌 눈썹 등을 다듬는 클리퍼 등도 있다. 다른 헤어컷 용구에 비해 마모되기 쉬운 용구 중에 하나이므로 시술 후 물기와 모발을 닦아내고 모발을 제거한 후 일주일에 3회 정도는 기름칠을 해주는 것이 좋다.

■ 클리퍼의 종류와 기능

구분	기능
수동식 클리퍼	·주로 이발소에서 많이 사용되어지며 수염과 짧은 남성 커트, 네이프 부분 모발을 짧게 싱글링 할 때 사용
전동식 클리퍼	·남성 커트, 여성 커트 모두 사용하고 눈썹 정리 정돈시 사용되는 것도 있다. ·짧은 머리 커트시 가위보다 편리하고 빨라 더 보편적으로 사용한다고 볼 수 있다.

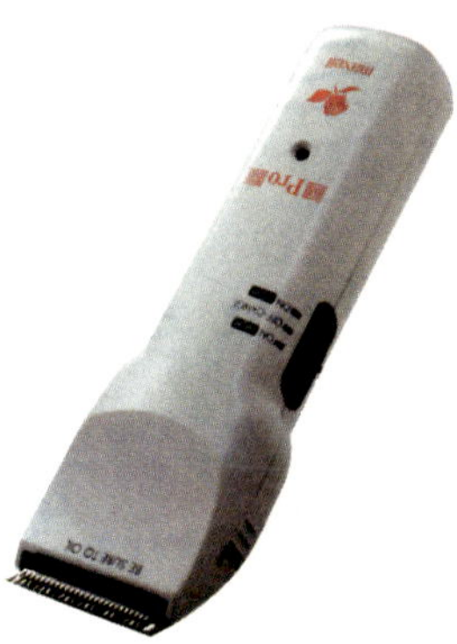
일반용

프로용 A형

프로용 B형

정리용

눈썹 및 면도

2. 커팅도구 사용법

1) 가위 쥐는 법

① 왼손으로 가위의 나사가 자신을 바라보도록 잡고 고정날에 오른손의 약지손가락을 끼운다.

② 움직임 날에 오른손 엄지를 끼우되 너무 많이 끼워 넣지 말고 손톱에 걸치는 듯 끼운다.

③ 가위의 움직임 동작은 엄지날만 움직이고 나머지 약지와 세 손가락은 가지런히 하여 움직이지 않고 엄지날의 힘을 바쳐주는 역할을 한다.

④ 커트를 하지 않을때에는 가위의 날을 닫은 뒤 엄지환에서 엄지를 빼고 가볍게 주먹을 쥐는 동작으로 가위를 쥐다.

⑤ 엄지환에서 엄지를 뺀 상태에서 빗을 쥐고 빗질을 한다.

■ 가위 잡는 법

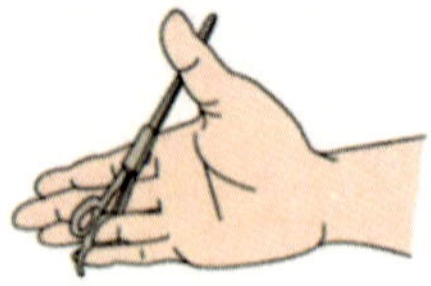

1) 손바닥을 위로 향하고 약지 2째마디까지 구멍에 끼운다.

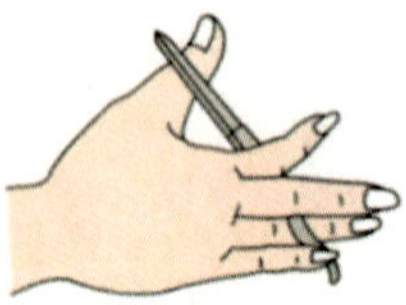

2) 손등에서 본 모습

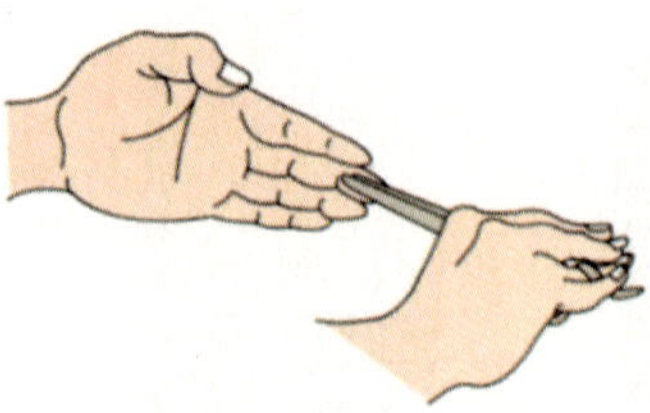

3) 약지 2째마디에서 시작하여 검지1번째 마디를 지나 가위 아래구멍에 엄지손톱의 중간쯤 위치에 가볍게 걸친다. 이 상태로 뒤집는 것이 가위 잡는 법의 기본형이다.

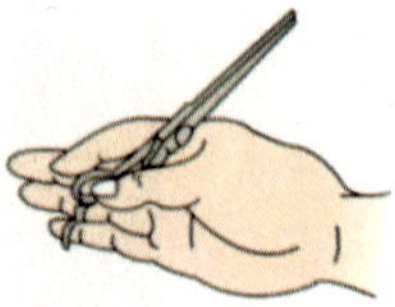

4) 가위를 대는 방법

■ 가위 조작시 빗 쥐는 방법

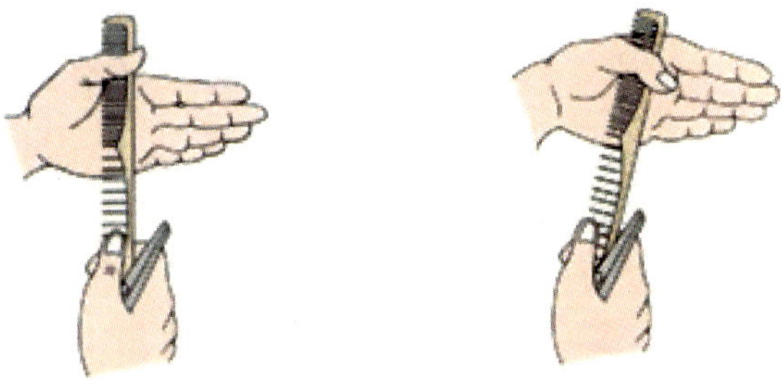

커트를 할 때 빗을 잡는 방법은 엄지와 검지 사이에 빗을 끼우고, 이때 엄지를 구부려서 왼손에서 빗이 빠지지 않게 잡는다.

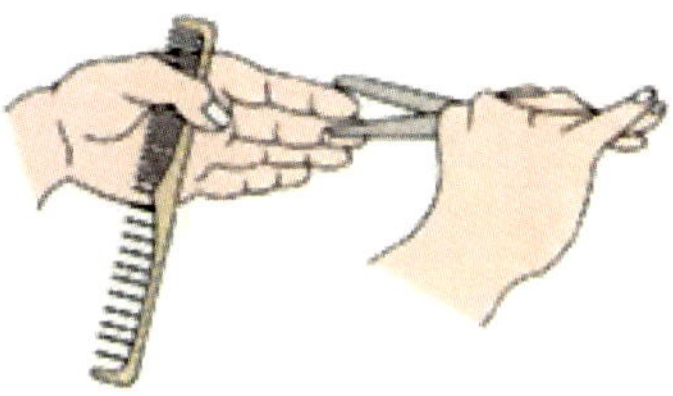

모발을 쥔 왼손 중지의 끝에 가윗날을 갖다 대고 엄지손가락만을 움직여 가위의 한쪽 날로 개폐동작을 원활하고 정확히 하여 안정감 있게 시술한다.

2) 레이저 쥐는 법

엄지손가락을 레이저의 엄지걸이에 붙이고 새끼손가락은 새끼손가락 걸이에 얹고, 남은 세 손가락을 다리의 위쪽에 두고 잡는다.

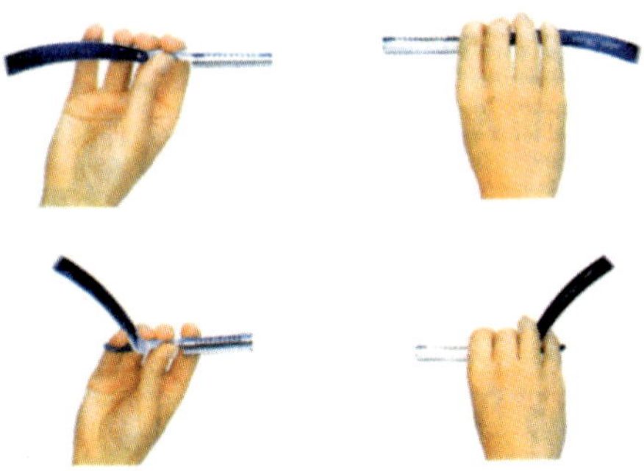

3) 빗과 가위 사용법

① 커트시 빗질할 때는 반드시 엄지환에서 엄지손가락을 빼고 가윗날을 닫은 상태에서 빗을 쥐고 빗질한다.

② 커트할 때 빗은 내려놓지 않고 왼손 엄지손가락 사이에 끼웠다가 다시 오른손으로 빗질하여 오른손, 왼손으로 빗을 옮겨가면서 사용한다.

4) 클리퍼 사용법

빗과 가위로 커트하는 싱글링 커트(singling cut)와 같은 효과를 가져오는 커트로 가위 대신에 클리퍼(clipper)라는 커트 기계를 사용하여 커트하는 방법으로 대개 머리를 짧고 고르게 층을 낼 때 사용한다.

3. 커트의 종류와 특징

시저즈(scissors)와 레쟈(razor)를 사용하여 커트하는 것으로, 웨트 커트(wet cut)와 드라이 커트(dry cut)가 있다. 웨트 커트(Wet cut)는 물을 적셔서 커트하는 것으로, 두발을 손상시키지 않고 정확한 커트를 할 수 있다.

두발의 상태가 커트하기에 용이하다. 드라이 커트(Dry cut)는 물을 적시지 않고 하는 커트로, 웨이브나 컬 상태의 두발에 길이를 지나치게 변화시키지 않고 수정하는 경우, 전체적인 형태의 파악이 용이하도록 하는 경우, 또는 손상모 등을 간단하게 추려내는 경우에 시술한다.

1) 블런트 커트(Blunt cut)

직선으로 커트하는 방법이다. 클럽 커트(club cut)라고도 하며 원랭스(one length), 스퀘어(square), 그라데이션(gradation), 레이어(layer)가 대표적인 커트이다.

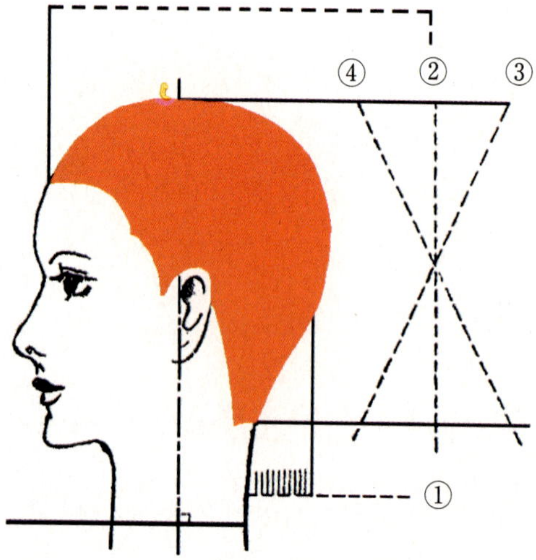

① 원랭스 커트
② 스퀘어 커트
③ 그라데이션 커트
④ 레이어 커트

(1) 원랭스 커트(One length cut)

두발을 하나의 길이 선상에서 커트하는 것으로, 전형적인 보브(bob) 커트의 기본기법이다. 두발이 전체적으로 단차가 없는 동일선상에서 커트되며, 커트 라인에 따라 머쉬룸(Mushroom), 이사도라(Isadora), 평행보브(Parallel bob), 스파니엘(Spaniel) 스타일이 있다.

(2) 스퀘어 커트(Square cut)

두부의 외곽선을 커버하기 위해 정방형으로 커트하는 기법으로, 프론트와 사이드의 모발을 자연스럽게 연결되도록 할 때 네이프나 프론트에 볼륨을 주고 싶을 때 응용되는 커트이다.

(3) 그라데이션 커트(Graduation cut)

층, 계단, 점진적인 성장 등의 뜻으로 네이프 부분의 길이는 짧고 두정부 부분으로 갈수록 길어지는 상태의 커트이며 두발의 길이에 작은 단차가 생긴다. 대개 짧은 머리 스타일에 응용되는 커트이다.

(4) 레이어 커트(Layer cut)

'층이 있다', '쌓다' 등의 뜻으로, 상부의 두발은 짧고 하부로 갈수록 길어져 두발의 단차가 생기는 커트기법으로, 긴 머리, 짧은 머리 모두 폭넓게 응용된다. 인크리즈레이어 형태와 일정한 층이 생기는 유니폼 레이어 형태가 있다.

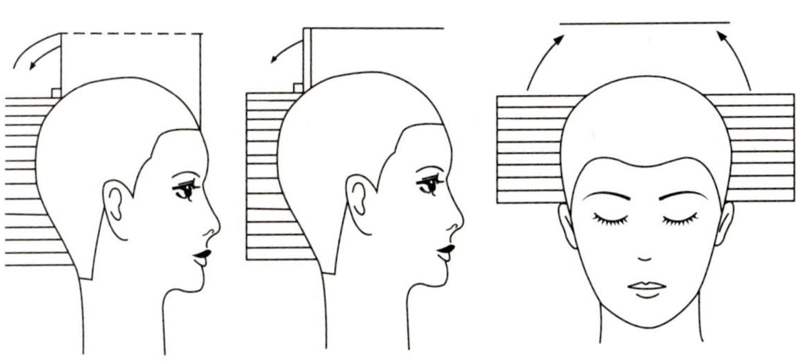

▲ 스퀘어 커트

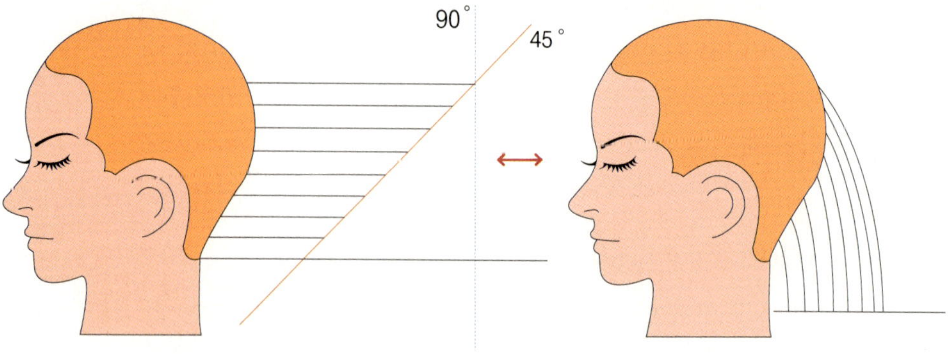

▲ 쉬랭스 커트

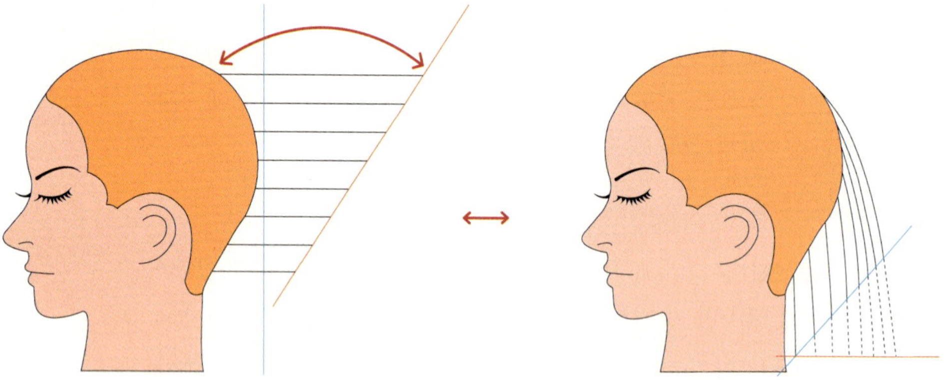

▲ 그라데이션 커트

▲ 인크리즈 레이어

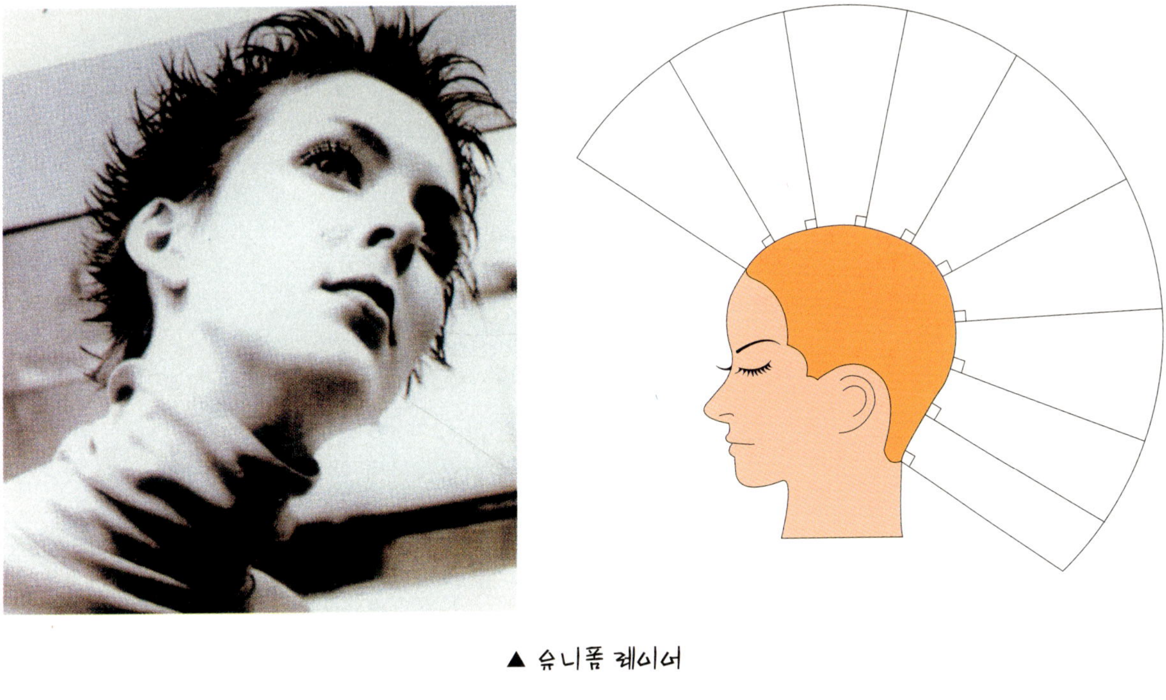

▲ 유니폼 레이어

2) 질감처리에 따른 방법

(1) 테이퍼링(Tapering)

페더링(feathering)이라고도 한다. 모발의 끝을 점차 가늘게 커트하여 끝으로 갈수록 붓처럼 가늘게 하는 방법으로 모발에 자연스런 장단을 만든다. 테이퍼링은 Razor나 틴닝가위로 하며 테이퍼링 상태에 따라 다음과 같이 나눈다.

① 엔드 테이퍼(End Taper)

스트랜드의 1/3이내의 모발 끝을 Taper하는 경우이다. 모발의 양이 적을 때나 모발의 끝을 Taper해서 표면을 정돈할 때에 행한다.

② 노말 테이퍼(Normal Taper)

모발의 양이 보통인 경우에 스트랜드의 1/2지점을 폭넓게 Taper하는 경우이다. 아주 자연스럽게 모발의 끝이 붓끝처럼 가는 상태로 되며 모발의 움직임이 가벼워진다.

③ 딥 테이퍼(Deep Taper)

모발의 양이 유난히 많고 Taper해서 모발의 양을 적어 보이도록 하려는 경우 스트랜드의 2/3지점에서 모발을 많이 쳐냄으로서 모발을 적당하게 하여 움직임을 주는 때에 이용된다.

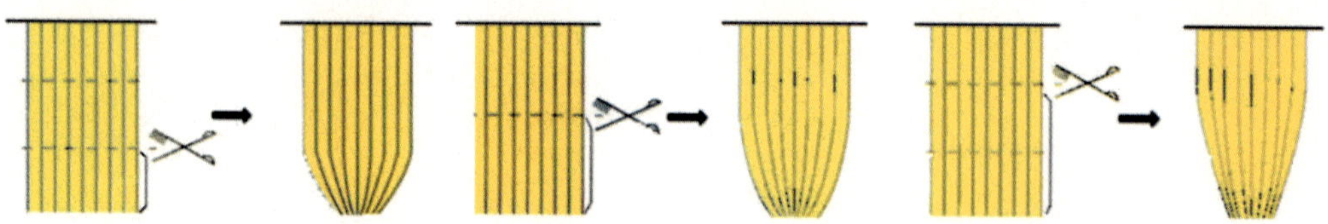

(2) 틴닝(Thinning)

모발의 길이는 변화를 주지 않으면서 전체적으로 숱만 감소시키는 기법이다. 헤어라인 주위의 모발은 다른 부위의 모발보다 가늘어 틴닝시 잘려진 짧은 모발들이 외부로 두드러져 보이므로 틴닝은 피한다.

(3) 슬리더링(Slithering)

모발 끝을 향해서 미끌어 지듯이 커트하는 기법이다.

(4) 클리핑(Clipping)

클리퍼(clipper)나 가위를 사용하여 튀어나오거나 삐져나온 두발을 잘라내는 방법이다.

(5) 싱글링(Shinging)

두발에 빗을 꽂아 천천히 위로 이동시키면서 빗에 끼어 있는 두발을 잘라내는 기법이다.

(6) 나칭 커트(Notching cut)

커트 후 뭉툭하게 떨어진 두발의 끝을 45。 정도로 비스듬이 커트하는 기법이다.

(7) 스트록(Stroke)

가위로 테이퍼링한 커트를 스트록 커트라 한다. 모발의 스트랜드에 대한 가위의 각도에 따라 다음과 같이 나누어 진다.

① 쇼트 스트록 (Short Stroke)	② 미디움 스트록 (Medium Stroke)	③ 롱 스트록 (Long Stroke)
모발의 스트랜드에 대한 가위의 각도가 0~10°정도이다. 쳐내는 스트랜드의 길이가 짧고 모발의 양도 적다. 모발의 길이를 짧게 하지 않으면서 전체적으로 모발숱을 감소시키는 방법을 말한다. 틴닝은 커트나 Taper하기 전에 미리 모발의 양을 조절하는 경우에 이용된다. 모발이 어느 한 쪽에 지나치게 치우쳐 많이 난 경우에도 헤어스타일을 만들기 전에 모발의 숱을 일정하게 고르는 경우에도 이용된다.	모발의 스트랜드에 대한 가위의 각도가 10~45°정도이다.	모발의 스트랜드에 대한 가위의 각도가 45~90°정도이다. 커트하는 모발의 양이 많아지면 모발에 대한 가위의 각도가 크게되는 동시에 쳐내는 스트랜드의 길이도 길게 된다. 따라서 Long Stroke은 쳐내는 모발의 양이 많음으로 모발의 움직임이 자유로워 가벼운 느낌을 준다.

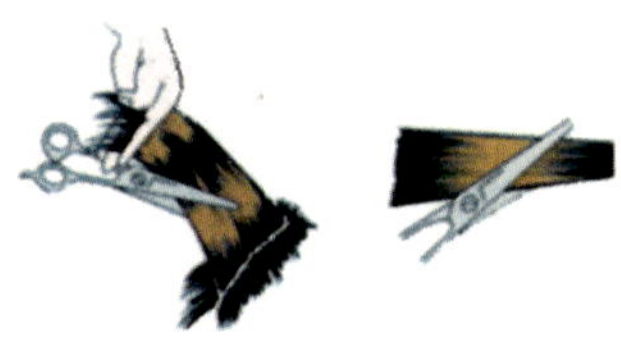

4. 커트시 필요한 두상의 위치와 명칭

1) 두부의 명칭

① Top(front) : 전두부
② Side : 측두부
③ Crown : 두정부
④ Nape : 후두부

2) 두부의 포인트

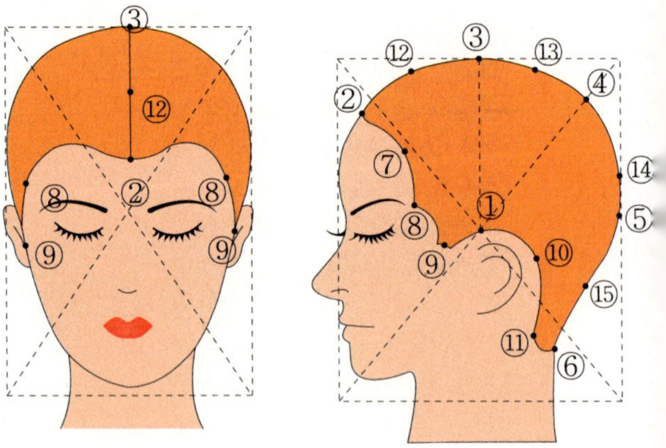

① E.P (Ear P)
② F.P (Front P)
③ T.P (Top P)
④ G.P (Golden P)
⑤ B.P (Back P)
⑥ N.P (Nape P)
⑦ F.S.P (Front side P)
⑧ S.P (Side P)
⑨ S.C.P (Side corner P)
⑩ E.B.P (Ear back P)
⑪ N.S.P (Nape side P)
⑫ C.T.M.P (Center top medium P)
⑬ T.G.M.P (Top golden medium P)
⑭ G.B.M.P (Golden back medium P)
⑮ B.N.M.P (Back nape medium P)

3) 두부의 기본 라인

① 정중선 : 코를 중심으로 두부를 좌우 수직 2등분하는 선
② 측중선 : T.P와 E.P에서 수직으로 내린 선
③ 수평선 : E.P의 높이에서 상하로 나누는 선
④ 측두선 : F.S.P에서 측중선까지 연결한 선
⑤ 얼굴선 : S.C.P에서 S.C.P를 연결해서 얼굴에 생기는 선
⑥ 목뒷선 : N.S.P에서 N.S.P를 연결한 선
⑦ 목옆선 : E.P에서 N.S.P를 연결한 선

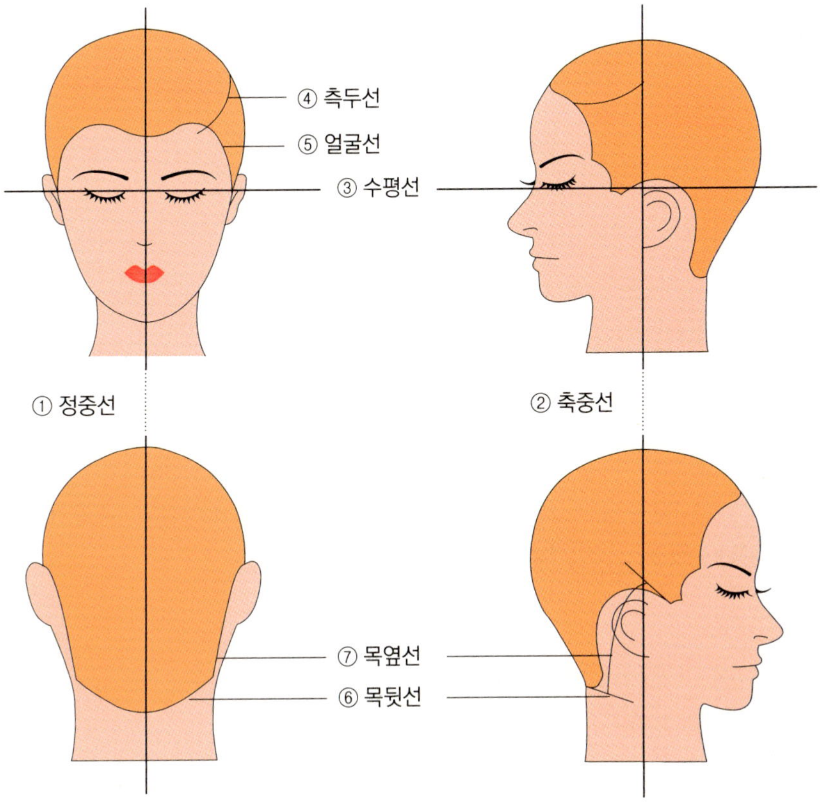

4) 사용용어

- ▶ Angle : 각도
- ▶ Blocking : 커트를 하기 쉽게 두발의 구획을 나누는 것을 말한다.
- ▶ Section : 브로킹보다 더 작게 구분된 머릿결의 상태를 말한다.
- ▶ Strand : 모발의 일부분을 적게 떠서 잡은 머리 다발을 말한다.
- ▶ Slice line : 일편, 일부분, 일정량의 모발을 갈라 잡을 때 생기는 선을 말한다.
- ▶ Tension : 커트할 때 패널을 잡아당기는 힘의 정도를 뜻한다.
- ▶ Guide line : 커트시 스타일을 만드는 기준선이 되는 선이다.
- ▶ Hem line : 프론트, 사이드, 네이프에서 머리카락이 나기 시작한 선이다.
- ▶ Texture : 헤어의 표정에서 질감을 나타낸다.
- ▶ After cut : 펌이나 다른 헤어스타일을 구사한 뒤 커트를 하는 것을 말한다.
- ▶ Precut : 펌이나 다른 원하는 헤어스타일에 따라 먼저 커트하는 것을 말한다.
- ▶ Combing : 빗질하는 것을 말한다.
- ▶ Comb out : 빗을 머리카락에서 뗀다는 뜻으로 커트의 마무리를 말한다.

5. 커트의 실제

(1) 준비물

빗, 브러시, 가위, 레자, 핀셋이나 클립, 분무기, 넥 스트립, 어깨보

(2) 브로킹(Blocking)

정확한 커팅을 하기 위하여 두상형태, 모발의 결, 모발의 양, 웨이브의 정도 등을 파악하여 헤어디자인에 맞게 두상을 나눈다.

(3) 계획된 커트 스타일 완성

두발의 성장방향, 카우릭(cowlick)의 성장방향, 두부의 골격구조, 특히 후두골의 구조를 세심히 관찰한다. 또 두발의 웨이브 유무, 손상정도 등을 고려하여 적절하게 선택한 커트도구로 계획된 헤어스타일에 맞게 시술한다.

(4) 끝맺음

스타일이 완성되면 고객에게 만족 정도를 묻고, 필요에 따라 스프레이 등 스타일링 제품을 사용하여 마무리한다.

Chapter 5. 헤어퍼머넌트웨이브

헤어퍼머넌트웨이브

1. 퍼머넌트 웨이브의 역사

BC 3000년경 고대 이집트인들은 나일강 유역에 있는 알칼리성 성분의 진흙을 모발에 바르고 둥근 막대기에 모발을 감아 태양에 건조시킨 후 웨이브를 만들어 냈는데 이것이 알칼리와 열을 이용한 퍼머넌트 웨이브의 기원이라고 할 수 있다. 1872년 프랑스의 마르셀 그라또우 (Marcel Grateau)가 아이롱을 이용한 일시적인 웨이브를 만들었고, 1905년 영국 런던 사교계의 유명한 미용사 찰스 네슬러 (Charles Nessler)가 웨이브를 장기간 유지시킬 수 있는 방법을 개발하는데 성공하였다.

이는 알칼리와 열의 원리를 이용한 히트 웨이브 (heat wave)즉 열퍼머로써 모근쪽에서 말기 시작하여 모발 끝으로 말아 가는 스파이럴 와인딩 (spiral winding) 방식으로 긴 머리에만 시술이 가능하였다. 이후 차츰 짧은 머리에 시술이 가능한 크로키놀식 와인딩(croquignole winding)식 방법이 1925년경 죠셉 메이어(Joseph Mayer)에 의해서 고안되었다.

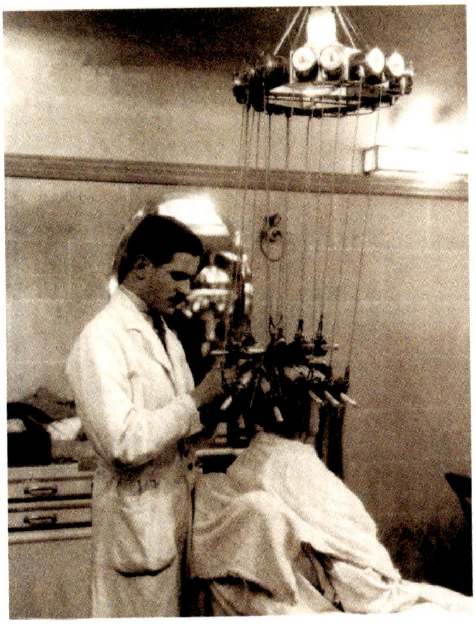

히트 웨이브의 단점을 보완하기 위하여 열을 가하지 않고 퍼머넌트 웨이브를 형성하는 약품의 개발이 지속적으로 진행되었는데, 특히 1936년 영국 리도 대학교수 J. B. Speakman은 아유산수소나트륨을 이용하여 40。C정도의 온도에서 퍼머넌트 웨이브를 만들어 내는데 성공하였다. 즉 모발케라틴의 화학구조를 연구하여 과거에 사용하던 105~110。C의 높은 열을 사용하지 않고, 실온 즉 40。C에서 약품을 이용하여 시스틴 결합을 절단하여 웨이브를 얻어내었고 이를 콜드(Cold)라는 명칭을 붙여 콜드퍼머넌트 웨이브제라 하였다.

이 콜드퍼머넌트 웨이브 방법의 이용은 시술시간을 2~3시간으로 감소시켰고, 고열로 인한 위험부담을 줄이는 등 시술과정이 매우 간편화되었으며 이로 인해 퍼머넌트 웨이브의 대중화를 가져오게 되었다.

그 후 모발 케라틴 (Keratin)의 화학구조가 해명되어 시스틴 결합을 절단하는 약제의 연구가 계속되면서 고구드란 학자가 처음으로 티오글리콜산 (thioglycolic acid) 과 케라틴의 화학반응을 학계에 발표하였다. 1941년 미국의 맥도우(McDonough)등이 티오글리콜산을 주원료로 한 콜드퍼머넌트 웨이브 용액을 제조하였고, 많은 연구와 개량을 거쳐 1947년 미국의 FDA(식품의약품국)에 의해 티오글리콜산의 제조방법이 비교적 간단하면서 보건위생상 무해하며 냄새가 적으며 효과적인 웨이브를 얻는데 적당하다는 것을 인증받았다.

2. 퍼머넌트 웨이브의 원리

퍼머넌트 웨이브는 물리적인 작용과 화학적인 작용의 2단계를 거쳐서 형성된다. 즉 로드에 물리적인 힘을 가해 모발을 와인딩 하면 모발의 탄성에 의해 로드의 바깥쪽과 안쪽의 길이차이가 생긴 상태에서 제1제(환원제)가 모발내부의 시스틴 결합을 절단하고 제2제(산화제)의 작용에 의해 절단된 시스틴을 재결합 고정시켜 주므로써 영구적인 웨이브가 형성된다.

이와 같은 퍼머넌트 웨이브의 기본원리를 이해하기 위해서 모발의 구조와 성분 물리 화학적 성질을 이해하여야 하며, 퍼머넌트 웨이브에 화학적인 작용을 하는 약제의 작용도 정확히 이해하여야 한다.

1) 모발의 구조 및 케라틴

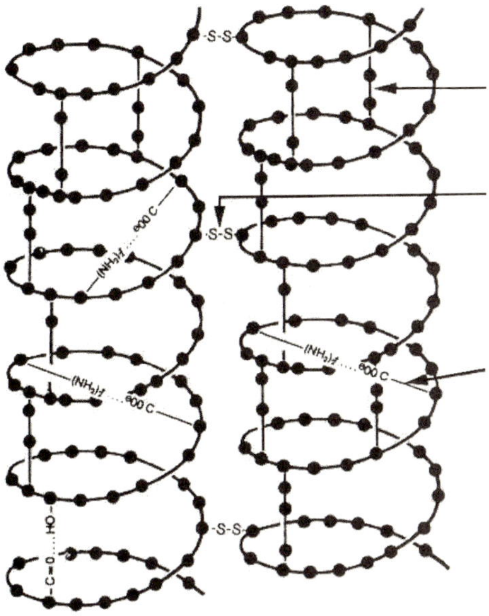

▲ 모발의 케라틴과 그 결합

모발은 모표피, 모피질, 모수질 3개의 층으로 이루어져 있으며 그 중 모피질은 퍼머넌트 웨이브 형성에 중요한 역할을 한다. 모발의 주성분인 단백질은 케라틴(keratin)이며, 18종류의 아미노산으로 결합된 폴리펩티드(polypeptide)로서 강한 펩티드 결합이 주쇄결합으로 이루어져 있고, 측쇄결합으로는 수소결합 시스틴결합, 염결합 소수성결합등으로 이루어져있다.

이들 측쇄결합중 2분자의 시스테인이 결합된 시스틴 결합 (s-s)은 퍼머넌트 웨이브를 형성시키는 직접적인 원인이 되며 케라틴은 14~18%의 시스틴을 함유하고 있다. 또한 모발은 α-helix의 나선상 구조로 이루어졌는데 힘을 가하면 β-helix의 직선상의 구조로 늘어나고, 힘을 빼면 α- helix 구조로 돌아가게 된다. 바로 이와 같은 모발의 물리적인 성질도 퍼머넌트 웨이브를 형성시키는 원인이 된다.

2) 퍼머넌트 웨이브제의 화학적 작용

(1) 제 1제의 환원작용

퍼머넌트 웨이브 제1제는 티오글리콜산(thioglycolic acid)과 암모늄을 주성분으로 하는 환원제이다. 알칼리성분인 암모늄염은 모발을 팽윤·연화시키고 티오글리콜산은 모발의 시스틴 결합을 환원시켜 절단시키는 작용을 한다.

| -s-s | + $2HSC_2HCOOH$ → | -SH SH- | + S- CHO_2COOH

시스틴 결합(모발) (cystine link)	티오글리콜산(제1제) (thiogrycolic acid)	시스테인 (cystine)

▲ 환원작용

(2) 제 2제의 산화작용

제2제는 산화제로서, 과산화수소수, 취소산나트륨, 취소산칼륨이 주원료로 환원제(제1제)에 의해서 환원되어 절단된 시스틴결합을 산화시켜 재결합시키는 작용을 한다. 즉 산화작용에 의해 방출된 산소와 환원되었던 시스테인에서 수소가 결합하여 물(H_2O)이 되고 수소 원자를 잃은 황 원자는 시스틴 결합을 형성한다.

$\mid$-S-S HS$\mid$	+ $NaBro(H_2O_2)$ →	$\mid$-S-S-$\mid$	+ H_2O
환원된 시스테인 (cystine link)	취소산나트륨(과산화수소수) (thiogrycolic acid)	시스틴 (cystine)	

▲ 산화작용

위 ⓐ와 ⓑ의 식을 하나의 식으로 요약하면

$$\mid\text{-SH HS-}\mid \underset{+2H(\text{환원})}{\overset{+O(\text{산화})}{\rightleftarrows}} \mid\text{-S-S-}\mid$$

환원된 시스테인 (cystine link) → 시스틴 (cystine)

3) 로드의 물리적인 작용

모발을 로드에 감으면 로드에 감긴 바깥쪽이 안쪽의 모발보다 더 당겨지어 케라틴 구조가 α-keratin에서 β-keratin으로 변화된다. 폴리펩타이드를 이 β-keratin 상태로 안정시켜, 즉 폴리펩타이드 결합을 연결하는 시스틴결합의 상태를 바꾸는 것이 퍼머넌트 웨이브(permanent wave)의 원리이다.

자연스런 모발을 로드에 감으면 바깥쪽이 안쪽보다 많이 늘어 나므로 각각의 시스틴(cystine) 결합이 불안정하게 되고 모발은 원래의 안정된 상태로 되돌아가려고 한다.

제2액을 도포함에 따라서 절단된 시스틴결합이 절단된 상태에서 재결합된다. 즉 제2액은 절단된 시스틴결합을 산화작용으로 재결합시켜, 원래의 탄력이 많은 모발로 되돌아가도록 하는 작용을 한다. 이처럼, 새로운 시스틴결합이 형성됨으로써 모발의 웨이브를 오랫동안 고정·유지시켜준다.

3. 퍼머넌트웨이브의 종류

1) 1욕식 콜드 웨이브

원 스텝 웨이브(one step wave)라고도 한다. 1욕식 콜드 웨이브는 퍼머넌트 웨이브 용액을 한 종류 즉 1제만 사용하고 2제는 사용하지 않는다. 제1제의 성분은 티오글리콘산 (thioglycolic acid) 또는 그 염류가 사용되며 제2액의 산화제를 이용하는 대신, 공기중의 산소와 린싱(rinsing)시의 물속의 산소에 의한 자연산화를 이용해서 시스틴을 재결합시켜 퍼머넌트 웨이브를 형성시키는 방법이다. 이 방법은 시간이 많이 걸리고 웨이브가 약하므로 일반적으로 사용하는 방법은 아니다.

2) 2욕식 콜드 웨이브

현재 가장 많이 이용되어지는 퍼머넌트 웨이브의 방법으로써, 환원제로서 제1액과 산화제로써 제2액을 이용한다.

(1) 환원제(제1액)

① 티오글리콜산(thioglycolic acid)제

티오글리콜산(thioglycolic acid)또는 그 염류가 이용되고, 이것에 알카리제를 가한 알카리성 용액이다. 알카리제가 모발을 팽윤시켜 약액의 침투를 쉽게 하며, 티오글리콜산이 침투하여 시스틴(cystine)결합을 환원 절단하는 역할을 한다.

퍼머넌트 용제의 기준에 따라서 티오글리콜산염의 농도는 2~7%이며, 제1액의 pH는 4.5~9.6으로 정해져 있다. 환원력이 강하므로 건강 모발에 효과적이다.

② 티오글리콜산 축모교정제

일명 스트레트 퍼머넌트용제라고도 불리며, 구미에서 흑인의 곱슬머리 교정에 쓰이며, 우리나라에서도 1980년대 초부터 곱슬머리나 웨이브가 강한 머리를 직모로 풀어주기 위해서 사용하였다.

보통의 퍼머넌트 웨이브제 보다 알칼리도와 점도가 높은 크림상으로 이루어져 있으나 요즘은 다양한 기법과 직모로 펴는 효과가 뛰어난 액상타입의 약제도 개발되어 시판되고 있다. 축모교정제는 pH가 높고 열을 가하는 경우도 있으니 모발의 손상을 방지하기 위하여 PPT나 LPT 등의 트리트먼트 제품을 사용하는 것이 바람직하다.

▲ 환원제

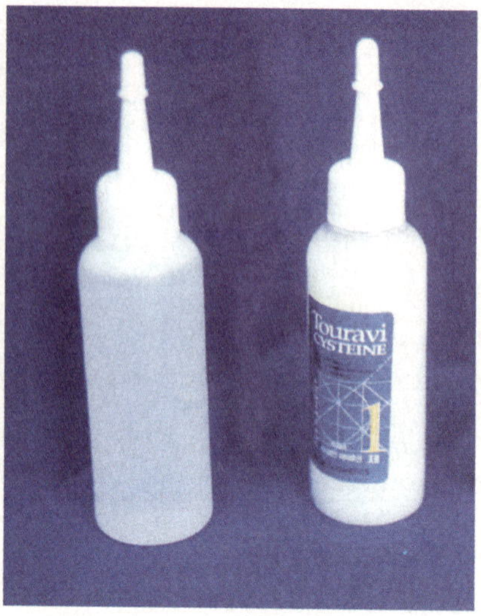

▲ 산화제

③ 시스테인 퍼머넌트 웨이브(cysteine permanent wave)제

2욕식 콜드 퍼머넌트 웨이브의 주제인 티오글리콜산 대신 시스테인을 이용해서 모발의 환원을 행하는 방법이다. 시스테인은 원래 모발에 포함된 아미노산인 시스틴을 환원해서 만든 것이므로, 자극적 냄새가 적으며 모발에 대해서 친화력이 있고, 모발중에 남아 있어도 모발을 손상시키지 않으며, 안정성이 높아 손상된 모발에 효과적이다. 시스테인의 농도는 3.0~7.5%이며 pH의 범위는 8.0~9.5로써 매우좁다.

단, 티오클리콜산에 비해서 환원력이 뒤떨어지므로 웨이브 형성이 20~30% 정도 약하다. 또한 시스테인은 화학적으로 불안정하고, 산화되어 시스틴이 되기 쉬우며, 점착성이 강해서 시술자의 손이나 손가락 등에 붙으면 물로 씻어도 잘 빠지지 않으므로 피부를 거칠게 할 수 있으며 가격이 비싸다. 이때 사용되는 제2액은 2욕식 콜드 웨이브시 사용되는 제2액과 동일하다.

④ 산성 퍼머넌트 웨이브제

티오글리콜산을 주성분으로 하며, 암모니아수 등의 알칼리제 대신 계면활성제를 첨가하여 pH 4~6정도로 모발의 pH에 가깝게 만든 제제이다. 산성 퍼머넌트 웨이브제는 일반 퍼머넌트 웨이브제 보다 환원력이 10배나 떨어지므로 컬의 형성이 매우 약하지만 모발 손상은 적다. 그러므로 알카리에 저항력이 약해진 염·탈색모, 손상모 등에 시술하면 효과적이다.

(2) 산화제(제2액)

산화작용, 정착작용 및 중화작용을 한다. 즉, 환원제에 의해 전달된 시스틴 결합을 산화시켜 재결합시키는 작용을 하는데 산화제로서 과산화수소수(H_2O_2), 브롬산 나트륨($NaBrO_3$), 브롬산 칼륨($KBrO_3$)이 주로 사용된다. 그러나 과산화수소수는 강력한 산화력 이외에 표백 및 살균작용이 있어서 농도가 높으면 모발의 탈색이 일어나므로, 브롬산 칼륨을 대체로 많이 사용하나 구미지역에서는 빠르고 부드럽게 정착되어 웨이브의 감촉이 부드럽기 때문에 아직도 산화제로서 과산화수소수를 많이 이용하고 있다. 산화제는 1회 도포하는 것보다 15~20분 사이에 2~3회 도포 하는 것이 산화력을 높이는 방법이며, 충분한 양을 도포하는 것이 좋다. 브롬산 칼륨과 브롬산 나트륨은 보통 3~5 % 수용액을 사용하며 농도가 3% 이하가 되면 산화력이 떨어지며 5%이상이 되면 모발의 멜라닌 색소가 탈색 될 수 있으므로 주의한다.

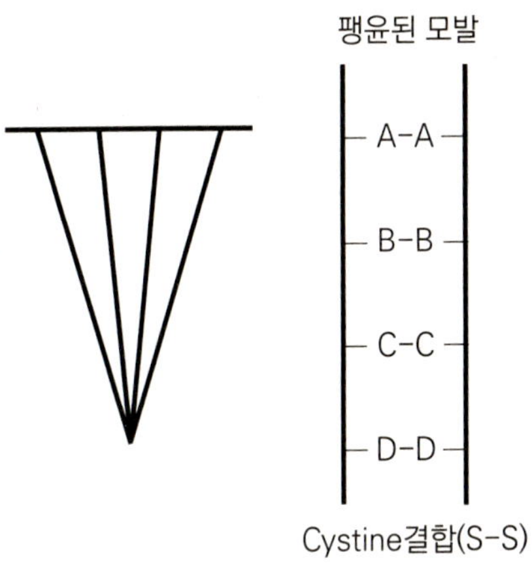

▲ 알칼리성 용액에 팽윤된 모발

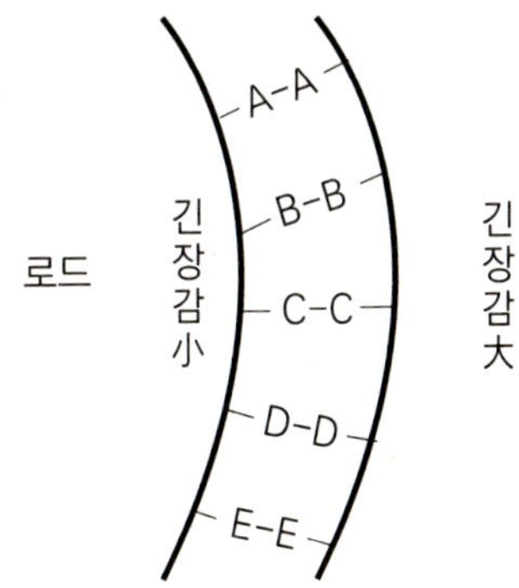

▲ 로드에 모발을 감은 상태

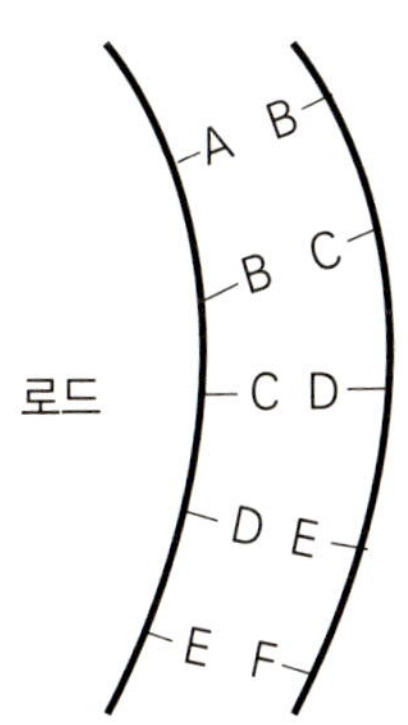

▲ 티오글리콘산에 의해 절단된 시스틴 결합

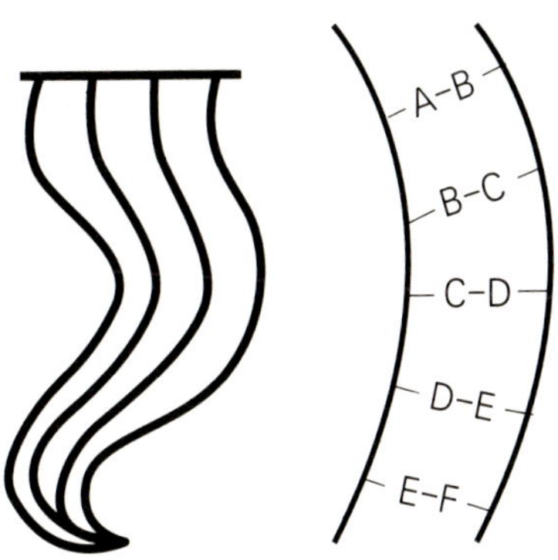

▲ 시스틴 재결합

3) 3욕법

발수성 모발이나 심하게 손상되어 웨이브 형성이 어려운 모발에 탄력 있는 웨이브를 만들기 위해서 시술하는 방법이다. 제1액은 특수활성제로서, 환원제가 모발에 쉽게 침투할 수 있도록 모발을 팽윤 연화시키는 작용을 한다. 제2액은 환원제, 제3액은 산화제를 사용한다.

4) 퍼머넌트 웨이브 용액에 관한 주의점

① 퍼머넌트 웨이브를 바르게 시술하기 위해 두발에 알맞는 용액을 선택해야 한다. 손상모, 염색모, 탈색모, 다공성모는 퍼머넌트 진행시간을 짧게 하며 낮은 농도의 1액을 사용한다.
② 두피에 상처나 염증이 있는 이상성 질환 여부를 살피고 건강한 두피에 시술한다.
③ 두발이 더러워져 있으면 퍼머넌트 용액의 반응이 방해되기 때문에 가볍게 샴푸한다. 샴푸할 때는 손톱으로 두피에 상처를 내지 않도록 주의한다.
④ 얼굴이나 목에 용액이 묻었을 때에는 물을 적신 탈지면이나 거즈로 닦아내고 눈에 들어갔을 때에는 바로 물로 씻어낸다.
⑤ 제1액의 환원작용시간을 너무 걸리게 하면 두발이 손상될 염려가 있으므로 방치시간을 너무 오래 하지 않도록 주의하고 제2액의 산화작용을 충분히 한다.
⑥ 2액 사용 후에는 샴푸하지 않고 충분히 린스한다.
⑦ 용액은 메이커의 지시서에 따르도록 하고, 공기나 광선, 열 등에 의해서 화학반응을 일으키기 쉬우므로 쓰다 남은 용액은 다시 용기에 넣지 말고 밀폐해서 냉암소에 보관한다.

4. 퍼머넌트 웨이브의 시술

(1) 준비물

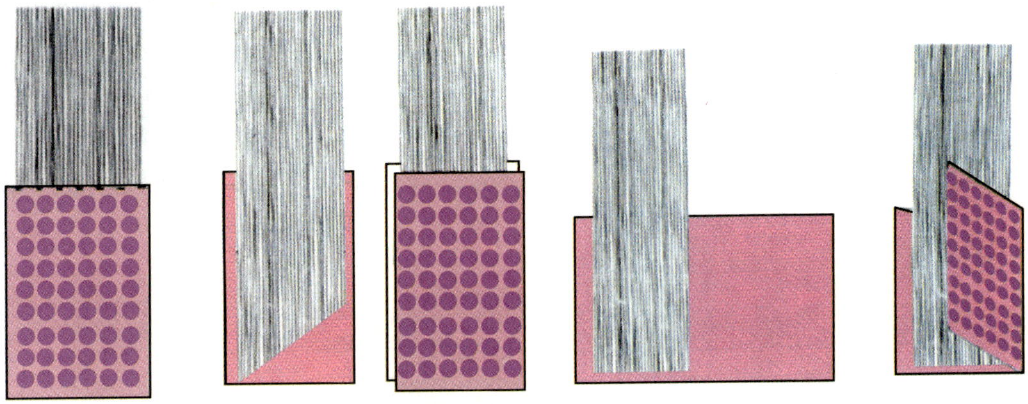

단면 사용 와인딩　　양면 사용 와인딩　　겹사용 와인딩

용도	기 자 재
전처리용	샴푸, 트리트먼트제, 피부보호제품
의류 및 피부보호	고객용 가운, 시술자용 에이프런(apron), 시술자용 장갑, 수건, 어깨보, 헤어밴드(hair band)
퍼머넌트웨이브 시술용	환원제, 산화제, 로드, 고무밴드, 고리빗, 페이퍼, 스틱(stick), 핀셋(tweezers), 약병 또는 보울(bowl), 산화제 거품기, 액량계, 비닐캡(vinyl cap)
열처리용	전열기구
후처리용	트리트먼트제, 린스, 헤어스타일링제

엇갈려 걸기　　십일자 밴딩

■ 퍼머넌트 웨이브의 기자재

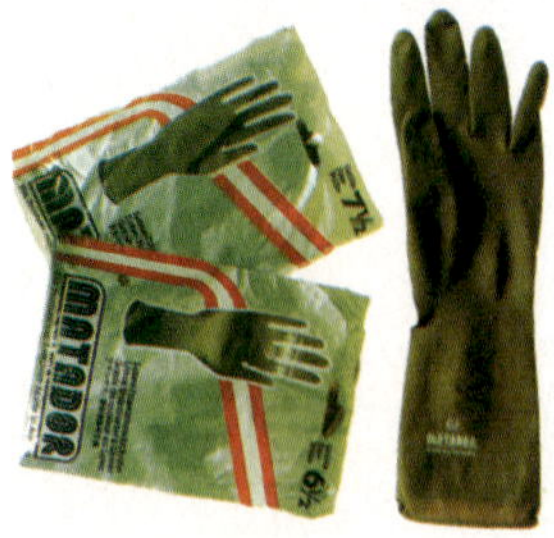

고무장갑

타이머

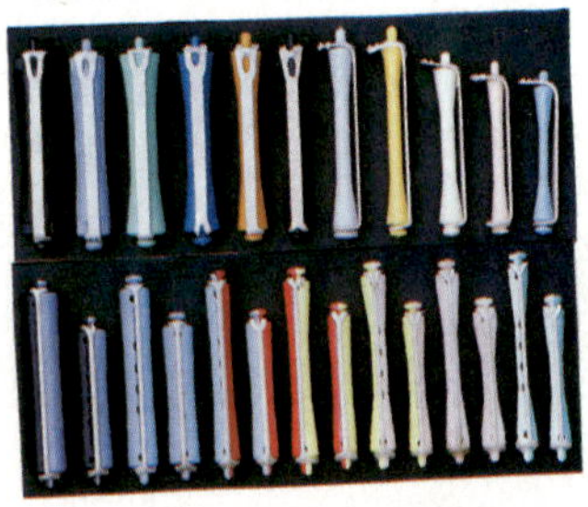

와인딩로드

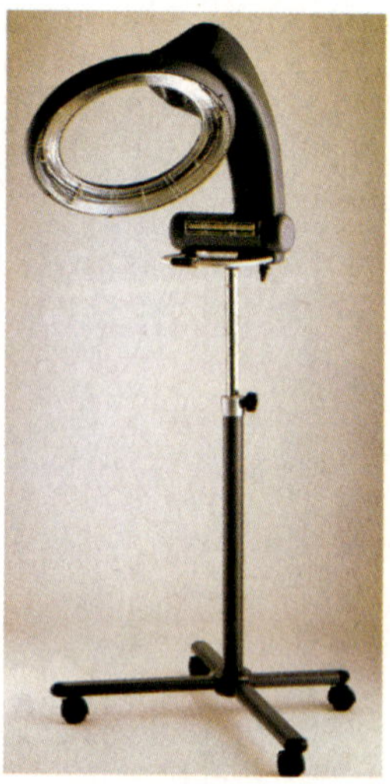

전열기구

에이프런

꼬리빗

이동식 정리대

비닐캡

(2) 시술준비과정

프레 커트(pre cut)와 샴푸닝을 하고 두발 및 두피 진단으로 모질을 검사하여 건조모나 손상모인 경우에는 헤어 트리트먼트 크림을 바른다. 또 다공성 모에는 단백질을 분해하여 만든 PPT를 바르고 발수성 모에는 특수활성제를 바르고 스티머를 쐬여 두발에 약액의 침투를 도와 준다.

(3) 시술본과정

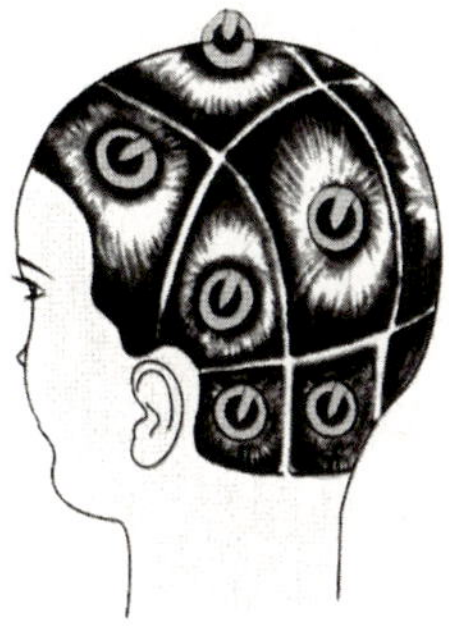

① 브로킹(blocking)

원하는 스타일에 맞게 롯드(rod)를 선정하고 롯드의 크기와 두발의 질, 두발의 밀도 등을 고려하여 알맞은 브로킹(blocking)을 한다.

② 제1액을 도포한다

보통 1액을 도포한 후 와인딩을 하고 다시 균일하게 도포하지만 두발에 수분을 주어 와인딩 한 후 1액을 도포하는 경우도 있다.

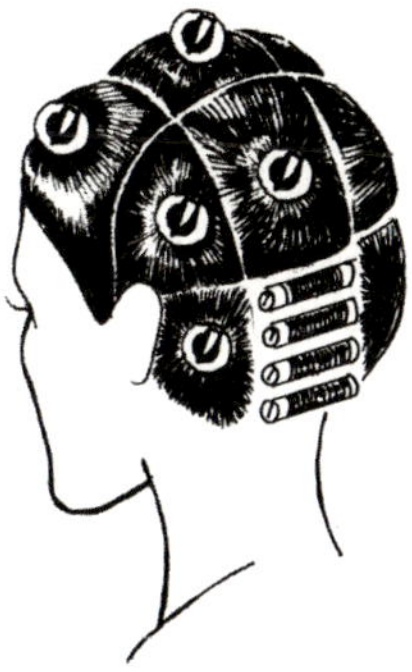

③ 와인딩(Winding)

꼬리빗으로 머리를 조금씩 나누어 잡으면서 빗질을 곱게 하여 와인딩을 한다. 와인딩의 각도는 볼륨을 고려하여 들고 베이스(base)를 뜨는 폭은 롯드의 직경과 같게 하고 엔드 페이퍼(end paper)를 대고 와인딩 한다. 엔드 페이퍼를 댈 때에는 머리카락이 빠져나오지 않도록 주의한다. 롯드에 말때에는 모발 슬라이스 선에 대해 반드시 롯드가 평행이 되도록 대고 좌우

균등하게 텐션(tension)을 가해서 와인딩하고 고무밴드로 고정한다. 고무밴드는 두피에 대해 평행이 되도록 걸어야 하며, 두피에 가깝게 고무밴딩을 한 부분에는 스틱을 꽂아 자국이 생기지 않도록 주의한다.

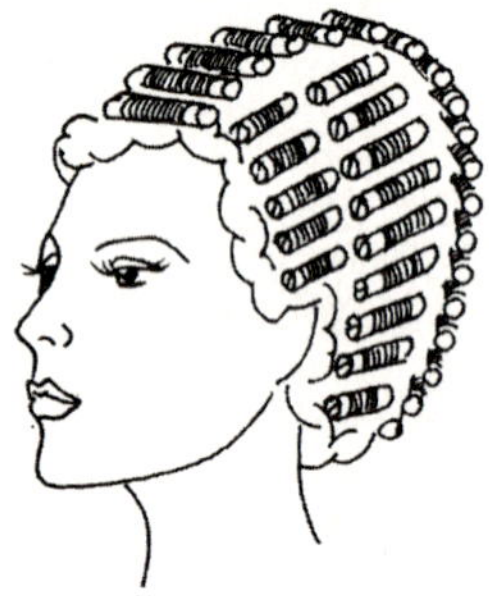

④ 스틱꽂기(stick)

모발에 고무줄 자국이 나지않도록 두피 가깝게 눌려진 부분을 스틱으로 꽂아둔다. 한번에 세개 이상의 로드를 꽂지 않도록한다.

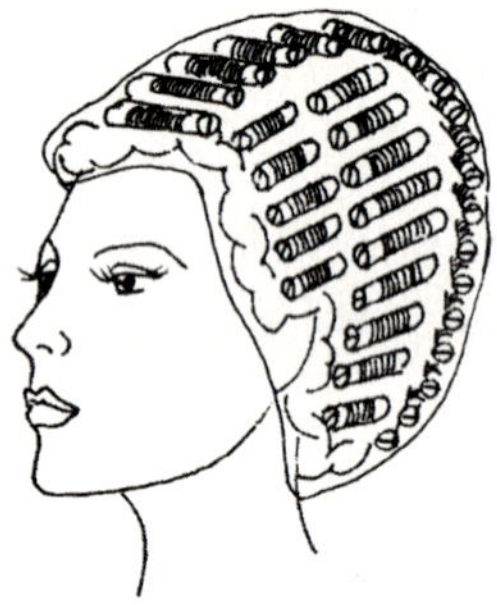

⑤ 처리(Processing)

두발 가장자리의 피부를 보호하기 위하여 헤어 밴드(hair band)를 감은 다음 제1액(환원제)이 떨어지지 않을 정도로 충분히 바르고 비닐 캡(vinyl cap)을 씌운다. 캡은 체온을 유지시켜 1액의 작용을 빠르게 하며 두발 전체에 1액의 작용이 골고루 되게 할 뿐만 아니라 휘발성 알칼리(암모니아 가스)의 휘발을 방지하여 준다.

환원작용의 시간은 대개 10~15분이며 두발의 성질과 상태, 개인차, 롯드의 수, 사용한 용액의 강도, 온도 등에 의해서 달라진다. 프로세싱 타임을 줄이기 위해 히팅 캡이나 스티머, 적외선을 사용하여 작용을 촉진시킨다.

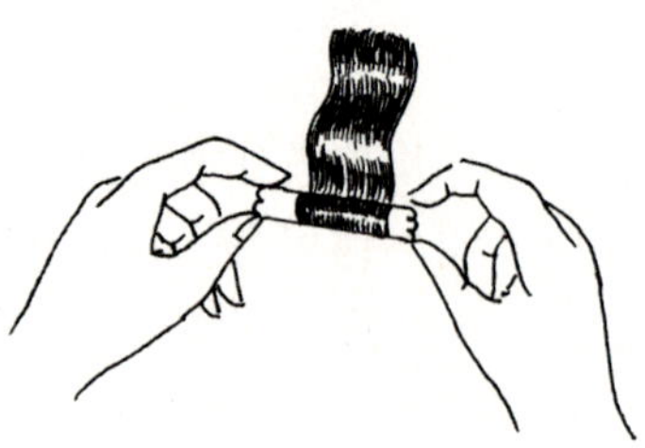

⑥ 테스트 컬(Test curl)

두발의 일부를 컬링 롯드에서 떨어지지 않도록 풀어 형성된 웨이브의 탄력을 조사한다. 탄력이 요구하는 정도로 되었을 때 작용을 중시시킨다.

⑦ 1차 헹구기(First rinsing)

보통 중간 린스라고 하며, 1액의 작용을 중지시키고 원활한 2액의 작용을 위해 미지근한 물로 헹구어 내고 타월 드라잉 한다.

⑧ 제2액의 도포

제2액은 산화작용(oxidation)을 하는 것으로, 비닐병 또는 거즈나 솜을 이용하여 두발에 2액을 충분히 스며들도록 발라 10~15분간 그대로 두어 작용시킨다. 두발의 상태에 따라 약 5분정도 경과 후 재도포하기도 한다. 산화작용을 촉진시키기 위해 히팅 캡이나 적외선을 사용하기도 한다.

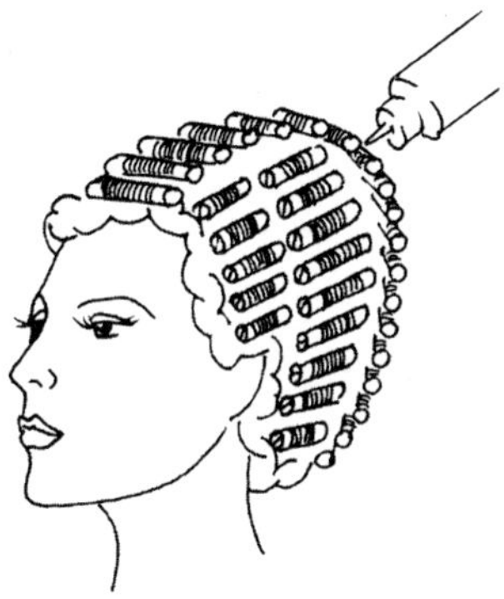

⑨ 롯드 오프(Rod off)

원하는 웨이브가 완성되면 두발에 와인딩 된 롯드를 푸는 과정이다. 두발이 심하게 당기는 느낌이 들지 않도록 세심한 주의를 기울린다.

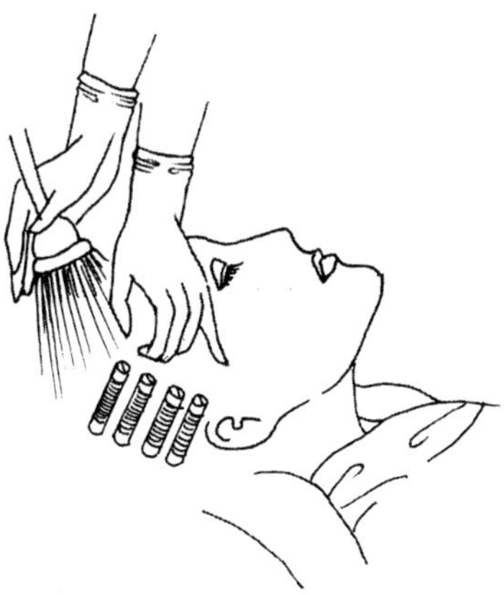

⑩ 2차 헹구기(Second rinsing)

퍼머넌트 웨이브의 직후에 샴푸를 하면 웨이브가 약하게 되므로 헹구기 할 때 샴푸를 하면 안되며 산성린스를 사용하여 두발의 pH가 등전대를 유지하도록 한다.

(4) 시술 후처리

퍼머넨트 웨이브의 방법에는 헤어 세트를 필요로 하는 보통 퍼머넨트 웨이브와 헤어 세트를 필요로 하지 않는 스타일 퍼머넨트 웨이브(디자인 퍼머넨트 웨이브라고도 함)가 있다. 보통 퍼머넨트 웨이브(헤어 세트에 의해 어떤 형태라도 만들 수 있게 웨이브의 강·약만 주는 퍼미넨트 웨이브)시에는 오리지날 세트를 행한 후에 드라잉(drying)과 컴 아웃(comb out)을 행한다. 스타일 퍼머넨트 웨이브 시에는 오리지날 세트가 필요 없으므로 드라잉과 콤 아웃만 한다.

(5) 퍼머넨트웨이브가 잘 나오지 않은 경우

① 두발이 선천적으로 저항력이 강하고 발수성으로 뻣뻣하다.

② 두발의 손상이 너무 많거나 탄력이 없고 연약하다.

③ 두발에 금속성 염모제를 사용했다.

④ 비누나 칼슘이 많은 경수로 샴푸했다.

⑤ 제1액이 산화된 용액을 사용했다.

⑥ 오버 프로세싱(over processing)으로 시스틴 결합이 파괴되었다.

⑦ 퍼머넨트 웨이브가 너무 쉽게 풀어지는 것은 제2액의 불완전처리와 제1액의 변질품 사용, 또는 퍼머넨트 웨이빙 72시간 전에 알칼리 세제의 사용 등을 들 수 있다.

⑧ 퍼머넨트 웨이브가 유지되는 것은 제2액의 작용 때문이다. 중간린스 후 2액은 5~10분 간격으로 2회 이상 충분히 발라야 한다. 특히 웨이브 유지가 나쁜 모발은 최초의 5분 때 스티머나 적외선(infra red)을 쐬거나 약 42。C의 열을 가하는 것이 좋다.

5. 퍼머넌트 웨이브 형성에 영향을 미치는 요인.

1) 모발의 질

모표피가 건강하고 간격이 좁으면 퍼머넌트 웨이브제의 침투가 어렵기 때문에 퍼머넌트 웨이브의 형성이 잘 이루어지지 않는다. 반대로 모 표피의 간격이 넓으면 퍼머넌트 웨이브제의 침투가 용이하여 웨이브의 형성이 잘 된다. 그러므로 동양인의 경우 서양인에 비해 모표피의 간격이 넓기 때문에 웨이브 형성이 잘된다. 일반적으로 퍼머넌트 웨이브가 힘든 건강하면서 발수성모, 경모인 경우, pH가 높은 웨이브 제를 선택하는 것이 좋으며, 염색모, 탈색모, 손상모와 같은 알칼리에 대한 저항력이 낮은 모발의 경우에는 pH가 낮은 웨이브제를 선택한다.

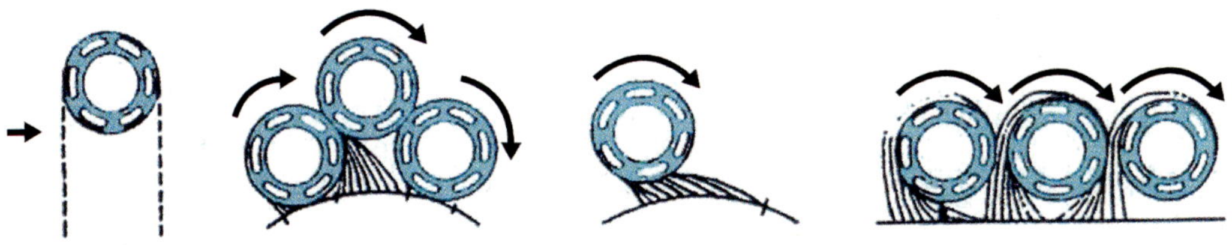

베이스 폭은 로드의 폭이 원칙

베이스 폭이 좁기 때문에 말려 올라간다.

베이스 폭이 넓기 때문에 미끄러져 어긋난다.

베이스 폭과 각도가 일정하지 않아 웨이브의 흐름이 일정하지 않다.

▲ 베이스 폭과 각도

2) 베이스 섹션

베이스 섹션의 크기는 로드의 직경만큼 잡는 것이 일반적이나 모질의 상태, 로드의 굵기와 길이에 따라 정하기도 한다. 밀도가 높은 굵은 모발일 경우 베이스 섹션 폭을 작게 뜨고 직경이 큰 로드를 사용하며, 가는 모발은 베이스 섹션 폭을 작게 하고 지름이 작은 로드를 사용하여야 이상적인 웨이브가 나온다.

3) 로드의 직경

로드의 굵기와 형태는 원하는 컬의 형성에 결정적인 역할을 하므로 모발의 길이에 따라 로드를 선택하여야 한다. 모발이 짧은 경우의 로드 선정은 일반적으로 별문제가 발생되지 않지만, 모발이 긴 경우는 로드에 감겨진 모발 자체의 굵기로 인해 와인딩 회전수가 적어지고, 모발이 로드에 와인딩되는 폭이 커지므로 웨이브가 달라지게 된다.

모발의 길이가 30cm일 때 직경이 10mm의 로드로 와인딩하게 되면 계산상 9회전 반이 나와 스파이럴식 와인딩 기법에서는 문제가 되지 않았지만 오버랩 와인딩 기법에서는 문제가 될 수 있다.

4) 스트랜드의 각도

와인딩시 스트랜드의 각도에 따라 컬의 형태와 모근의 볼륨정도가 달라진다. 두피에 대한 스트랜드의 각도는 크게 오프 베이스(offbase) 하프 오프 베이스(half-off base(90°정도)) 온 베이스(on base (120°이상))의 3단계로 나눌수 있는데 각도가 클수록 볼륨을 살릴 수 있다.

오프베이스의 경우 베이스 섹션폭으로 부터 로드의 위치가 벗어나게 되어 스트랜드의 폭 만큼 로드에 말려지지 않으므로 볼륨은 적고 방향성이 큰 웨이브가 형성된다. 하프오프베이스의 경우, 베이스 섹션의 반 정도에 로드가 걸쳐 있는 형태이다. 볼륨과 탄력이 적당한 웨이브가 형성되며, 가장 많이 이용되는 방법이다. 온베이스의 경우 베이스 섹션보다 위로 밀려서 로드가 위치하는 형태로 스트랜드 전체가 로드에 감기므로 웨이브의 볼륨은 크나 방향성이 적다.

5) 약제

제1제의 경우 티오글리콘산(thiogycolic acid)이 산화되게 되면 디티오글리콘산(dithioglycolic acid)으로 변화되어 환원력이 감소하므로 웨이브 형성능력이 저하된다. 또 2제는 이물질이 혼합되면 취소산칼륨, 취소산, 나트륨이 분해되어 취소산나트륨으로 변화하므로 산화력이 감소되고 웨이브의 고정력이 저하되므로 주의하여야 한다.

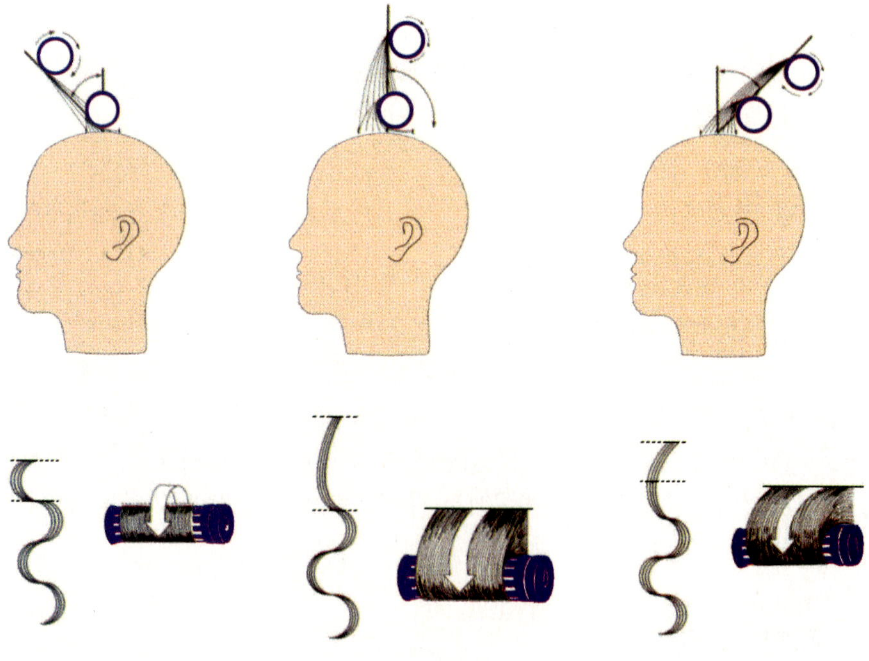

스트렌스의 각도 120° 이상

스트렌스의 각도 90° 이상

스트렌스의 각도 45° 이상

▲ 스트렌스의 각도

Chapter 6. 헤어컬러링

헤어컬러링

1. 모발 염색의 정의

모발 염색의 역사는 아주 오래 전 고대 이집트에서부터 시작되었다. 과거에는 식물의 뿌리나 꽃, 열매, 잎, 나무껍질 등의 자연재료를 이용하였고 현재는 다양한 합성 염모제를 이용하여 모발에 다양한 컬러를 연출하고 있다. 모발염색이란 단지 모발 색을 밝게 변화시키는 탈색과는 달리 자연 모발(Virgin hair), 염색 모발(Coloring hair) 그리고 탈색처리 된 모발(Bleach hair)에 다양한 색상을 착색시킬 수 있다는 것으로 정의할 수 있다.

2. 모발 염색의 역사

우리나라는 고려시대부터 모발염색이 시작되었다는 기록이 있으며, 서양은 기원전 3천년경 미이라의 수염이나 모발에서 식물의 잎을 이용해 물을 들인 흔적을 찾아볼 수 있어 고대 이집트 시대부터 모발 염색이 이뤄졌음을 유추할 수 있다.

19세기에는 천연재료가 아닌 합성 염모제의 개발로 염탈색의 획기적인 발전이 시작되었다. 1818년에 외과의사 쟈크테나르(Jacques Thenard)가 과산화수소는 소독작용 외에 탈색작용이 있음을 발표한 후 1860년 나폴레옹의 애인 코라피얼(Cora Pearl)이 과산화수소를 사용하여 모발을 탈색하였다.

1863년 화장품 회사인 프랑스의 모네사가 백색염모 물질인 파라페닐렌디아민(PPD)을 발견해 1883년 염모제로 사용허가를 받았다. 이 염색제는 최근의 염색약처럼 물과 알코올에 쉽게 녹고 산화되며 모발에 매우 자연스러운 색상을 만들어 냈다.

1980년대에 들어 보색 기술과 하이라이트 기술이 발달하면서 다양한 색의 헤어 스타일이 유행하였고 염색의 대중화 시대를 열었다.

오늘날의 염색은 눈동자와 피부색, 즐겨입는 의상색 그리고 모발색이 함께 어울리는 토털패션이 강조되고 있다.

3. 염색이론

1) 멜라닌(Melanin)

선천성 색소 결핍증(Albinos) 환자를 제외하고 모든 정상적인 사람에게는 멜라닌을 만들어 내는 멜라닌 형성 세포(Melanocytes)를 가지고 있으며 인종별, 개인별로 다양한피부 및 모발색을 가지게 된다.

(1) 멜라닌의 종류와 구조

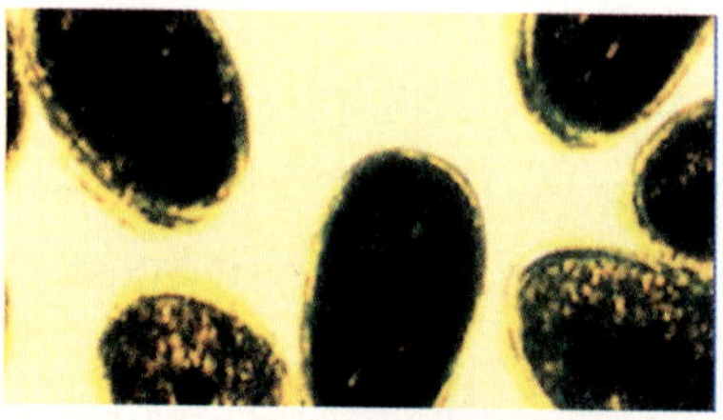

▲ 아프리카인 모발

① 유-멜라닌(Eu-melanin)

- 갈색, 검은색 나타내는 색소
- 흑인, 동양인드르이 피부색, 모발색 결정
- 길이 0.8~1.2㎛, 두께 0.3~0.4㎛ 정도의 쌀알 형태
- 중합체(Polymer)로써 물에 용해되지 않음.

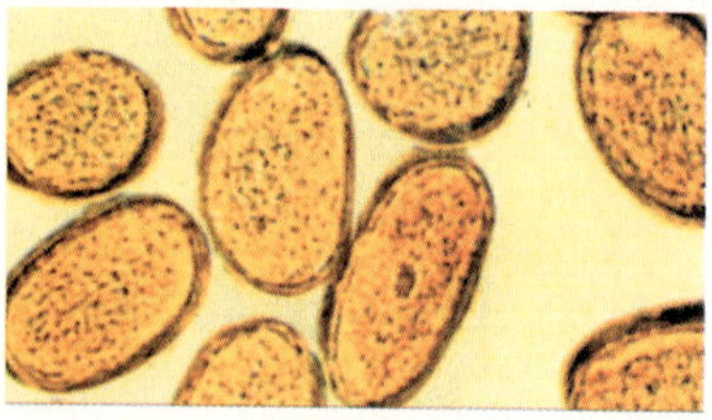

▲ 유럽인 모발

② 페오-멜라닌(Pheo-melanin)

- 노란색, 빨간색 나타내는 색소
- 서양인들의 피부색, 모발색 결정
- 색소 미립자가 훨씬 더 작고 타원형으로 표면이 움푹 들어가 있음.

(2) 멜라닌의 분포 및 역할

① 모발에 있어서 멜라닌의 생성 및 분포는 피부의 표피(Epidermal)상의 방법과 동일하게 이루어진다.
② 피부색을 결정하는 멜라노사이트는 표피층 중에서 가장 아래에 있는 기저층에 주로 분포되어 있고 모발색을 결정하는 멜라노사이트는 모모세포층에 주로 분포한다.
③ 멜라닌은 광선을 비롯한 여러 가지 외부 요인으로부터 피부와 모발을 보호하는 기능을 가지고 있다. 직사광선이 강한 적도 지역에 사는 흑인들의 피부나 모발에는 멜라닌이 많이 함유된 것도 이 때문이다.
④ 멜라닌은 몸 안에서 생체대사 결과로 생긴 유해 활성산소(Free-radical)를 없애주는 역할도 한다.

2) 색채이론

사물에 나타나는 모든 색은 빛(태양광선) 아래에서 서로 다른 고유의 색을 보여준다. 이렇게 색이 많은 변화를 갖는 이유는 사물에서 반사되어 우리 눈에 들어오는 빛의 파장이 각기 다르기 때문이다. 빛의 파장 차이로 적색, 황색, 녹색, 청색, 자색 등 여러 가지 색이 생기며, 사물에서 반사된 빛이 눈의 망막에 있는 시세포의 추상체라고 하는 세포를 자극시켜 그 색을 우리가 느낄 수 있다.

우리가 느낄 수 있는 빛의 파장은 380~780mm이며 '가시광선'이라고 한다. 우리 눈에 감지되는 가시광선 범위 이외에도 빨간색 파장 바깥쪽에 위치한 장파인 적외선(780~400mm)과 보라색 파장 바깥쪽에 위치한 자외선(400~10mm)이 있으며 알파(α)선, 베타(β)선, 감마(γ)선 등이 있다.

(1) 색의 분류와 색의 3속성

흰색, 회색, 검정색을 색채 속에 한 무리로 포함시켜 분리하는데 이 색들은 중립의 색이며 이러한 색을 무채색(Achromatic Color)이라 하며, 무채색 이외의 모든 색을 유채색(Chromatic Color)이라 한다.

① 무채색

흰색, 회색, 검정색과 같이 색상 또는 채도가 없는 색을 무채색이라 한다. 무채색의 구별은 밝고 어두움의 정도 즉 명도 차이로만 구분된다. 물체에 반사되는 정도에 따라 흰색과 검정색 사이에 회색의 단계를 만들어 명암 단계를 배열할 수 있다. 100% 반사나 흡수는 이루어지지 않기 때문에 완전한 흰색과 검정색은 존재하지 않는다.

② 유채색

무채색을 제외한 모든 색을 유채색이라고하며, 빨강이나 파랑과 같은 색감을 가지고 있으면 모두 유채색에 속한다. 유채색도 명도를 가지고 있으며 가장 고채도의 순색과 순색에 검정 또는 흰색을 섞은 청색, 순색에 회색을 섞은 탁색으로 나눌 수 있으며, 색상·명도·채도의 색의 3속성을 모두 가지고 있다.

(2) 색의 3속성

① 색상(Hue)

색상은 물체표면에서 반사되는 색파장의 종류에 의해 결정되며 빨강, 노랑, 초록, 파랑, 보라 등으로 구분된다. 색으로서 개성이 뚜렷한 색감이 나타나는 모든 유채색을 색상이라 할 수 있다.

색상이 다른 순색을 파장순으로 원주상에 두어 스펙트럼으로부터 전개된 많은 색상들의 위치가 서로 인접하도록 둥근 고리형태로 배치한 것을 색상환이라고 한다. 색상환에서 거리가 가까운 색을 유사색, 거리가 먼 색을 반대색, 색상환에서 가장 거리가 먼 정반대편의 색을 보색이라고 하며, 보색끼리의 혼합은 무채색이 된다.

▲ 먼셀의 색입체 모형

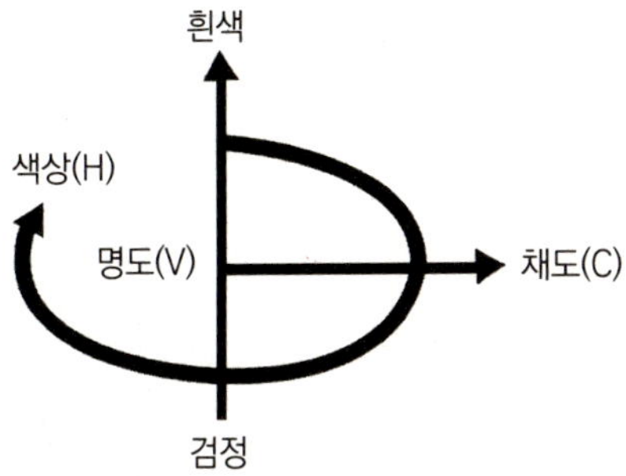

▲ 먼셀의 색입체 원리

② 명도(Value)

색의 밝고 어두움, 즉 색의 밝기의 정도를 의미한다. 명도는 색감이 없고 선명함을 갖지 않은 무채색을 기준으로 하고 완전한 검정색을 0, 완전한 흰색을 10으로 해서 그 사이의 밝음의 단계를 분할해서 기호(10/,9/, ..., 1/,0/)로 표시한다. 그러나 이상적인 검정색과 흰색은 만들 수 없기 때문에 9/~1/이 사용된다.

③ 채도(Chrome)

색의 맑고 탁한 정도, 즉 색의 선명도를 채도라고 한다. 채도가 가장 높은 순수한 색을 순색이라고 한다. 순색에 흰색을 혼합하면 명도는 높아지지만 순색의 정도는 낮아져 탁색이 된다. 다시 말해 색은 순색에 가까울수록 채도가 높고 다른 색을 혼합하면 채도가 낮아지며, 혼색의 수가 많아질수록 색채는 무채색으로 변한다. 즉 채도가 가장 낮은 것은 무채색이다.

(3) 색의 혼합

① 삼원색

다른 색으로 분해할 수 없고 다른 색상을 혼합하여 만들 수 없으므로 '기본색'이라고 부른다. 모든 색을 나타낼 수 있는 최소의 색을 원색이라고 하며, 두 가지 이상의 색을 혼합하여 다른 색을 만들 수 있는데 이것을 혼색이라고 한다.

▲ 가법혼합

▲ 감법혼합

(4) 보색

색상환에서 볼 때 서로 정반대 편에 놓인 색상을 서로 보색관계라고 말한다. 보색끼리의 색을 서로 섞으면 자연색(염색에서는 갈색)이 된다. 따라서 염색에서도 마찬가지로 중화를 시킬 때는 서로 보색의 색상을 이용하여 갈색으로 만들 수 있다.

(5) 한색과 난색

차가운 느낌을 주는 색을 한색이라고 하고 따뜻한 느낌을 주는 색을 난색이라고 한다.

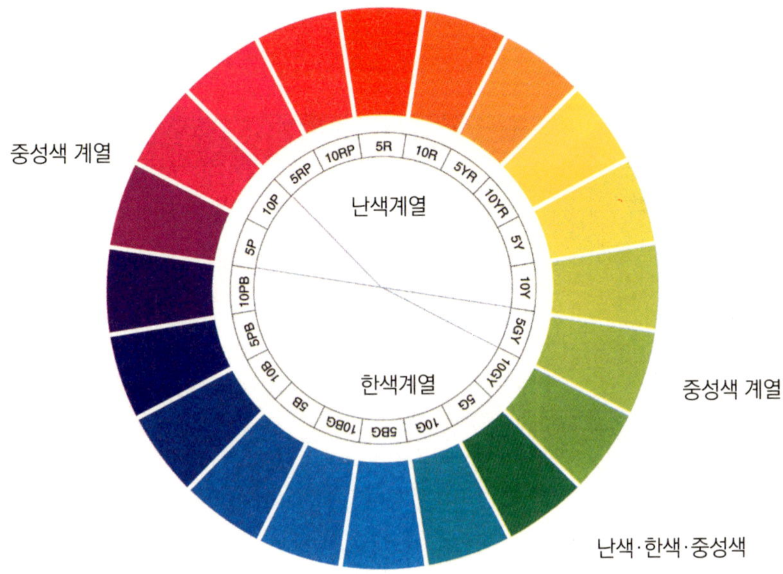

3) 염모제의 분류

(1) 염모제의 특성에 따른 분류

① 유성 염모제

안료를 주성분으로 하는 염색제로서 안료를 유지 또는 접착제와 혼합시켜 크레용 형태로 성형시키거나 스프레이, 무스 상태로 만들어 모발에 도포하거나 분부하는 것이다.

② 식물성 염모제

식물의 꽃, 열매 등의 색소가 산성 용액 속에서 케라틴을 염색시킬 수 있는 성질을 이용하여 만들어졌으며 식물성 염모제가 모피질 안에 축적되면 모발의 색이 탁해지고, 퍼머넌트 웨이브제와 산화 염색제의 침투가 어려워진다.

③ 금속성 염모제

납, 철, 카드뮴, 비스마스, 동 등을 기초로 한 염색제로 이들 금속은 철을 제외하고 대부분이 유독한 성분을 가지고 있기 때문에 사용에 제한이 있다. 식물성 염색제처럼 모발에 피막을 입힐뿐만 아니라 모발내에 금속성분이 축적된다.

④ **합성 염모제**

유기합성 화학의 방법으로 제조한 염료를 말하며 그성질에 따라 산성 염료, 염기성 염료 및 산화 염료로 분류할 수 있다.

■ **염색의 지속기간별 분류**

구분	일시적 염색	반영구적 염색	준영구적 염색	영구적 염색
지속 기간	일시적이어서 일회의 샴푸로 지워진다. 단 pH의 세기가 강할 경우 일회의 샴푸로 제거되지 않는다.	보통 2~4주간 지속되고 손상이 큰 모발일수록, 모발 손상도가 크다. 샴푸횟수가 잦을수록 지속기간이 짧아진다.	보통 4~6주간 지속되고 모발의 손상도가 클수록 지속기간이 짧아진다.	거의 영구적이나 모발의 손상도가 클수록 빨리 퇴색된다.
제품 타입	칼라 스프레이, 칼라 무스,칼라샴푸, 칼라 린스, 칼라젤, 칼라 파우더 등.	크림 타입, 액체 타입, 반영구적 염색제가 함유된 샴푸류	크림 타입, 액체 타입, 젤 타입	크림타입, 액체타입
제품			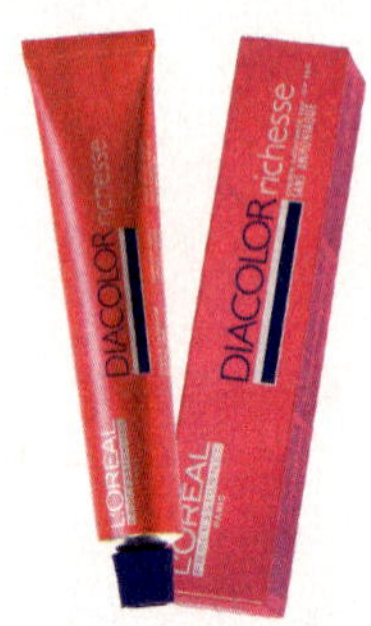	
주용도	순간적 백모커버, 패션룩 연출, 퇴색한 모발을 일시적 커버, 색을 교정할 때	모발의 색이나 윤기를 부여할 때 염색후 2~4주 정도 지나면서 염색제가 자연히 제거되도록 할 때 모발색을 어둡게 하거나 30%정도의 백모커버 시 칼라 체인지를 할 때 보정색으로 사용	모발색을 어둡게, 50%정도의 백모를 커버 모발의 색, 윤기 부여 염색후 2~4주 정도 지나면서 염색제가 자연히 제거되도록 할 때 모발의 색소가 부족할 때 프레피그멘테이션(Pre-pigmentation)용으로 사용	모발색을 바꿀때 밝게 또는 어둡게 염색하고 싶을 때 백모를 완전히 커버할 때 염색 후 지속기간이 영구적이기를 원할 때

(2) 염모제의 지속기간에 따른 분류

연색은 염모제의 특성 및 염색 색상의 지속기간에 따라 일시적 염색(Temporary Hair Coloring), 반영구적 염색(Semi-Permanent Coloring), 준영구적 염색(Quasi-Permanent Coloring), 영구적 염색(Permanent Coloring)으로 나눌 수 있다.

■ 염색제의 장 · 단점

종류	장 · 단점	
일시적 염색	장점	·모발의 손상이 없다. ·모발에 색상의 변화를 주기가 쉽다. ·다양하고 특이한 색상을 나타낼 수 있다. ·사용방법이 간편하다.
	단점	·칼라 스프레이 또는 칼라 무스를 사용할 경우 건조된 후에는 모발이 딱딱해져 빗질이 어렵다. ·마찰에 의해 색소가 떨어질 수 있으며, 땀 또는 수분에 의해 지워질 수 있다.
반영구적 염색	장점	·탈색과 병행하여 원색적인 색 및 다양한 색상을 나타낼 수 있다. ·시술시 두피온도차에 의한 영향을 받지 않으므로 시술시간에 대한 제약이 적다. ·처녀모에 시술한 경우 약 2~4주가 지나면 모발 본래의 색으로 돌아가기 때문에 신생모의 색상과 차이가 생기지 않는다. ·본래의 모발 색을 변화시키지 않으면서 윤기를 주고 다공성 모발의 손상된 부분을 일정기간 메울 수 있다. ·두피와 피부이상을 일으키지 않는다.
	단점	·장기간 반복하여 염색할 경우 모발이 뻣뻣해진다. ·색상 차이에 의한 명도 이외에 모발의 명도를 높이지 못한다. ·어두운 모발을 밝고 선명한 색으로 염색하기가 어렵다. ·피부에 염색제가 묻으면 잘 지워지지 않는다.
준영구적 염색	장점	·약알칼리성이므로 알칼리성을 띄는 영구적 염모제에 비하여 모발의 손상이 적다. ·시술시 두피온도차에 의한 영향을 받지 않으므로 시술시간에 대한 제약이 적다.
	단점	·모발의 명도를 크게 높이지 못한다. ·밝은 색과 선명한 색을 낼 수 없다. ·알러지 반응을 일으킬 수 있다.
영구적 염색	장점	·탈색 및 착색의 효과가 있으므로 모든 블리치 레벨과 여러 가지 색을 만들어 낼 수 있다. ·100% 백모 커버가 가능하다.
	단점	·모발의 손상이 크다. ·시술시 두피온도차에 의한 영향을 받으므로 얼룩이 생길 염려가 있다. ·시술시간에 제약이 따른다. ·알러지 반응을 일으킬 수 있다.

4) 염색의 원리

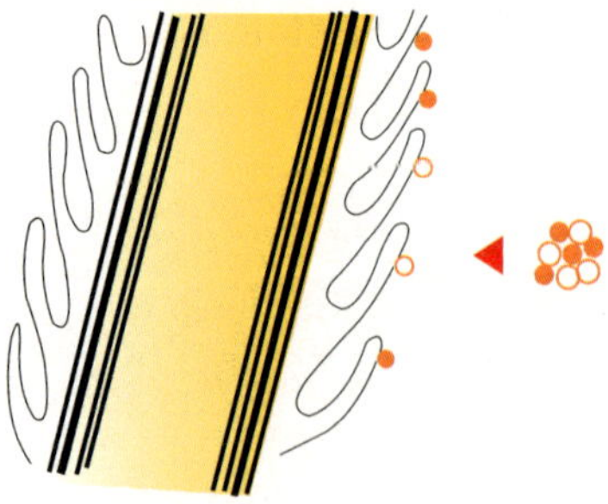

일시적 염색제의 침투범위

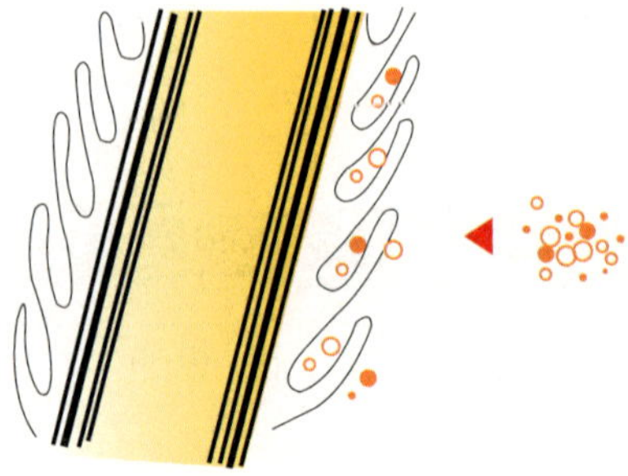

반영구적 염색제의 침투범위

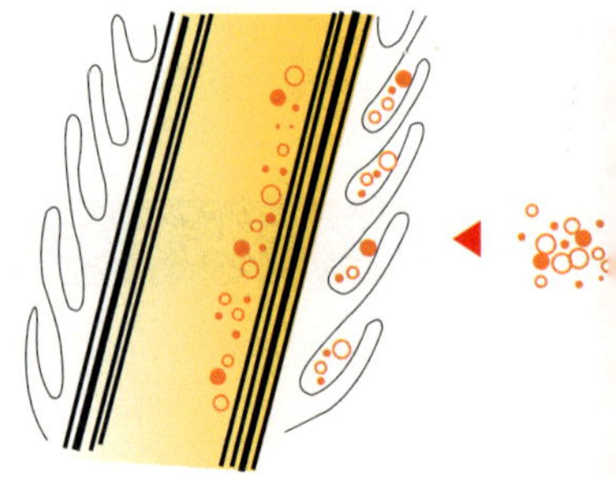

준영구적 염색제의 침투범위

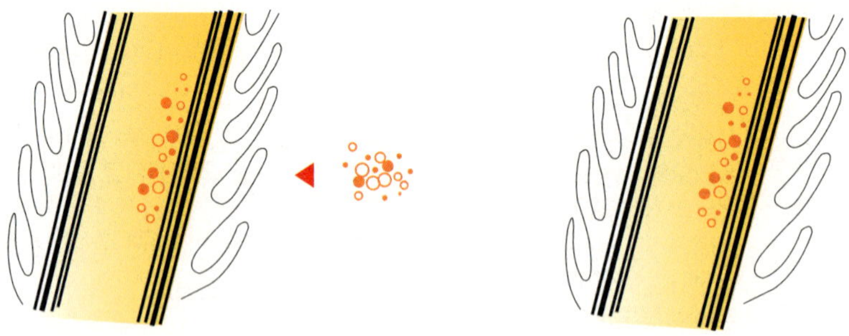

▲ 영구적 염색제의 침투범위

4. 탈색

1) 탈색이란

탈색은 모발 내에 존재하는 멜라닌 색소 또는 인공색소를 제거함으로써 모발의 색을 낮은 명도에서 높은 명도로, 짙은 색에서 보다 옅은 색으로 변화시키는 것이다. 즉 모발 내에 존재하는 색소가 산화제에 의해 분해되는 성질을 이용하여 모피질 안에서 화학반응을 일으켜 자연색소와 인공색소를 약화시키고 분산시키는 것이다. 이 때 높은 농도의 산화제일수록 많은 양의 산소를 방출하게 되며, 방출된 산소는 모발 내의 색소를 파괴함으로써 모발을 탈색시키게 된다.

2) 탈색제의 종류와 장 · 단점

구분	장점	단점
분말타입	·빠른 속도로 탈색할 수 있다. ·높은 명도의 레벨까지 탈색할 수 있다.	·모발손상이 크다. ·시술시간차에 의한 명도차가 크다. ·두피에 노출될 경우 접촉성 피부염 유발 등 두피에 문제가 발생할 수 있다. ·지나치게 탈색될 수 있다. ·탈색제가 빨리 건조되어 탈색 진행에 방해가 될 수 있다.
크림타입	·시술시간차 의한 명도차가 적다. ·모발의 손상이 적다. ·약제가 흘러내리지 않아 시술하기가 쉽다. ·모발에 도포된 양을 쉽게 분간할 수 있으므로 반복해서 도포할 우려가 없다. ·탈색제가 잘 건조되지 않는다.	·매우 높은 명도 레벨까지 탈색하기 어렵다. ·탈색이 진행되는 정도를 파악하기 어렵다.
오일타입	·모발의 손상이 가장 적다. ·탈색시 두피를 자극하지 않는다. ·시술시간차에 의한 명도차가 거의 없다. ·탈색이 진행되는 과정을 보면서 적당한 시기에 탈색을 종료할 수 있다. ·탈색제가 잘 건조되지 않는다.	·탈색속도가 느리다. ·높은 명도 레벨까지 탈색하기 어렵다. ·모발에 도포된 양을 쉽게 분간할 수 없으므로 반복해서 도포할 우려가 있다.

3) 탈색제의 성분 및 작용

분 류		주성분	작 용
1제	과산화물	과황산나트륨, 과황산칼륨, 과황산암모늄, 과산화망간, 과산화바륨 등	·강력하게 산소를 발생하여 모발을 탈색시킨다. ·모발을 손상시킨다.
	알칼리제	암모니아, 모노에탄올아민	·모표피를 연화·팽창시켜 모피질에 산화제가 침투하는 것을 돕는다. ·산화제의 분해를 촉진하여 산소의 발생을 돕는다. ·pH를 조절한다.
2제	산화제	과산화수소수	·멜라닌 색소를 분해하여 모발의 색을 보다 밝게 한다. ·모발케라틴을 약화시킨다. ·암모니아에 의해 보다 빨리 산소를 발생한다.

4) 탈색의 원리

① 알칼리제에 의해 모표피가 열리고 모피질 내고 들어간 과산화수소로부터 발생된 산소가 유색의 멜라닌 색소를 무색의 옥시-멜라닌으로 산화시키므로 모발의 탈색이 진행된다.

② 과산화수소의 농도에 따라서 산소의 발생량이 달라지는데 농도가 높을수록 많은 양의 산소를 발생시킨다.

③ 모발 염색시에 사용되는 과산화수소의 농도는 보통 6%를 사용한다.

④ 과산화수소의 농도를 볼륨(Volume)으로도 나타내는데 볼륨이란 기체를 측정하는 단위이며 각 농도의 과산화수소로부터 발생되는 산소의 양을 측정한 결과는 다음과 같다.

농 도	산소발생량
10볼륨(3%)	1ℓ의 과산화수소는 10ℓ의 산소를 발생시킬 수 있다.
20볼륨(6%)	1ℓ의 과산화수소는 20ℓ의 산소를 발생시킬 수 있다.
30볼륨(9%)	1ℓ의 과산화수소는 30ℓ의 산소를 발생시킬 수 있다.
40볼륨(12%)	1ℓ의 과산화수소는 40ℓ의 산소를 발생시킬 수 있다.
50볼륨(15%)	1ℓ의 과산화수소는 50ℓ의 산소를 발생시킬 수 있다.

과산화수소로부터 1볼륨의 산소가 만들어지는데 소요되는 시간은 약 1분이다. 따라서 6% 과산화수소로부터 20볼륨의 산소가 발생되는데는 약 20~30분의 시간이 필요하게 된다.

■ 자연모 색상 레벨과 브리치 레벨

자연 모발 레벨	브리치 레벨
lightest blonde	pale yellow
verylight blonde	light yellow
light blonde	yellow
blonde	orange yellow
dark bolnde	orange
light brown	red orange
brown	red
dark brown	red
darkest brown	red violet
black	black

5) 헤어 컬러링 실제

(1) 도구

컬러링 관련 용구는 기계보다도 도구·기구 위주의 소품이 활용되어 지고 있는 것이 특징이라 하겠다.

> 컬러링볼(coloring bowl), 쉐이커(Shaker), 비커, 저울, 컬러링브러시(swab brush), 위빙콤(Weaving comb), 이동식염색정리대(coloring wagon), 염색보(dye cape), 염색약짜게, 보호용장갑

염색보 / 헤어스파 툴세트 / 컬러링 보울 / 이어캡 / 애벌 탈색용 브러시 / 매쉬 파레트 / 염색 브러시 / 쉐이커 / 메쉬 브러쉬 / 산성컬러 브러시 / 튜브 짜개 / 컬러링 비닐 장갑 / 어플리케이터 / 이동식 염색 정리대

(2) 순서

① 염색 시술전 과정

▶ 상담(Counseling)

칼라시술 전 고객과의 대화를 통해 고객이 원하는 색상, 취향, 직업, 성격, 생활습관, 이미지 등을 파악할 수 있으며 이전의 칼라링 경험 등을 청취함으로써 모발 진단에 도움을 주어 효율적인 작업진행 및 결과를 얻는데 결정적인 역할을 한다.

- 상담장소 : 자연조명이 있는 밝은 곳에서 정확한 색상 파악.
- 칼라챠트, 칼라책, 잡지, 거울 등 준비된 곳에서 상담.

▶ 패치 테스트(Patch Test)

염색이나 토너처리를 할 때 알레르기 테스트는 24~48시간 전에 하되 귀 뒤에서 헤어라인(Hair line)이 있는 곳 혹은 팔의 안쪽 등 부드러운 부위에 하여 음성반응시 안심하고 염료 사용할 수 있으나 양성반응을 보이면 사용해서는 안된다.

▶ 두피 및 모발 진단(Hair Diagnosis)

염색제 및 탈색제에는 알칼리 성분, 과산화수소수 및 다양한 화학제품이 포함되어 있으므로 두피나 헤어라인 주변에 상처, 염증 등이 있는지 확인해야 한다. 또한 사전에 모발의 다공성과 탄력성 그리고 색상 등을 검사하여 염색의 본 작업 과정에 들어가야 한다.

▶ 고객카드 작성(Customer Card)

고객신상과 모질 등에 대해 파악한 후 기록을 보유하면 꼭 칼라링 작업뿐만 아니라 여러 종류의 미용시술시 참고할 수 있기 때문에 고객 모발 진단 카드를 작성하는 것은 여러 의미에서 매우 중요하다.

▶ 모발 염색 디자인 결정

상담을 통해 고객의 이미지, 취향, 요구사항, 모발상태의 분석을 통해 시술 가능한 칼라 디자인을 선택한 후 고객의 동의를 얻어 시술을 진행한다.

■ 고객 모발 진단카드 작성의 예

일시 년 월 일

고객명 시술자명

1. 모발상태

·모질

지성모( ) 발수성모( ) 굵은모( )
보통모( ) 보통모( ) 보통모( )
건성모( ) 흡수성모( ) 가는모( )
자연모( ) 곱슬머리( ) 퍼머( )

·모량

多( ) 中( ) 少( )

·손상부위

전체( ) 모발중간( ) 모발끝( )
기타 __________

·염색경험 有( ) 無( )

멋내기( ) 백모커버( ) 탈색( ) 메쉬( )
기타 __________
신생부 ____ ㎝ 명도레벨 ____
기염부 ____ ㎝ 명도레벨 색상 ____

·전 Perm 유·무 有( ) 無( )

시술시기 ____ 개월 전 펌종류 ____

·샴푸 횟수

1일 1회( ) 2일 1회( ) 일주일 1회( )

·기타

두피 손상 __________
탈모증 __________

2. 시술

·희망색

사전샴푸 여부(O·X) 기타
사전처리 여부(O·X) 기타

·도포순서

·약액선정

No	제품	사용량
		g
		g
		g

No	제품	사용량
		g
		g
		g

Total ____ g

기타 __________

·작용시간

열처리 분 자연방치 분 합계 분

·기염부 처리법 __________

·염색결과 __________

·사후처리 및 홈케어 방법 __________

② 염색 본 작업 과정

▶ 제품선정

▶ 컬러링 시술

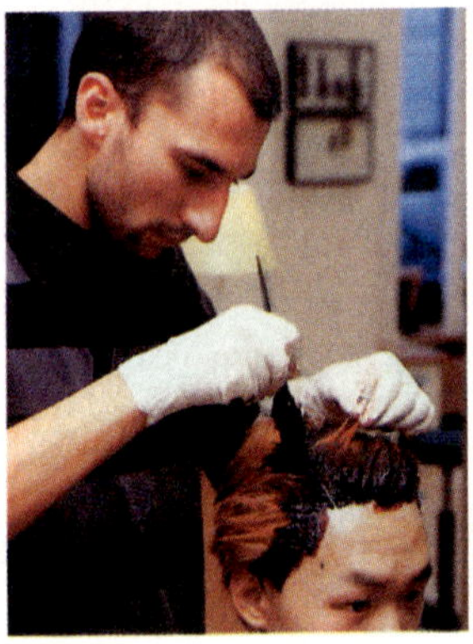

컬러링제가 의복에 묻지 않도록 염색보와 neck타올을 착용시키고 페이스라인에 크림을 도포하여 모발의 의골에 염착되지 않도록 주의한다. 또한 백모커버, 멋내기 등 시술성격에 따라 도포순서를 달리하므로 그 순서에 따라 도포하며 빗은 사용하여 도포하지 않도록 한다.

▶ 유화(Emulsification)

유화과정은 칼라를 연결시키고 페이스라인의 피부 염착을 리무빙하는 효과를 갖는다. 따라서 샴푸하기 전 미온수를 살짝 뿌려두고 염색 모발로 페이스라인 쪽 두피를 문질러주고 전체 모발을 마사지하듯 유화하여 전체적인 염색작업을 마무리한다.

③ 염색시술후 과정

▶ 샴푸(Shampoo)

염·탈색 후에 남아있는 잔여물을 제거하고 pH 발란스를 조절해주는 역할을 한다.

- 두피 머니플레이션을 약하게 한다.
- 미온수를 살짝 뿌린 후 유화 마사지 실행.
- 미온수로 헹구어 내고 네이프라인을 꼼꼼하게 행군다.
- 염색전용 샴푸제 도포 후 꼼꼼하게 헹군다.

▶ 헤어 트리트먼트(Treatment)
염색으로 손실된 단백질을 보충시켜줄 뿐만 아니라 건조해진 모발에 윤기와 부드러움을 주고, 샴푸로 인해 열려있는 큐티클을 닫아주며 보호막을 형성해 주므로 지속적으로 사용해 주는 것이 좋다.

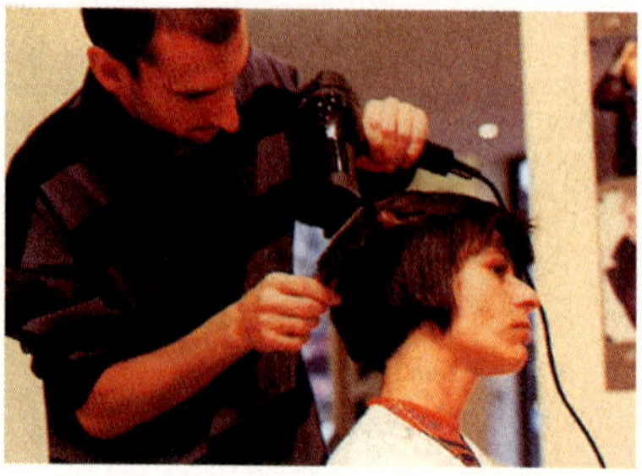

▶ 스타일링(Styling)
모든 미용시술 작업에 있어서 마무리는 중요하며 고객의 만족은 마무리 손질에 의해서 배가 될 수 있다. 칼라작품 구상단계에서 생각해 둔 포인트 요소나 커트형태, 헤어디자인 라인 등의 특성을 살릴 수 있도록 한다.

▶ 홈 헤어케어 어드바이스(Home Haircare Advice)
요즘 시대엔 버진헤어를 찾아보기 힘들 정도로 잦은 Perm과 JColoring, Dry Cut 등 스타일 위주의 작업패턴과 유행으로 모발 손상은 기본이 되고 있다고 해도 과언이 아니다. 이에 따른 양질의 트리트먼트 등 헤어케어 제품이 속속 개발되고 있으며 샵에서 이루어지는 케어도 중요하지만 꾸준한 관리를 해나갈 수 있는 홈 케어가 어느 때보다도 중요하다.
따라서 고객의 모발에 맞는 양질의 샴푸제와 색을 고정해 줄 수 있고 모발에 영양을 공급, 보충해 줄 수 있는 트리트먼트제와 모발에 무리가 가지 않는 천연성분의 스타일링제 등으로 머릿결을 관리해 나간다면 염색주기가 길어지고 머릿결도 보장 됨으로써 원하는 칼라와 디자인을 얻을 수 있을 것이다.

▶ 염색 후 문제점 및 고려할 사항 체크
- 두피 및 피부자극에 따른 안전성 문제
염모제의 독성으로 인하여 알러지 혹은 두피이상의 결과가 나오지 않도록 두피 전처리, 패치 테스트, 두피를 자극하지 않는 테크닉 등을 고려하며 시술.
- 모발 손상 문제
요즘은 칼라시대로써 이전에는 접할 수 없었던 원색 칼라, 환한 브론디 칼라 등이 일반화 되어 있다. 따라서 블리치를 할 때에도 모발에 영양을 공급하여 손상을 줄이면서 원하는 색상을 얻도록 시술하고, 고객에게 헤어 케어에 대한 인식을 올바르게 심어줄 필요성이 있다.

- 크레임에 따른 문제

모든 미용시술 작업결과는 본인의 결과욕구에 반하여 의외의 결과를 낳을 수도 있다. 특히 Coloring 작업의 경우 뜻하지 않은 Color나 얼룩, 연결미흡 등이 그것이다. 이러한 난점을 최대한 보완하기 위해선 모발 진단 과정에서 충분하고 세심한 관찰과 적절한 제품 선택, 작업스케줄 설정 등이 잘 일치해야 한다.

■ 지속기간별 컬러

구분	조제 및 혼합	약액 도포	작용 시간	컬러테스트
일시적 컬러 (Temporary Color)	헤어 마스카라, 칼라 스프레이, 칼라 젤, 칼라무스 등 일시적으로 모발 표면에 색을 입힌다.	특별한 테크닉 없이 원하는 부위에 도포	도포 즉시 착색	칼라 테스트는 따로 없다.
반영구적 컬러 (Semi-permanent Color)	제 1제만으로 구성되어 있으며 한 가지 혹은 두 가지 이상의 색상을 혼합하여 사용	2cm정도의 폭으로 슬라이스 하여 도포. 두피에 묻지 않도록 주의한다.	20~30분간 자연 방치하거나 가온 후 냉온처리 한다.	가온 및 가온처리 후 몇 가닥의 모발을 티슈로 닦아 칼라를 확인한다.
영구적 컬러 (Permanent Color)	제1제(산화염료)와 제2제(과산화수소)로 구성되어 있으며 1제와 2제의 혼합비율은 1:1, 1:1.5, 1:2 등 다양하다.	백모 염색, 처녀모 염색, 재염색, 칼라 체인지 등 모발 상태나 작품구상에 따라 도포 방법을 달리한다.	탈색과 발색이 안정되게 이루어질 수 있도록 25~35분 자연방치	도포한 후 25~30분이 지나면 칼라를 확인한다.

Chapter 7. 브로우드라이와 업스타일

브로우드라이와 업스타일

1. 브로우 드라이

브로우 드라이란 헤어스타일링을 위한 가장 중요한 기본 테크닉의 하나로 핸드 드라이어를 사용해 모발에 열과 바람을 가하고 다양한 종류의 브러쉬와 빗을 이용하여 헤어스타일을 완성하는 미용 기술의 한 분야이다. 1970년대 이후 여성들의 사회진출과 더불어 급격히 보급되기 시작한 브로우 드라이는 화학 약품을 사용하지 않고 빠른 시간 안에 고객이 원하는 스타일을 다양하게 창조해 낼 수 있어 바쁜 현대인들에게 선호되고 있다. 브로우 드라이는 모발의 건조를 비롯해 부드러운 모발 웨이브의 형성, 헤어스프레이와 같은 정발제 사용 후 고정, 일정 부위 두상의 모발에 볼륨을 가하거나 축소시켜 얼굴형을 보완하는 등 그 사용 폭이 다양한 용도로 적용되고 있다.

1) 브로우 드라이의 원리

건조한 상태의 모발은 열에 비교적 안정적이지만, 모발에 수분이 닿으면 모발내부의 측쇄 결합중 수소 결합이 일시적으로 끊어지게 된다. 이렇게 모발의 수소 결합이 약해진 시점에 열과 바람을 이용하여 새로운 형태의 수소 결합을 형성시키면서 모발을 건조하면 그 형태 그대로 새로운 결합이 고정된다. 즉 원하는 스타일의 웨이브나 컬의 흐름이 만들어지는 것이다. 브로우 드라이의 적정 온도는 드라이의 사용 각도, 거리에 따라 다르지만 대략 90℃ 전후이다.

2) 핸드 드라이어

핸드 드라이어는 젖은 모발을 건조시키고 헤어스타일을 완성시키는 역할을 하는데, 경우에 따라 바람의 온도를 열풍, 온풍, 냉풍으로 조절 가능하며 피부의 지각신경을 자극, 혈액이나 림프액의 순환을 좋게 하여 피지 분비를 조절한다. 모발을 지나치게 건조시키면 모발의 수분부족으로 인해 모발의 윤기가 사라지며 모발 끝이 갈라지는 손상의 원인이 되기도 하므로 주의하여야 한다.

또한 머리카락에 습기가 너무 많으면 브로우 드라이의 효과가 떨어지기 때문에 적당한 수분을 공급한 모발에 바람과 열을 주어 원하는 스타일과 웨이브를 만든다.

드라이를 하려면 먼저 모발의 성질, 손상도, 길이, 웨이브의 정도 등을 고려하고, 알맞은 수분으로 모발을 적시어야 하며, 효과적인 드라이 기술을 발휘하려면 적당한 온도와 롤의 선택 그리고 롤 굴림의 정확성과 텐션 등의 조건이 모두 어우러져야 한다.

(1) 핸드 드라이어 사용법

핸드 드라이어 사용방법은 손잡이를 잡는 방법과 노즐 부분을 잡는 방법이 있다.

① 손잡이를 잡는 방법

기본적인 방법으로 모발의 건조, 스트레이트 스타일의 정돈 등에 적용된다.

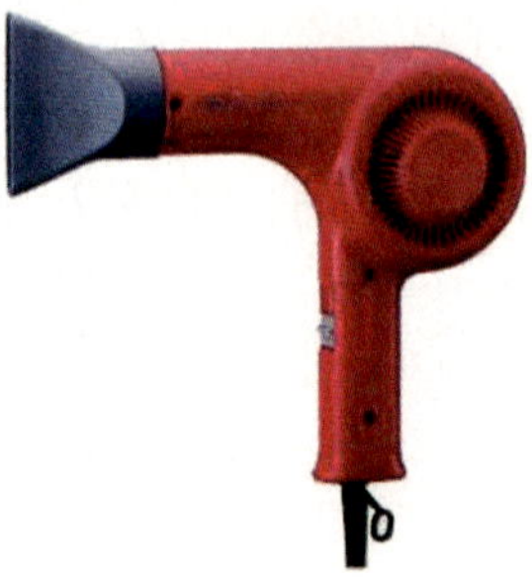

▲ 핸드 드라이어

▲ 디퓨져

② 노즐을 잡는 방법

기본 사용 방법이 익숙해 진 후 사용하며, 모발 웨이브 흐름의 전환 등 모발에 충분한 열을 가하고자 할 때 적합한 방법이다. 그러나 간혹 입구의 강한 열에 의한 화상의 우려를 고려해야 한다. 드라이어의 바람은 반드시 모발의 판넬(panel)이 향한 쪽에서 자기 앞쪽으로 말려주며 드라이어의 바람부 입구와 브러시의 면은 항상 평행을 유지하는 것이 중요하다.

3) 브러쉬

브러시는 내열성인 재질로, 빗살사이가 성긴 것과 빗살사이가 조밀한 것이 사용된다. 모발의 흐름에 따라서 선을 만들어 낼 때는 빗살사이가 엉성한 브러시, 텐션(tention)을 주고 싶을 때는 빗살사이가 조밀한 것이 적합하다.

▲ 다양한 브러쉬의 종류

① 덴멘 브러쉬

영국의 덴멘사에서 제조한 브러쉬로 아치 모양의 빗대에 빗살이 균일하게 있다. 열에 강하며 모발에 텐션과 볼륨감을 주는데 사용한다.

② 롤 브러쉬

돈모형과 나일론모형이 있으며 롤의 크기가 다양하고 방향성 표현에 적합하다.

③ 스켈톤 브러쉬

남성 헤어스타일이나 짧은 헤어스타일에 사용한다.

④ S형 브러쉬

방향성을 살린 헤어스타일(예: 바람머리)의 정돈에 적합하다.

4) 브로우 드라이를 위한 사전처리

① 샴푸를 하고 난 후, 타올로 적당히 물기를 닦아낸 다음 드라이를 한다.
② 모발에 수분이 너무 많으면 쉽게 모발이 늘어져 희망하는 헤어스타일을 만들기 어렵고, 바람을 과다하게 받으면 모발이 손상되기 쉬우므로 적절한 수분 상태로 시작한다.
③ 스타일 로션이나 콘디셔너를 사용하여 모발의 손상 부위 등 필요한 부분에 미리 발라준다.

5) 브로우 드라이 실기

브로우 드라이 기술에 있어서 브러쉬 기본조작을 열거하면 다음과 같다.

(1) 스트레이트 기법(펴주기)

브러시를 슬라이스 안쪽으로 넣어서 곧바로 쭉 빼낸다. 이때 모근에서부터 스트레이트가 될 수 있도록 텐션(tension)을 고르게 넣어 주는 것이 중요하며 긴 모발에는 윤기를 짧은 모발에는 약간의 볼륨을 부여한다.

(2) 볼륨 만들기

① 필요한 만큼의 모발 가닥을 위로 치켜 올린 후 브러쉬를 두피 쪽에 넣어 약 1/4정도 회전시킨 다음 드라이어로 더운 바람을 두피 롤부터 수평으로 위치하여 앞뒤로 약 5~6초정도 바람을 쏘인다.
② 가열된 모발이 어느 정도 식은 후 브러쉬를 가볍게 들면서 펴나간다.

(3) 웨이브 만들기

① 컬이 형성되어 있는 모발에 롤 브러쉬를 사용하여 모발을 감은 상태에서 드라이어의 더운 바람을 앞뒤에 대고 3~4초 동안 열을 가한다.
② 건조시킨 후 브러쉬를 둥글리면서 뺀다.
③ 롤에 말린 모발을 끝까지 따라가면서 자연스럽게 마무리한다.

▲ 자연스런 컬 웨이브를 살려 드라이한 디자인

▲ 겉말음 드라이 기법

(4) 모발의 방향 만들기(바람머리 스타일 응용)

① 나눠 두었던 모발의 안쪽에서 브러시를 넣고 회전시켜서 판넬을 떠올리고, 서서히 브러쉬를 되돌려 놓는다.

② 모발의 흐름을 바꿀 때는 꺾기는 기점에 브러쉬를 자리 잡게 하고 거기서부터 브러쉬 끝을 떨어지지 않게 바깥쪽으로 조금씩 회전시켜서 브러쉬의 등으로 커브(curve)선을 나타내도록 텐션을 준다.

③ 이 상태를 유지하면서 손목을 돌려 브러쉬를 잡아당기고, 방향을 꺾어 모발의 흐름을 만든다.

바람머리 스타일 ▶

6) 브로우 드라이 시술시 주의사항

① 모근을 잡아당기거나 미는 등 무리한 텐션을 가하지 않는다.
② 고객의 모발이 뜯기지 않도록 배려한다.
③ 드라이어의 열풍이 너무 뜨겁지 않도록 주의한다.(귀 주위 조심)
④ 가능한 빠른 시간에 시술한다.

2. 업 스타일(Up Style)

업 스타일은 주로 긴 머리를 이용하여 올리는 형태의 머리 모양으로 우아함과 여성스러운 헤어스타일을 표현해내는 방식이다. 여기에 다양한 기법이나 형태, 풍부한 디자인 구성 요소를 도입하여 디자이너의 미적 감각과 창의력을 발휘해 낼 수 있는 종합 미용 예술의 한 분야라 할 수 있다.

업 스타일에 적절한 모발 상태는 약간의 웨이브와 층이 있는 미디움 이상의 모발 길이가 이상적이며, 이러한 상태가 우아하고 아름다운 선과 정돈된 면이 조화를 이루어 입체적인 아름다움을 표현하기에 가장 적절하다.

1) 디자인 법칙

업 스타일의 형태는 디자인의 외곽선과 실루엣에 의해 결정되는데 다양한 디자인 법칙을 단독 혹은 혼합 사용하여 더욱 아름답고 우아하며 흥미로운 디자인을 연출할 수 있다.

① 균형(Balance) : 디자인의 시각적 무게감이나 실제 무게감을 의미한다.
- ▶ 대칭(Symmetry) : 중심축을 기준으로 양쪽의 크기와 모양이 서로 같이 위치하고 실제 무게감도 똑같이 분배되도록 한다.
- ▶ 비대칭(Asymmetry): 중심선이나 중심축의 양쪽에 크기와 모양, 무게감이 서로 다르게 분배된다.

② 강조(Dominance) : 디자인의 초점이나 주된 흥미를 의미하며 업스타일 창작시에, 형태나 질감 색상을 통해 다양한 방법으로 강조를 만들 수 있다.
③ 반복(Repetition) : 한 가지 디자인의 요소가 동일하게 구성된다.
④ 교대(Alternation) : 두 가지 이상의 디자인 요소가 연속적인 순서로 반복 배치된다.
⑤ 진행(Progression) : 디자인의 요소가 점점 증가하거나 점점 감소하는 형태
⑥ 대조(Contrast) : 서로 상반되는 특징으로 구성된다.
⑦ 비조화(Discord) : 디자인 요소 간의 차이와 이질감을 극대화 시켜 나름의 스타일로 구성한다.

2) 업 스타일 도구 및 사용법

① 꼬리빗 : 파트를 나누거나 합할 때 그리고 백코밍을 할 때 사용한다.
② 브러쉬 : 흩어진 머리를 모아 포니테일형으로 묶을 때 모발의 면을 매끈하게 정돈 해준다.
③ 셋팅롤러 : 일반 셋팅롤과 전기 셋팅기가 있으며, 모발에 적절한 웨이브를 형성해 준다.
④ 아이롱 : 디자인 목적에 맞게 모근에 볼륨을 주거나 귀선, 목선 부위 등 모발 끝에 방향성을 주는데 사용한다.
⑤ 고무줄 : 탄탄하고 정확한 베이스를 만들거나 머리를 묶을 때 필요하다.
⑥ 핀 셋트 : 실핀, U자핀, 더블핀 등 많이 사용되는 핀들을 모아서 사용하기 쉽게 컬렉션을 이루어 놓은 도구이다.
⑦ 넷트(머리망) : 머리 다발을 고정하거나 시니용을 둘러싸서 흐트러짐이 없는 스타일을 연출한다.

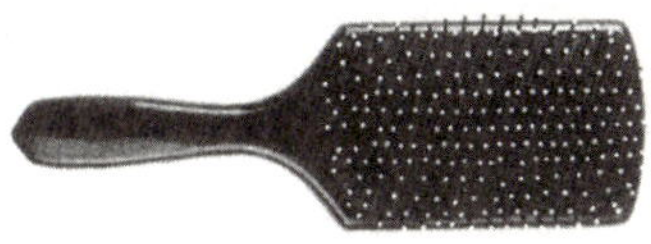

사각 쿠션브러쉬

핀셋트

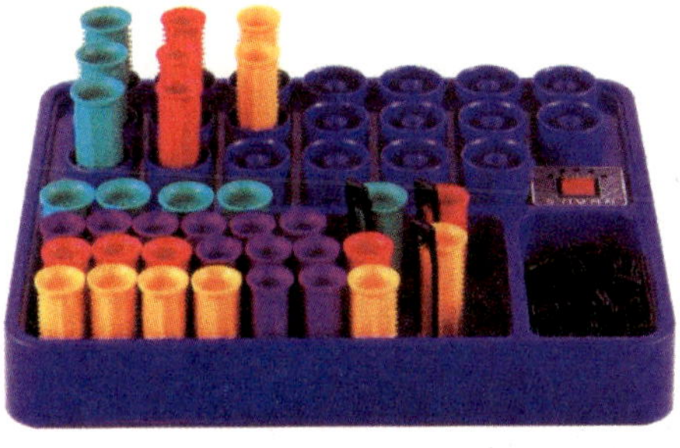

전기셋팅롤러

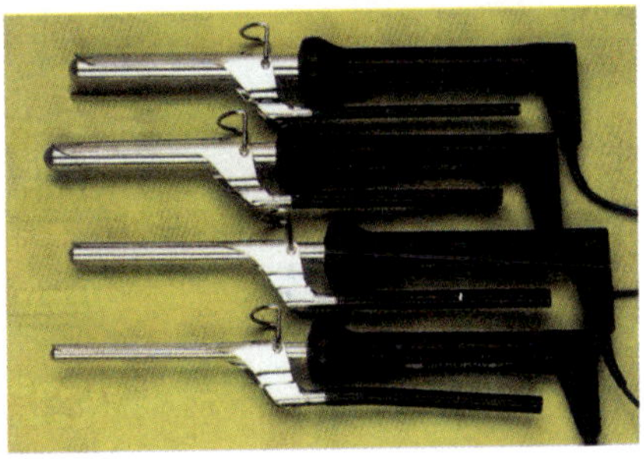

아이롱

▲ 업 스타일 도구

⑧ 보조머리(싱) : 업 스타일의 볼륨감과 입체감을 높이기 위해 모발에 첨가하고 감싸서 보조머리로 이용한다.

⑨ 헤어스프레이 : 디자인 된 스타일이 흩어지지 않도록 표면을 정리하고 라인을 고정시킨다.

3) 업 스타일 기본 기법

(1) 셋팅 기법

① 완성도 있는 업 스타일을 연출하기 위해 요구되는 기초 단계로 적절한 세팅이 이루어져야 희망하는 디자인을 창작할 수 있다.

② 셋팅롤의 종류와 굵기, 셋팅 방향 등을 정해 시술한 후 자연스러운 컬을 살리고 모발의 끝이 꺾이지 않도록 주의한다.

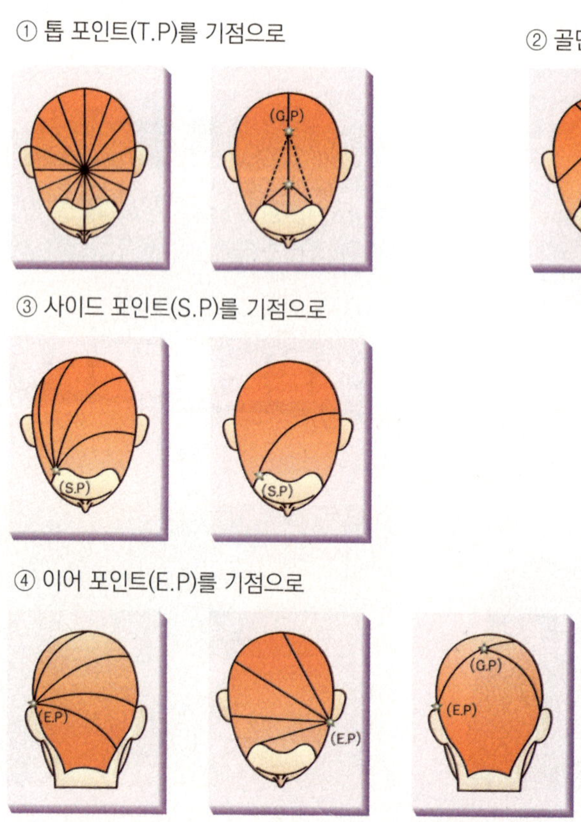

▲ 여러가지 블로킹

(2) 블로킹 기법

① 업 스타일에 있어 블록킹은 희망하는 스타일에 접근하기위해 가장 합리적인 섹션을 이루는 포인트를 찾아내는 것이 중요한 목표이다.
② 두부의 주요점을 파악하고 몇 개의 점과 점을 연결시켜 슬라이스 라인을 발전시키면 여러 가지 다양한 형의 블록킹을 얻을 수 있다.

(3) 빗질하기

① 업 스타일을 포함한 모발 미용의 전 영역에서 기본이 되는 기법이다.
② 스피디하게 모발 가닥을 모을 때는 빗살이 굵은 콤을, 매끄러운 표면 정리를 위해서는 브러쉬를 주로 사용한다.

(4) 머리 묶기

① 머리 다발이 묶이는 위치에 따라 전체적인 인상이 변화하는 것을 느낄 수 있다.
② 머리 다발이나 매듭에 텐션이 균등하게 전해져 너무 헐렁하거나 꽉 조이지 않도록 주의한다.
③ 두상의 생김새와 희망하는 디자인에 따라 골덴 포인트 부분, 네이프 부분, 프론트 부분, 사이드 부분에 묶어 다양한 분위기를 연출한다.

(5) 백코밍

▲ 백코밍

① 우아하고 풍성한 모발의 볼륨감, 가벼운 끝선 처리 등 업 스타일의 풍부한 표정 연출을 위해 사용한다.
② 백 코밍의 각도는 디자인의 상태에 따라 결정된다.
- ▶ 볼륨감을 강조하고자 할 때 : 90°에서 135°
- ▶ 가벼운 원형감을 원할 때 : 60°에서 90°
- ▶ 두피에 살짝 붙는 머리면 연출 : 45° 이하

(6) 보조머리(싱)만들기

① 업스타일의 형태를 더욱 입체적으로 표현하기 위해 사용한다.
② 백코밍만으로 볼륨감 표현의 한계를 느낄 때 디자인에 어울리는 보조머리(싱)를 필요한 부위에 만들어 넣어 입체감을 살린다.

(7) 핀 꽂기

① 완성된 스타일을 원하는 상태로 고정시키기 위해 핀의 사용은 필수적이다.

② 핀고정 방법으로는 가장 기본적인 직선 고정법을 비롯해 탄탄하게 고정하기 위한 겹치기 고정법, 모량이 많은 경우 십자형 고정법, 머리 다발에 안정감을 주고 부피감 부여를 위해서는 갈매기 고정법이 적절하게 사용된다.

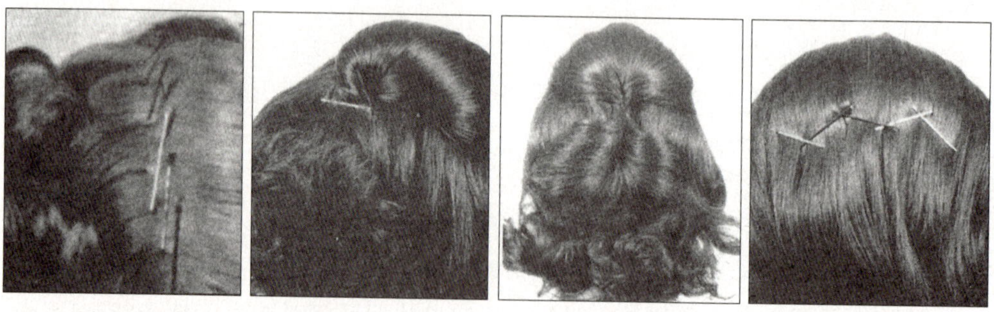

직선 고정 | 겹치기 고정 | 십자형 고정 | 갈매기 고정

▲ 핀꽂기 방법

4) 다양한 업 스타일 패턴

긴 머리를 모아 올리는 디자인의 업 스타일은 우아하고 여성스러운 분위기의 이브닝 스타일이나 웨딩 드레스와 어우러지는 웨딩 업 스타일을 가장 기본적인 패턴으로 여겨 왔으나 근래에는 발랄한 느낌의 브레이드 기법이나 루프, 부분 피스를 이용한 디자인까지 다양하고 화려한 패턴이 등장해 창작과 활용의 폭이 넓어지고 있다.

▲ 이브닝 업스타일

▲ 디테일 장식이 사랑스런 디자인

▲ 브레이드 기법의 터번형 디자인

▲ 후론트 뱅을 강조한 디자인

▲ 네이프 쪽 포인트를 살린 디자인

▲ 겹치기 기법 변형 업 스타일

▲ 입체감을 강조한 화려한 디자인

▲ 예술적 창의력을 살린 디자인

2편 피부미용

1. 에스테틱
2. 피부관리 실기
3. 아로마테라피
4. 발관리
5. 경락마사지
6. 하이드로테라피
7. 림프드레나쥐

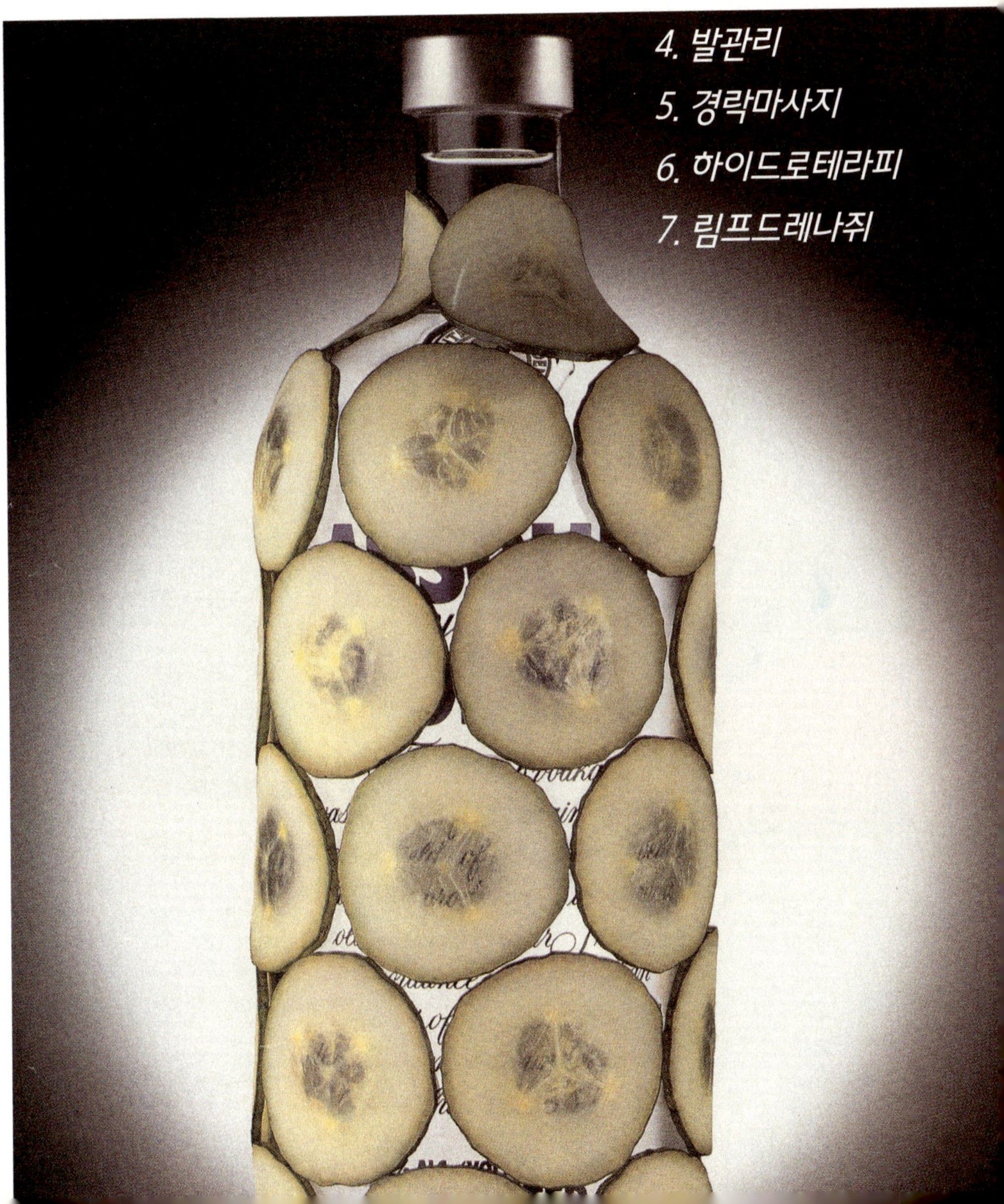

에스테틱

1. 피부미용의 개요

피부관리란 얼굴 및 전신의 피부를 대상으로 아름답게, 보다 건강한 피부로 유지하기 위해 과학적 이론을 토대로 손의 테크닉과 기계의 힘을 이용하여 예방 및 관리를 하는 것이다. 이에 피부분석에 따른 스킨 케어를 중심으로 바디 트리트먼트, 매니큐어, 패디큐어, 제모, 메이크업 등을 포함한다.

피부관리의 목적은 꾸준한 관리로 피부의 상태를 좋게하고 활발한 피부 생리기능을 회복시켜 건강하고 탄력있는 피부를 유지시키거나, 또는 문제화된 피부의 경우 피부생리와 기능을 원상태로 회복시켜 피부 고유의 특징과 성질을 찾도록 도와주는 차원의 정상 피부 상태로의 개선과 건강한 피부 유지를 위한 것이다.

따라서 피부관리는 전문적 지식과 기술을 갖춘 피부미용관리사에 의해 이루어져야 하며, 피부미용관리사는 피부관리법의 목적과 효과, 사용하는 화장품, 기구 및 기기 등에 관한 원리가 정확하게 이해되어야 하며 고객 상담 능력이 선행되어야 한다. 또한 피부상태에 따른 피부관리계획 작성 및 그에 따른 제품 선정과 숙련된 마사지 기술을 필요로 한다. 보통 피부관리는 상담, 피부관리, 홈케어 조언 등의 절차를 통해 이루어지며 이 과정을 통해 고객에게 기술적, 정신적 만족감을 줄 수 있어야 한다.

2. 피부관리의 방법

(1) Care - Aesthetic

① 먼지, 오염, 세균, 자외선 등의 외적인 환경으로부터 피부가 손상됨을 보호하고, 피부의 조기 노화를 예방하고 지연함.

② 피부관리 이론및 피부관리 제품의 사용방법과 테크닉 숙지 필요함.

(2) Mannual Aesthetic

① 손이 주체가 되는 관리 방법

② 고객에게 심리적인 안정감 및 관리의 상승 효과를 제공

(3) Electric Aesthetic

① 기계가 주체가 되는 관리방법
② 피부관리를 위한 기계원리 이해 및 다양한 기기에 대한 접근 필요

3. 피부관리의 역사

1) 서양의 피부관리 역사

(1) 이집트 시대

이집트인들은 청결을 효과적인 미용법으로 생각하여 체계적인 목욕법을 만들었고 신체의 건강함과 아름다움 유지에 특별한 가치를 두었으며 그들의 목욕법, 오일 마사지, 안마 등을 그리스, 로마인들에게 전해주었다.

(2) 그리스·로마 시대

그리스 시대의 사람들은 식이요법, 목욕, 운동, 마사지로 신체관리를 하였고, 로마시대에 향수, 오일, 화장이 생활의 필수품으로 등장하였다. 이 시대에도 마찬가지로 몸의 청결을 중요시했고 다양한 목욕법이 발달되었다. 피부를 희고 부드럽게하기 위해 나귀의 우유로 세안을 하였고 향수, 화장품을 많이 사용하였다.

▲ 네로황제의 욕조

(3) 중세

약초 스팀법이 개발되었고, 약초 추출 에센스와 알코올도 발명되었으며 화장품 사용 및 얼굴과 신체의 미용 행위가 금지되었다.

(4) 르네상스 시대

불청결로 인한 악취 제거를 위해 향수를 많이 사용하였고, 정제된 화장수를 사용하였고 16C에 프랑스의 학자 몽테뉴의 저서에는 Cream과 Pack의 처방에 관한 내용이 많이 실렸다.

(5) 근세

위생과 청결이 중시되어 비누의 사용이 보편화되었고, 독일의 의사 훗페란트는 젊음과 숙면을 위해 Massage하는 것을 권장했다.

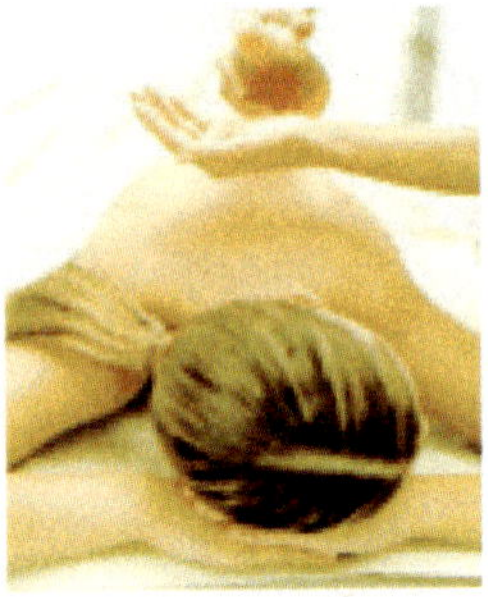

(6) 현대

향장품의 종류가 다양하게 개발되어 대중화된 시기이다. 1912년 폴란드 화학자 C. 풍크에 의해 비타민이 발견되고 1947년 프랑스의 바렛 교수는 전기적 또는 기계적인 수단으로 피부에 깊숙이 침투시켜 세포에 영양을 주면 신진대사에 영향을 미치는 것을 증명하여 전기 피부미용의 토대를 마련하였다.

2) 한국의 피부미용

(1) 고조선 시대

하얀 피부를 위해 돼지기름과 오줌세안을 하였고, 도구를 이용해 머리카락을 뽑아 네모진 이마를 만들었는데 이것은 제모의 시초가 되었다. 또한 마한과 변·진한 사람들은 문신을 하기도 하였다.

(2) 삼국시대

스님들의 목욕재개에서 비롯한 온천욕과 다양한 치료목적의 목욕법이 행하여졌고, 향의 사용이 증가하여 향을 피우거나 향을 몸에 지니는 등 향기요법의 시초가 되었다.

(3) 고려시대

희고 깨끗한 피부가 선호되어 복숭아꽃 물로 세안을 하였으며 하루에도 여러 차례 향유 목욕을 하였다.

(4) 조선시대

내면의 아름다움이 중요시되어 짙은 화장보다는 티없이 부드러운 흰 피부가 강조되었다. 화장수가 제조되어 판매되었고 다양한 방법의 향기 요법도 행해졌다. 동의보감에 돼지기름 등을 이용한 손발관리에 관한 기록이 남아있으며 다양한 액체 세제와 세안을 위한 가루세제 등 목욕용품이 발달하였다.

(5) 1945년 이후

콜드크림과 배니싱크림의 등장으로 클렌징이나 마사지를 위한 용도로 콜드크림을 사용하였고, 영양크림의 용도로 배니싱크림을 사용하게 되었다. 마사지 용도의 꿀이 대량 생산되었고 보습 크림 등의 피부관리 제품이 등장하였다.

(6) 1980년 이후

1981년 YMCA에서 피부관리사를 양성하는 전문교육을 실시하면서 피부관리의 전문인을 피부관리사라고 지칭하였고, 그 후 국제 피부미용 학술협회의 정식 회원국으로 가입하였으며 현대에 들어 대학에 피부미용 관련학과가 신설되어 많은 전문인력을 배출해 내고 있다.

3. 피부의 구조(Structure of the Skin)

피부의 구조는 아래와 같이 크게 표피(Epidermis), 진피(Dermis), 피하조직(Subcutaneous fat tissue)의 3층으로 구분된다.

1) 표피(Epidermis)

표피는 피부의 가장 외부에 위치하는 부분으로, 편평상피세포가 중첩되어 각화되는 매우 얇은 조직으로 각질층, 투명층, 과립층, 유극층, 기저층의 5개의 세포층으로 이루어져 있으며 그 두께는 손바닥과 발바닥은 0.3~0.7mm이고 다른 부위는 0.1~0.3mm이다.

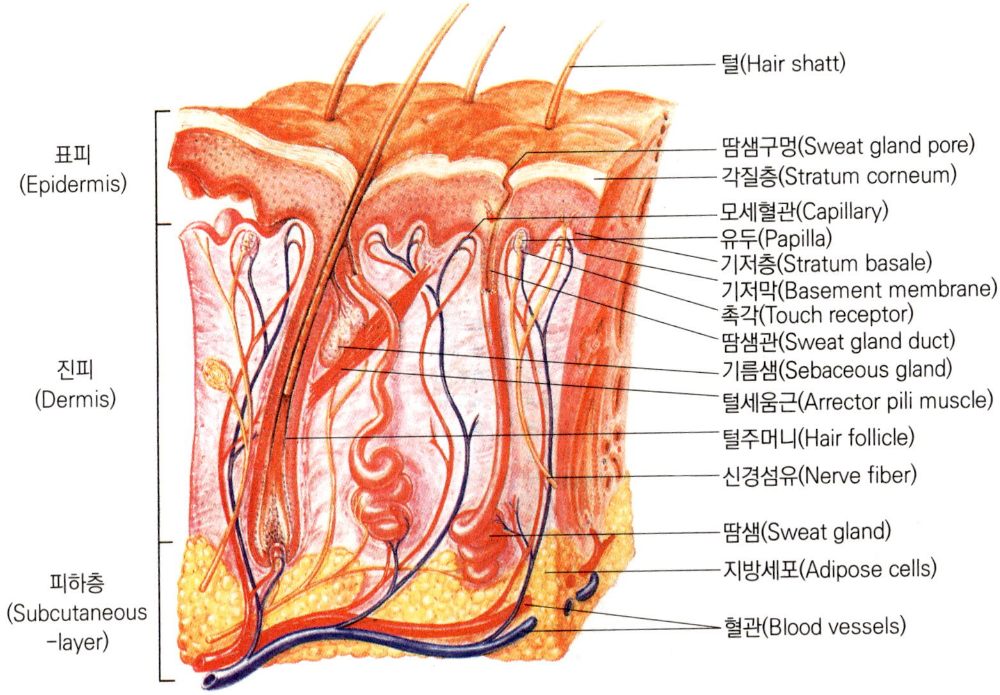

▲ 피부의 단면

(1) 표피층의 분류

① 각질층(Stratum corneum, Horny layer)

표피의 최상층에 위치하는 무핵의 세포층으로써 편평하고 비늘 같은 각질 세포가 10~20층상으로 쌓여 이루어져 있다. 각질층은 피부표면에 가까울수록 세포간의 접착력이 떨어지고 간격이 생겨 비늘 모양의 얇은 조각으로 눈에 보이지 않게 한 장씩 박리되어 나가게 된다.

각질세포 간 지질은 각질세포들이 서로 단단하게 결합할 수 있도록 하여 각질층 내의 수분이 증발하지 않게 방어막 역할을 하며 외부환경으로부터 피부를 보호해 주는 역할을 한다.

또한 각질층은 다양한 환경과 산, 알칼리 등의 자극, 이물질의 침입으로부터 피부를 보호해 주고 열, 한랭, 전기에 대한 저항력이 크며, 수분 등의 내부물질이 피부 밖으로 투과하지 못하게 방어하는 피부장벽의 역할을 한다.

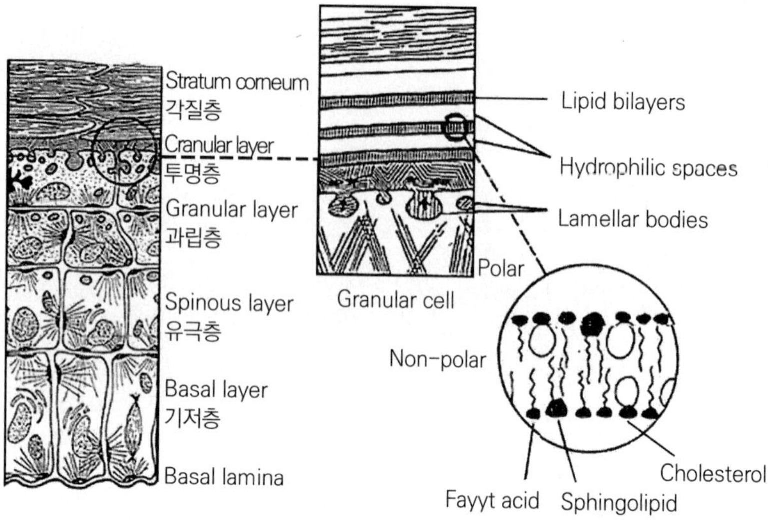

▲ 표피의 구조

② 투명층(Stratum lucidum, Clear layer)

각질층 바로 아래에 있는 층으로 2~3층의 무핵의 선명하고 투명한 세포로 이루어져 있고 엘라이딘이라는 반유동성 물질이 함유되어 밝고 투명하게 보이며 빛을 굴절시켜 빛을 차단하며 수분침투를 방지하고 피부를 윤기있게 해준다. 주로 손바닥이나 발 뒤꿈치 등의 두터운 부위에 눈에 쉽게 띈다.

③ 과립층(Stratum granulosum, Granular Layer)

방추형의 과립세포층으로 2~3층으로 이루어져 있으며 이 층에서 각질화 과정이 실제로 시작된다. 세포질 내에는 케라토히알린 과립(Keratohyalin granules)이 함유되어 있어 외부로부터의 이물질 통과와 피부 내부로부터의 수분 증발을 저지하는 방어막이 있어 피부염이나 피부건조를 막는 중요한 역할을 한다.

④ 유극층(Stratum spinosum, Spinous cell layer)

표피 중 가장 두꺼운 층으로 약 5~10층으로 이루어져 있고 가시와 같은 가느다란 세포로 구성되어 가시층이라고도 한다. 아래층의 유극세포는 다각형이고 위로 갈수록 편평해진다. 살아있는 세포로 구성되어 있고 유극세포 사이에는 임파관이 순환하고 있어 피부의 피로 회복을 담당할 뿐 아니라 미용과 관계가 깊다. 즉, 세포 사이를 통해 노폐물 배출 등의 물질교환이 이루어지게 함으로써 피부의 혈액순환과 영양공급에 관여하여 피부관리에 매우 중요한 역할을 한다.

⑤ 기저층(Stratum basale, Basal layer)

표피의 가장 깊은 곳에 위치한 세포층으로 타원형의 핵을 갖고 있으며 진피와 경계를 이루는 물결 모양의 단층이다. 이 층의 세포 내에는 각질 형성 세포와 색소형성 세포가 있다.

각질형성 세포는 피부 겉면에서 떨어져 나가는 각질층을 형성하게 하는 세포이며 색소형성 세포(Melanocyte)는 피부 색상을 결정짓는 멜라닌 색소를 형성하는 세포이다. 이 층의 역할로서 가장 중요한 것은 새 세포의 형성이며 새 세포는 크기가 원세포만큼 될 때까지 진피의 혈관과 림프관을 통하여 영양분을 공급받게 된다.

2) 진피(Dermis, Cutis, Corium)

피부 본래의 형태라고 할 수 있는 진피는 표피 두께의 약 15~40배 정도 되는 두꺼운 층으로 표피 바로 밑에 있다. 진피층은 구조상 유두층, 유두하층, 망상층으로 나눌 수 있는데 표피층처럼 구분이 확실하지는 않다.

진피층은 결합섬유 (교원 섬유 : Collagen fiber)와 탄력섬유(Elastin fiber)로 구성되어 있어 피부를 지탱해주는 대들보 역할을 한다. 혈관이나, 림프관, 신경, 한선, 피지선 등을 포함하고 있다.

결합섬유는 진피의 주성분으로 약 90% 이상을 차지하고 있고 탄력섬유는 약 2% 정도를 차지하고 있는데 이 두 섬유는 상호 긴밀하게 관련되어 있다. 결합섬유는 기계적 외력이나 화학적 자극에 대해 강한 저항력을 가지고 있어 각질층과 함께 신체 내부를 보호하는 역할을 하지만 노화됨에 따라 늘어지고 기능이 저하된다. 피부에 탄력을 제공하는 탄력섬유는 노화되면 점차 수분이 줄어들고 규칙적이었던 배열도 흐트러져 용수철과 같은 작용이 감소하게 된다.

(1) 진피층의 분류

① 유두층(Papillary layer)

표피돌기 사이에서 피부의 표면을 향해 융기되어 있는 부분이 유두층으로 섬유가 드물고 사이 사이에 수분이 많이 함유되어 있다. 이 유두층의 수분은 미용상 피부의 팽창도 및 탄력도와 관계가 있다. 유두에 존재하는 모세혈관은 혈관분포가 없는 표피로 영양분과 산소를 운반해 주고 림프관은 표피의 노폐물을 배설해 주며, 신경종말은 감각소체를 형성하여 촉각이나 통각 등의 신경을 전달한다.

② 유두하층

유두층의 밑바닥에 해당하는 곳이며 망상층과 이어지는 부분이다.

③ 망상층(Reticular layer)

진피층 중 가장 두꺼운 부분인 망상층은 길고 가는 그물 모양으로 되어 있다. 굵은 교원섬유(Collagen fiber)와 탄력섬유(Elastin fiber)가 피부표면과 평행으로 밀집하게 채워져 있어 피부를 지지해 주며 피부의 탄력성을 유지시켜 준다.

유두층과 달리 모세혈관은 거의 없으며 혈rhks, 피지선, 한선, 신경총 등이 분포되어 있다. 이 층에 위치한 감각기관으로는 압각, 온각, 냉각이 있다.

(2) 진피의 주요 구성 물질

① 교원섬유(Collagen fiber)

진피성분의 90% 정도를 차지하고 있는 섬유단백질인 교원질(Collagen)로 구성되며 교원질은 섬유아세포에서 생산된다. 삼차원의 망상구조로 진피에 장력을 제공하고 기계적인 외부의 힘이나 생리 화학적 자극에 대한 강한 저항력을 가지고 있으며 신체 내부를 보호한다.

젊은 피부일 경우 수분 보유력이 좋은 용해성 교원질이 존재하며 피부가 노화될수록 수분 보유력이 좋지 못한 불용해성 교원질로 변질된다. 이러한 교원질의 변화는 진피의 수분함량을 감소시켜 피부의 탄력감소와 주름 형성의 원인으로 작용한다.

② 탄력섬유(Elastin fiber)

교원섬유에 비해 짧고 가늘며 탄력성이 있어서 피부를 잡아당길 때 원래 상태로 돌아가게 하는 작용을 한다. 연령이 많아지면 탄력소가 파괴되어 탄력섬유의 기능이 저하되게 되므로 피부가 이완되고 주름이 발생하게 된다.

③ 기질(Ground substance)

진피 내의 섬유성분과 세포 사이를 채우고 있는 물질을 기질이라 하며 뮤코다당류가 주성분이다. 히아루론산, 콘드로이친 황산, 헤파린 황산염으로 이루어져 있는 이들은 자체 무게의 수십 배에서 1,000배까지 수분을 흡수할 수 있는 능력을 가지고 있다. 특히 히아루론산은 무자극성이면서 뛰어난 보습작용으로 노화용 화장품의 주원료로도 널리 사용되고 있다.

3) 피하조직(Subcutaneous tissue)

진피와 근육, 골격 사이에 있는 부분으로 지방을 다량 함유하고 있어 피하지방조직이라고도 부르며 피하조직의 두께는 부위에 따라 다르며 성별, 연령에 따라서도 차이가 심하다. 피하조직은 여성 호르몬과 관계가 깊어 여성의 신체 선에 부드러움을 주며 열의 부도체이기 때문에 체내의 열이 외부 온도에 좌우되지 않도록 하며 충격을 흡수하여 몸을 보호하고, 영양 저장소의 기능이 있다. 눈꺼풀, 귀, 음경, 음낭 등에는 지방층의 발달이 미숙하다.

4. 피부의 기능 및 유형

1) 피부의 기능

(1) 체온조절

외부 온도가 변화하면 림프관과 혈관, 한선, 저장지방 등은 여기에 맞추어 조절하여 외부 온도에 적응하여 적절한 체온을 유지한다.

(2) 분비 및 배설 작용

피지선에서 피지를, 한선에서 땀을 분비한다. 대부분의 이물질이나 노폐물들은 장이나 폐, 항문 등을 통해 배설되나 적은 양의 이물질이나 노폐물은 땀, 피지와 함께 피부 표면으로 배설된다.

(3) 흡수작용

피부에 필요한 물질들을 모낭, 피지선 통해서 선택적으로 흡수한다.

(4) 보호작용

각질층의 저항력, 진피층의 신축성, 피하지방층의 쿠션 역할은 외부의 마찰, 압박, 충격에 대해 피부를 보호하며 피부 표면의 피지막은 pH 4.5~6.5의 약산성 보호막을 형성하여 외부의 알칼리 물질을 중화시키는 능력을 가지고 있다. 또한 자외선이 진피까지 흡수되는 것을 방어해 주는 역할을 한다.

(5) 지각작용

지각신경의 말단부로 인하여 피부는 촉각, 온각, 냉각, 통각, 압각을 느끼게 된다.

(6) 생성작용

기저층에서 새로운 피부 세포를 생성한다.

(7) 저장작용

피부는 섭취한 영양물질을 에너지원으로 사용하며 여분의 영양물질을 저장하여 필요시에 에너지 공급원으로 사용되어 진다.

(8) 표정작용

안면 피부 형성으로 인해 표정을 나타내도록 하여준다.

2) 피부의 유형

피부의 유형은 개인의 연령, 성별, 유전인자, 신체조건, 심리상태, 음식물과 계절, 지리조건 등에 따라 다르고 변화하기도 하며 크게 중성피부, 건성피부, 지성피부, 복합성 피부의 4가지 유형으로 분류한다.

▶ 안면피부 유형을 결정하는 요인
- 피부의 보습 상태
- 피지의 분비 상태
- 피부 조직의 상태
- 혈액 순환의 상태
- 피부 탄력성 상태
- 색소 침착의 상태

(1) 중성피부(Normal Skin, 정상피부)

피지선과 한선의 기능이 정상적인 가장 이상적인 피부상태로서 피부의 생리기능 모두가 정상적인 활동을 하는 피부를 의미한다.

▶ 특징
- 피부결의 입자가 섬세하고 깨끗하다.
- 피부 유분 함량이 정상적이어서 피부 표면이 윤기있고 매끄럽다.
- 세안 후 심하게 당기거나 번들거리지 않는다.
- 피부의 탄력성과 혈색이 좋다.
- 색소침착이나 여드름류가 없다.
- 화장이 잘 지워지지 않고 오랫동안 지속된다.
- 피부가 촉촉하다.
- 계절이나 건강상태에 따라 약건성이나 약지성의 피부로 변하기도 한다.

(2) 건성피부

일반적으로 건성피부는 피부결이 가늘고 모공이 작아 외관상으로는 좋아 보이나 피지선의 기능이 원활하지 못하거나 한선 및 보습 능력 저하로 인하여 피지와 땀의 분비가 적어지고 이에 따라 피부 표면은 항상 건조하고 윤기가 없는 피부를 의미한다.

건성피부는 그 원인에 따라 일반 건성피부, 표피 수분부족 건성피부, 진피 수분부족 건성피부의 3가지 형태로 구분된다.

① 일반 건성피부

피지선의 기능 저하와 한선 및 보습능력의 저하로 인하여 인하여 유분함량과 수분함량이 부족한 피부를 의미한다.

▶ 특징
- 세안 후 피부가 심하게 당긴다.
- 피부 표면이 항상 건조하고 윤기가 없다.
- 모공이 작다.
- 피부가 얇고 외관상으로 피부결이 섬세해 보인다.
- 각질층의 수분이 10% 이하로 부족하다.
- 잔주름이 쉽게 생기며 늘어짐과 주름살이 빨리 생긴다.
- 피부 저항력이 약하여 상처가 쉽게 아물지 않는다.
- 여드름류가 없다.
- 화장이 잘 받지 않는다.

② 표피 수분부족 건성피부

일반 건성피부와 유사하게 표피가 건성화 되나 그 요인이 피지분비 부족과 보습능력 저하에 기인하지 않고 자외선, 찬바람, 일광욕, 냉난방 등의 환경과 잘못된 피부관리 습관, 부적절한 화장품의 사용 등 외적인 요인에 기인한다.

▶ 특징
- 일반 건성피부와 거의 유사하다.
- 피부 조직이 별로 얇아 보이지 않는다.
- 피부 당김이 심하다.
- 진피 건성으로 진행시에 급격한 피부 늘어짐 현상이 나타난다.
- 표정 주름이 쉽게 나타나지 않으나 피부 조직에 표피성 잔주름이 형성된다.
- 연령에 관계없이 발생한다.

③ 진피 수분부족 건성피부

피부 자체의 내적 원인에 의해 문제가 되어 생기는 피부 유형으로 섬유아세포의 기능에 이상이 생겨 진피의 콜라겐 섬유조직 생성에 문제가 생기거나 기존의 콜라겐 섬유조직이 손상되는데 그 원인이 있다.

일반적으로 일어나는 자연적 노화현상의 한 형태라고 볼 수도 있으나 젊은 나이에도 섬유아세포와 콜라겐 섬유조직이 손상되면 노화 피부와 같이 진피 수분부족 피부가 될 수 있다.

▶ 특징
- 피부 표면이 거칠다.
- 피부 당김이 심하게 느껴진다.
- 굵은 주름살이 형성된다.
- 피부의 늘어짐이 심하다.
- 색소침착이 쉽게 된다.

(3) 지성피부(Oily skin)

피지선 기능의 비정상으로 인하여 과다한 피지분비가 되어 피부 표면이 과도하게 번들거리고 모공이 점차 넓어지며 각질층이 점차 두꺼워지는 피부를 의미한다.

지성피부는 외부로 나타난 피부상태와 증상의 차이에 따라 유성 지루피부와 건성 지루피부의 2가지 형태로 구분된다.

① 유성 지루피부(Seborrhea oleosa)

과잉분비된 피지가 피부 표면을 덮어 지방막이 두껍게 되어있어 항상 번질거리는 피부유형이다.

▶ 특징

- 피부의 번질거림이 심하다.
- 피부산성막의 균형이 파괴되어 저항력이 감소됨에 따라 면포 등 여드름 발진현상을 일으킬 수 있다.
- 머리에도 기름기가 흐르고 비듬이 많아지며 귀에는 귀지가 많이 생긴다.
- 남성 호르몬의 영향으로 여성보다 남성에게 많다.
- 피부가 두껍고 둔탁해 보인다.
- 피부가 거칠고 모공이 넓다.
- 화장이 잘 받지 않고 잘 지워진다.
- 자외선에 의한 색소침착 현상이 빠르게 나타난다.

② 건성 지루피부(Seborrhea sicca)

피지분비기능의 상승으로 피지는 과다분비되어 표피에 윤기가 있음에도 불구하고 한선의 기능 감소로 보습기능이 저하되어 피부표면의 당김현상이 일어나는 피부유형이다.

▶ 특징

- 피부가 두껍게 보인다.
- 피부 표면이 당기고 각질이 일어난다.
- 화장이 잘 받지 않는다.
- 피부 표면이 작고 동그란 알갱이들로 거칠고 표피성 잔주름이 쉽게 나타난다.
- 피부색이 창백하다.
- T-Zone에는 여드름성 요소를 동반한다.
- 색소침착이 쉽게 이루어진다.
- 면포, 농포와 불순물이 피부에 많이 쌓여있다.

(4) 복합성피부(Combination skin)

피지의 분비량이 균형을 이루지 못하여 2가지 이상의 피부상태가 안면에 함께 공존하는 피부유형을 말한다.

▶ 특징

- T-Zone 부위의 모공이 크고 기름기가 많아 면포 등 여드름성 요소를 동반한다.
- T-Zone을 제외한 볼부위, 눈주위의 근육은 피지의 분비가 적고 보습력이 없어 세안 후 심하게 당긴다.
- 눈가에 잔주름이 쉽게 생긴다.
- 피부조직이 전체적으로 일정하지 않다.
- 예민성 피부의 상태가 나타나기도 한다.

3) 문제성 피부의 유형

(1) 예민성 피부(Sensitive Skin)

외관상 피부결은 섬세하여 깨끗해 보이나 건조하게 되기 쉽고 자극에 민감하여 외부온도에 의해 피부가 쉽게 피곤함을 느끼는 등 정상피부에 비해 그 조절기능 또는 면역기능이 극히 저하되어 사소한 자극에도 강하게 감지되어 반응하는 피부유형을 말한다.

▶ 특징

- 피부가 외부 환경이나 자극에 의해 쉽게 거칠어 진다.
- 색소침착 현상이 잘 나타난다.
- 외부환경에 의해 예민하여 가렵고 붉은 반점이 나타난다.
- 화장품을 바꾸어 사용한 경우 자주 예민하게 반응한다.
- 외부자극에 의한 주름을 형성하기도 하고 면포, 수포, 두드러기 등을 동반하기도 한다.
- 표피 수분부족 현상이 쉽게 나타난다.

(2) 모세혈관 확장피부(Couperose Skin)

날씨변화, 온도의 급격한 변화, 자극적 음식 섭취, 자외선 등 여러 가지 피부의 유해요소들로 인하여 표피 가까이에 있는 모세혈관이 약화되거나 파열 혹은 확장되어 외관으로도 붉은 실핏줄이 내보여지는 피부유형을 말한다.

▶ 특징

- 표피 가까이의 모세혈관이 파열되거나 확장되어 붉게 보여진다.
- 피부의 표피가 매우 얇고 섬세하다.
- 예민한 피부 상태이다.

- 기온 차에 따른 피부색 변화가 나타난다.
- 피부가 건조하여 잔주름이 많이 형성된다.
- 색소침착이 쉽게 나타난다.

(3) 여드름 피부(Acne skin)

여러 가지 원인들(유전적 요소, 호르몬, 스트레스, 소화장애, 잘못된 식습관, 화장품, 기후, 기계적, 물리적 자극 등)에 의해 과다하게 분비되어진 피지가 표피로 배출되지 못하고 모공 속에서 피지가 뭉치게 되므로써 모공이 막히고 그것이 세균과 결합하여 염증으로 발전하면서 여드름류가 되는 피부유형을 말한다.

▶ 특징
- 피부 표면이 두껍고 우둘투둘하다.
- 모공이 눈에 띄게 크고 피지가 많아 번들거린다.
- 피부의 곳곳에 면포성, 구진성, 농포성의 여드름이 있다.
- 얼굴색이 맑지 않고 둔탁하다.
- 색소침착, 잡티, 흉터가 많다.
- 사춘기에 많이 발생한다.

5. 피부 미용 기기와 도구

1) 피부미용 기기

▶ 침대

알맞은 크기와 높이의 침대 선택. 발관리시엔 높낮이 조절되는 것이 용이함.

▶ 관리사용 의자

높낮이 조절 가능하고 등받이가 있어야 함.

▶ 확대경

피부를 20배 이상 크게 확대하여 자세히 볼 수 있도록 만들어져 피부를 분석할 때 용이한 기기로써 정확한 유형의 피부 유형 판단을 위해 외관상으로 보이는 피부의 상태를 좀 더 확대하여 보고자 할 때 사용.

▶ 스티머

클렌징이나 딥클렌징 시에 피부를 부드럽게 하고 피부 온도를 상승시켜 모공을 열어주기 위해 사용.

▶ 브러쉬 기계

천연양모 소재의 브러쉬를 다양한 크기와 속도로 브러싱 하여 클렌징이나 필링 시에 피부각질 제거 용이와 혈액순환 촉진시키기 위해 사용.

▶ 갈바닉 기계

갈바닉 전류를 이용한 기기로 성질이 다른 음극(-)과 양극(+)의 효과에 따라 가벼운 여드름의 홍조를 막거나 알칼리성 물질을 침투시키는 등의 작용을 위해 사용.

▶ 진공 흡입기

기계적 방법으로 피부조직을 흡입함으로써 피지제거를 하거나 혈액순환, 림프 순환을 촉진시키는 등의 작용을 위해 사용.

▶ 우드램프

특수 광선을 이용한 확대경으로서 피부 상태의 정확한 판단시에 도움을 준다.피부 표피의 보습상태, 여드름, 염증, 색소침착 상태 등을 파악할 수 있다.

▶ 적외선 램프

전신 온도의 상승으로 혈액순환을 증대시키고 , 근육이완과 영양분을 피부 깊숙이 침투시키는 효과가 있다. 또한 치료에 관한 것으로 통증이나 긴장감을 풀어주기 위한 국소 관리에 사용된다.

▶ 피부분석기

피부의 상태를 여러 가지 측면(유분, 수분, 색소침착, 거칠기, 모공 등)에서 고려하여 분석하여주는 기기로써 정확한 분석을 위하여 다양한 소프트웨어의 개발이 이루어지고 있다.

▶ 유·수분 측정기

피부의 유분과 수분 보유량을 측정하여 수치로 표현하여 주는 기기이다.

▶ 고주파 기기

주파수가 10만 Hz 이상인 높은 진동률의 전류를 이용하여 조직온도의 상승과 피부의 진정효과, 세균 및 독소의 살균작용, 제품의 침투효과를 높이는 효과가 있다.

▶ 리프팅 기기

긴 파장과 낮은 주파수에 의한 빠른 진동으로 주름살 부위의 주름제거 및 개선 효과가 있다.

▶ 초음파 기기

노폐물의 배출을 용이하게 하고 마사지 효과 및 온열작용, 지방분해 작용 등의 효과가 있다.

▶ 자외선 소독기

피부관리시에 사용된 여러 가지 도구들을 소독하는데 사용하는 기기이다.

▶ 온장고

스팀타올 보관시 따뜻한 온도를 유지시키기 위하여 사용하는 기기이다.

▶ 체성분 분석기

체지방, 체수분 등을 측정하여 수치와 백분율로 나타내는 기기이다.

▶ 비만관리 기기

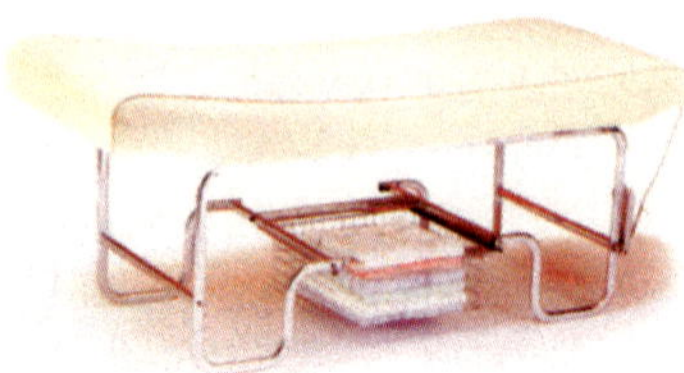

침대

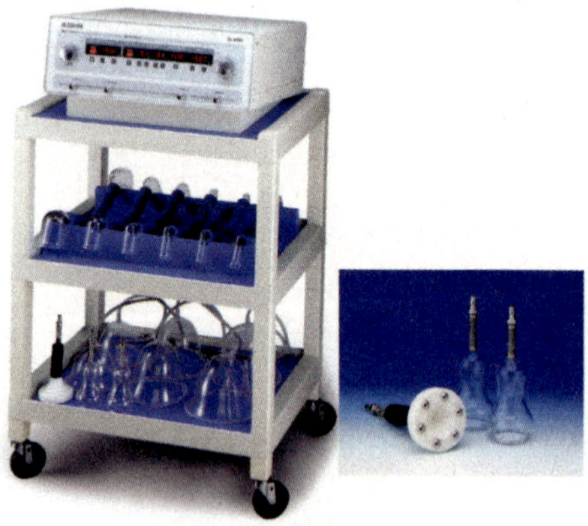

진공흡입기

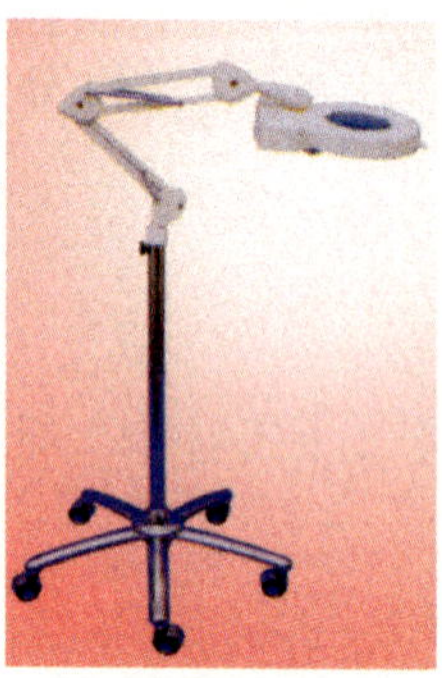

확대경

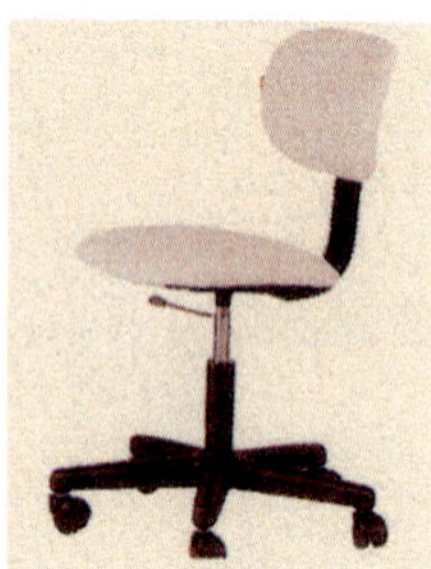

의자

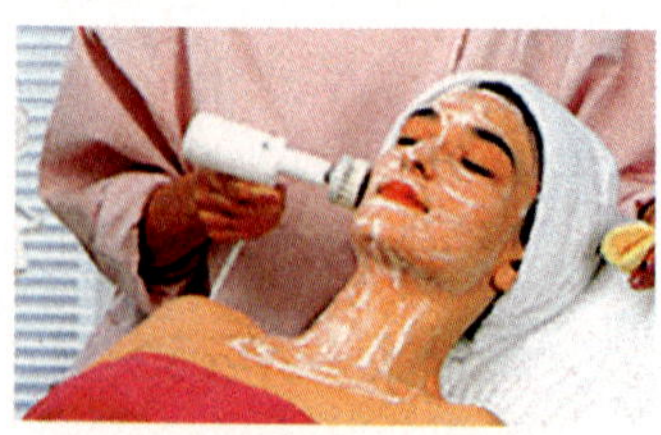

브러쉬 기계

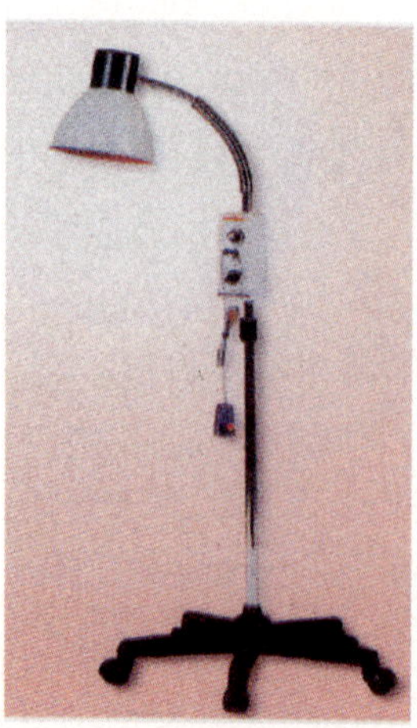

적외선

스티머

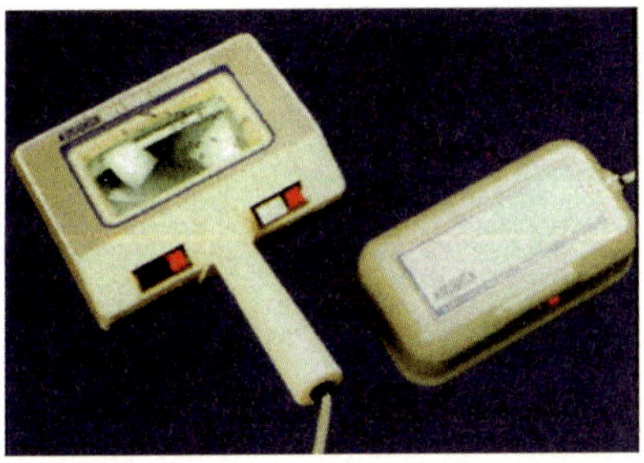

우드램프

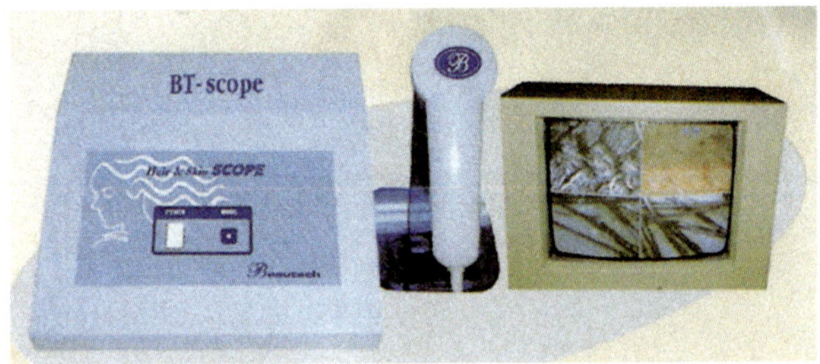

피부분석기

초음파기

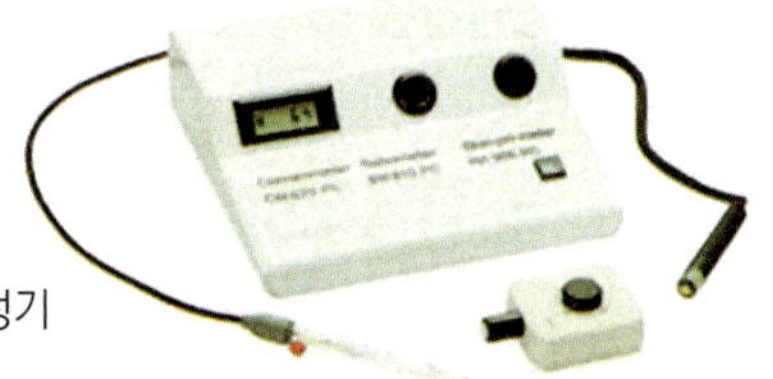

유·수분측정기

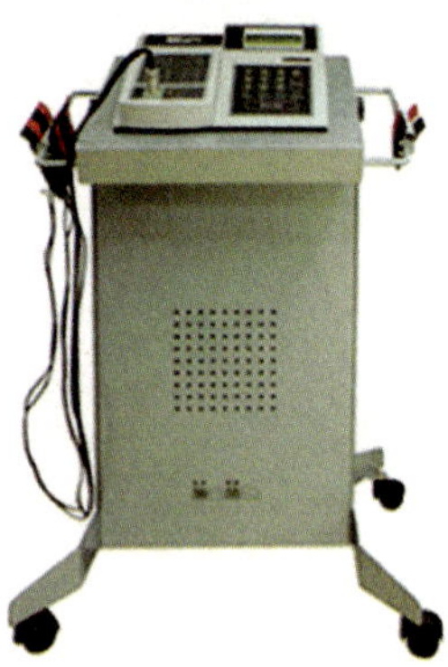

체지방 분석기

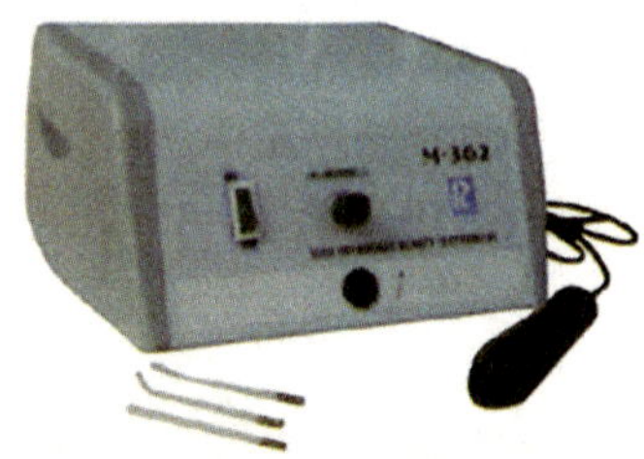

고주파기기

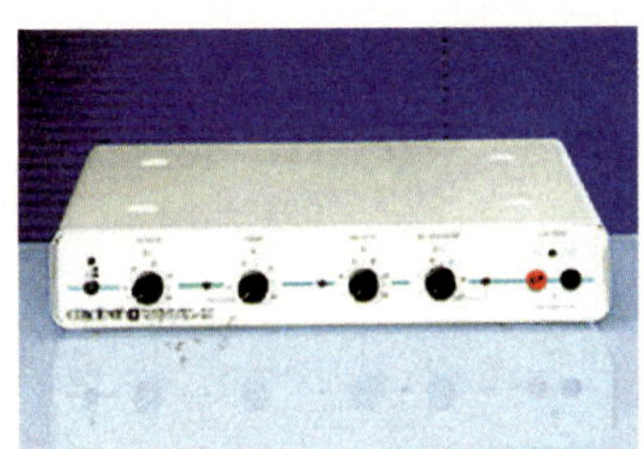

리프팅기

자외선소독기

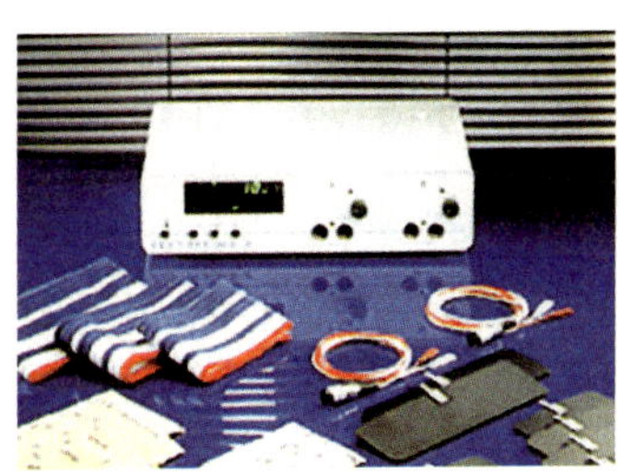

비만관리 기기

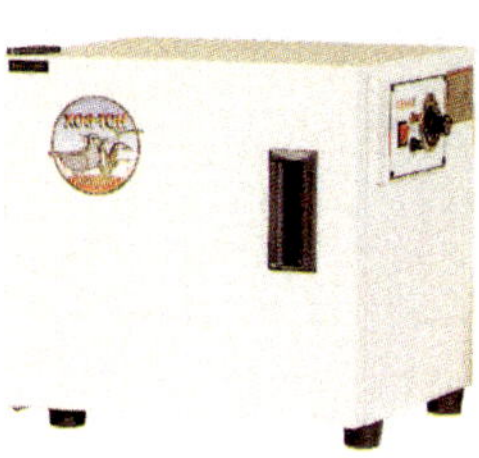

온장고

2) 피부미용 도구

① 관리사용 가운 ② 슬리퍼 ③ 고객용 가운 ④ 속가운 ⑤ 헤어밴드 ⑥ 냉·온타올 ⑦ 스팀타올 ⑧ 냉타올 ⑨ 스텐레스 용기 ⑩ 팩볼 ⑪ 스파튤라 ⑫ 해면 ⑬ 팩브러시 ⑭ 화장솜 ⑮ 면봉 ⑯ 티슈 ⑰ 플라스틱볼 ⑱ 담요 ⑲ 거즈 ⑳ 랩 ㉑ 여드름 압출 기구 ㉒ 고객카드 ㉓ 피부관리 제품들

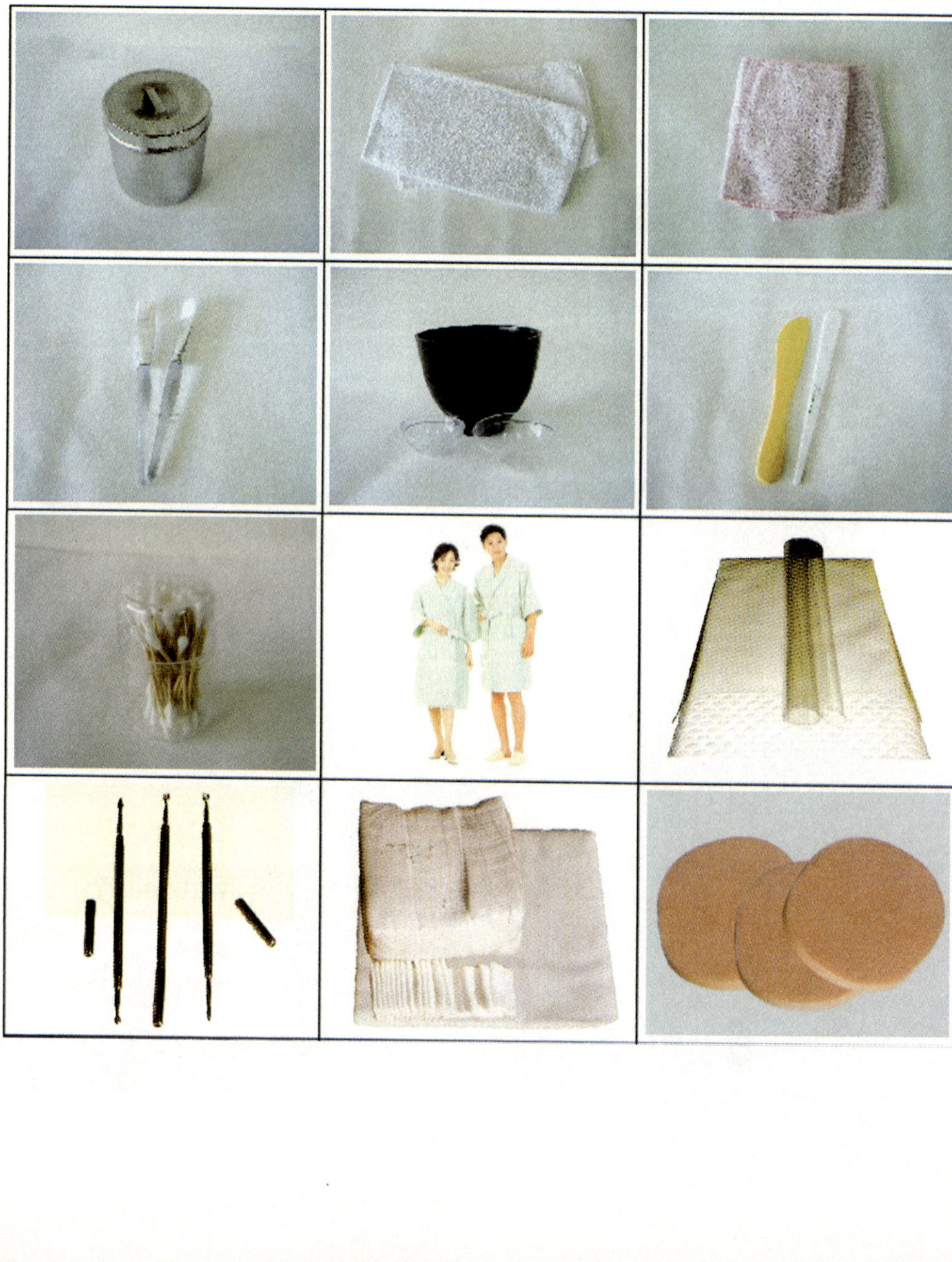

피부관리 실기

1. 고객카드의 작성

1) 고객카드 작성의 의미

고객이 처음 관리실을 방문하여 피부관리를 시작하게 되었을 때 관리 시작전에 문진에 의한 고객의 증상, 상태등을 기록으로 남긴다. 고객카드 기재를 통해 고객의 관리 내용과 피부변화등을 파악하며, 지속적이고 효과적인 관리를 위한 자료로 삼는다.

2) 카드작성시 관리상의 상담내용

- 생년월일 : 실제나이와 현재 피부상태와의 비교, 고객관리 측면에서 필요(생일축하카드 발송등)
- 직업 : 직업적 생활환경에 따른 피부변화 여부 파악, 고객의 관심사 파악
- 결혼 유무 : 출산, 자녀의 교육, 피임의 여부에 의한 피부 문제 파악
- 알레르기 : 특정성분에 대해 알레르기가 있는지 조사하고 피부관리시 참고로 한다.
- 병력, 질병의 유무 파악 : 수술의 유무 파악, 수술경험, 약복용 또는 기타 병력이 있는지 체크
- 의약품 : 항생물질, 호르몬제, 진통제, 수면제 등 약제의 부작용 및 후유증으로 인한 피부 문제 파악을 위해 체크
- 식생활 : 규칙적인 식생활과 균형있는 영양섭취가 피부문제에 미치는 영향을 고려하며 일상적인 식사반시과 섭취음식의 종류 등에 대해 알아본다.
- 기호식품 : 카페인이 함유된 커피, 차 등의 섭취량과 알코올 섭취 등을 알아본다.
- 정서상태 · 스트레스 : 특별히 피부에 영향을 미칠 수 있는 심리적인 요소가 있는지 알아본다.
- 화장품과 피부관리 습관 : 피부 유형에 맞는 화장품 사용 여부 및 관리 습관을 체크한다.
- 일광 노출 상태 : 평소에 일광에 어느 정도 피부를 노출시키는지 체크한다.

■ SKIN CARE CHART

회원 No.		구분	피부관리. 두피관리. 제모. 태닝. 기타

성명		생년월일 : 년 월 일 (세)	미혼 기혼 가족수 ( )
주소			
		TEL	
직업	근무처		TEL	

건강상태	양호 보통 나쁨 기왕증( )		
질병상태	빈혈 위장질환 간장질화 당뇨병 심장질환 그외( )		
사용약품	유. 무 ( )	부종	없다. 있다 ( )
피임약복용	유. 무 ( )	식품경향	채식( ) 육식( )
알레르기	유. 무 ( )		
생 리	순조. 불순. 없음. 생리통	기호품	술( ) 담배( ) 커피(잔) 그외( )
임 신	유. 무 ( )		
변 통	순조. 변비. 설사	운동	안한다. 가끔한다. 잘한다. 내용( )
수 면	숙면. 조금불면. 불면 기상( )취침( )평균( )		
		직장환경	쾌적. 보통. 불쾌적
피 로 감	없다. 피곤하기쉽다. 심한피로감	가정환경	쾌적. 보통. 불쾌적
식 사	규칙적, 불규칙적 회수(회)	정신상태	안정. 보통. 불안정
하루물섭취량	하루 (컵)	성격	쾌활, 낙천적, 내향적, 신경질적

※ 이전에 피부관리실에 다닌적이 있습니까?
네 아니오

※피부관리를 받고 난 후 결과는 어떠했습니까?

※피부과에서 치료를 받으신적이 있습니까?
네 아니오

※결과는 어떠했습니까?

※지금까지 사용했던 화장품은?

※자외선차단제를 사용하십니까?

※고객의 케어 목적은?

	년 월 일 (회)	년 월 일 (회)	년 월 일 (회)	년 월 일 (회)	년 월 일 (회)
사용제품 기기 및 방법					
결과 및 구입제품					
	년 월 일 (회)	년 월 일 (회)	년 월 일 (회)	년 월 일 (회)	년 월 일 (회)
사용제품 기기 및 방법					
결과 및 구입제품					

2. 크린싱(Cleansing)

크린싱(cleansing)은 메이크업을 했을 경우나 혹은 땀이나 피지분비물, 환경오염, 먼지 등으로 인한 피부의 노폐물을 제거하는 것으로 중요한 트리트먼트 과정이다.

1) 크린싱제의 특징

① 피부의 피지, 먼지, 메이크업 등이 깨끗이 제거되어야 한다.
② 피부의 피지막을 파괴해서는 안된다.
③ 피부타입에 적합해야 한다.
④ 피부의 수분이 탈수 되어서는 안된다.

2) 크린싱제의 종류

(1) 크린싱 크림 (CL.Cream)

① 대부분 광물성 유성원료를 함유한다.
② 유분이 많아 이중세안을 요한다.
③ 예민 피부 사용을 가급적 피한다.
④ 진한 make-up 상태에 사용이 용이하다.

(2) 크린싱 로션 (CL. Lotion)

① 식물성 원료 함유
② 피부타입별 사용이 가능하다.
③ 가격이 고가이고 장기간 보관이 어렵다.

(3) 크린싱 오일 (CL. Oil)

① 유성원료, 계면 활성제 함유
② 짙은 화장에 용이하며 물에 쉽게 용해 된다.
③ 건성·예민·노화 피부에 효과적이다.

(4) 크린싱 젤 (CL. Gel)

① 수성원료·계면활성제·점액질 성분 함유
② 지성, 여드름 피부에 효과적이다.

(5) 크린싱 워터 (CL. Water)

① 수성원료, 계면 활성제 함유
② Eye Make-up Remover 용도로 사용
③ 지성, 여드름 피부에 효과적이다.

(6) 비누 (Soap)

① 알카리 작용으로 피부에 있는 노폐물을 제거한다.
② 조직을 유연하게 하고 각질을 부풀게 한다.
③ 탈수·탈지 현상을 일으켜 피부를 건조화 시킨다.

3. 딥 크린싱 (Deep Cleansing)

일반적으로 행하는 크린싱 방법으로 완전히 제거할 수 없는 모공 깊숙이 들어 있는 불순물과 피부 표면의 각질 등을 제거하는 단계이다.

과 각질화 현상등 여러 가지 요인에 의해 각질층에 쌓이는 죽은 세포를 정기적으로 제거하여 정상적인 각질층을 유지하게 해줌으로써 건강하고 매끈한 피부를 만들고 노화를 지연, 방지하는데 그 목적이 있다.

1) 효과

① 피지덩어리, 여드름 및 모낭내 불순물이 쉽게 제거 되도록 한다.
② 다음단계의 영양 물질의 흡수를 용이하게 한다.
③ 간접적인 피부 재생 효과가 있다.

2) 종류

(1) 스크럽 함유 제품

① 알갱이가 있는 세안제로 살구씨가루, 밀기울, 인조 알갱이 등의 성분을 함유한다.
② 얼굴에 도포 후 손 끝에 물을 묻혀 가면서 나선형으로 부드럽게 문질러 준다.
③ 예민한 부위, 혈관이 확장된 부위는 사용을 피한다.

(2) 크림 타입의 딥 크린싱

① 폼 크린저 타입으로 거품에 의해 모공속의 잔여물을 녹여주는 작용을 한다.
② 모든 피부에 사용할 수 있다.

(3) Cosmetic Enzyme Peeling Podwer

① 동·식물 단백질 분해 효소가 함유되어 있는 가루 타입의 딥 크린싱제이다.
② 혈관 확장 또는 극도로 예민한 피부외의 모든 피부에 사용 가능하다.

(4) 피부관리실용 고농도 AHA

① 여러 가지 과일 또는 채소에서 자연적으로 발생되는 산을 총칭한 Alpha Hydroxy Acid 를 이용한 딥 크린싱제 이다.
② 각질제거와 박테리아 성장억제 효과가 뛰어나며 간접 재생 효과가 있다.
③ 극도로 혈관 확장 또는 극도로 예민한 피부를 제외한 모든 피부에 시간과 양을 조절하여 사용 가능하다.

(5) 디스인크러스테이션 (Desincrustation)

① 전기를 이용한 딥 크린싱 방법이다.
② 정상·지성·여드름 피부에 적당하다.

4. 습포

피부관리 과정 중 젖은 타올을 이용하여 피부 타입과 용도에 맞게 온도조절을 적절히 하여 피부관리 단계의 효능을 높이는데 사용한다.

1) 온습포

① 높은 온도의 따뜻한 습포를 일컬으며 Massage 후나 Body Treatment 후에 이용한다.
② 혈액순환 촉진 및 이완 효과를 갖는다.
③ 전 단계의 잔여물 및 노폐물을 제거한다.
④ 예민피부, 모세혈관 확장 피부, 화농성 여드름 피부는 피한다.

2) 냉습포

① 피부관리의 마지막 단계에 이용한다.
② 피부를 진정시키고 수렴시키는 효과를 갖는다.
③ 예민피부, 모세혈관 확장 피부는 지나친 냉습포 사용을 금한다.

5. 마사지

손으로 밀어서 통증을 줄이는 본능적 행위에서 시작된 것으로 피부관리 마사지는 손이나 기기를 사용하여 피부에 물리적 자극을 줌으로써 인체의 기능을 회복시키거나 지속시키기 위한 행위로 대개의 경우 화장품을 바르고 일정한 동작을 시행하는 것을 의미한다.

올바른 마사지를 행하기 위해서는 인체해부 생리학을 이해하고 이러한 지식을 토대로 하여 올바른 테크닉을 습득하여야만 한다.

1) 효과

① 피부를 부드럽게 하고 유연하게 한다.
② 혈액순환을 원활히 한다.
③ 피부 온도가 상승되므로 적용된 화장품 유효 물질의 경피 흡수력을 높여준다.
④ 심리적 안정감을 부여하여 피로를 회복시켜 준다.

2) 주의 사항

① 소음을 차단하고 주위 환경을 깨끗하고 안락하게 만든다.
② 관리사의 손은 따뜻하고 손톱은 짧게 한다.
③ 근육결 방향대로 밀착감 있게 행하며 강한 자극은 피한다.
④ 일광으로 심하게 붉어진 피부, 상처가 있는 피부, 생리시나 정신이 불안정 하여 피부 트러블이 일어나기 쉬운 때에는 마사지를 피한다.

3) 마사지 기본 동작 및 효과

(1) 경찰법(Effleurage)

① 효과 : 피부 휴식. 긴장완화. 모세혈관이완, 영양공급
② 동작 : 손바닥 전체를 이용하여 천천히 쓸어준다.

(2) 강찰법(Friction)

① 효과 : 피지분비, 신진대사 촉진, 노폐물 제거
② 동작 : 손가락 끝으로 원을 그리며 가볍게 문지른다.

(3) 유연법(Petrissage)

① 효과 : 노폐물제거 용이, 피부밑 조직에서 움직인만큼 강한 테크닉
② 동작 : 손가락 전체를 이용해서 살을 맞잡듯이 주무른다.

(4) 진동법(Vibration)

① 효과 : 혈관확장, 뭉쳐진 근육이완.
② 동작 : 두손을 동시에 움직이면서 고른 진동을 준다.

(5) 고타법(Patting)

① 효과 : 혈액순환 촉진, 탄력증가
② 동작 : 손가락 전체로 피부를 빠르게 두드려 준다.

(6) 압박법(Pinching)

① 효과 : 피지조절효과, 림프흐름 촉진
② 동작 : 엄지와 검지, 약지를 이용하여 근육결 방향으로 튕기듯 마사지한다.

6. 마스크와 팩

팩이나 마스크는 살롱 트리트먼트에 있어서 가장 중요한 부분을 차지하는 단계로 현대 화장품학의 발달로 종류나 재료의 효능 또한 다양해져 개인의 피부 타입에 맞게 자유로이 선택할 수 있게 되었다. 이러한 팩이나 마스크 관리는 표피 내에 삼투압 작용에 의한 영양 및 보습성분의 흡수와 표피에 존재하는 과잉의 피지 및 오염물질을 제거하여 피부를 청결하고 탄력있게 가꾼다.

팩이나 마스크는 보통 같은 의미로 쓰이지만 이 두가지를 구분해서 쓰기도하는데 팩은 바른 후에 굳어지지 않으며 공기를 통과시키는 것이며, 마스크는 바른 후 딱딱하게 굳어져 공기를 차단 시키는 것을 말한다.

1) 효과

① 피부의 혈액 순환 촉진과 보습작용
② 피부 청정 작용
③ 피부 영양 물질 경피 흡수 촉진
④ 각질 제거 작용

2) 주의 사항

① 피부타입, 상태에 따라 팩종류를 선택한다.
② 계절 및 주변 실내 온도를 반영하여 도포 시간을 엄수한다.
③ 도포 및 제거시 눈, 코, 입에 들어가지 않도록 한다.
④ 굳어서 딱딱해지는 팩 종류는 얼굴을 움직이지 않도록 한다.

3) 사용 방법에 따른 분류

① Peel Off Type : 얼굴에 발라 굳은 후 떼어내는 팩
② Wash Off Type : 얼굴에 발라 일정한 시간 후 물로 제거하는 제품
③ Tissue Off Type : 팩제를 Tissue 로 제거하는 제품

4) 내용상에 따른 분류

① Clay Type : 진흙 분말을 이용한 것으로 각질 제거, 피지흡착 작용이 크다. 바른후 일정시간 지나면 물로 닦아낸다.
② Gel Type : 투명 또는 불투명 젤 팩으로 청량감, 진정효과와 수분 보습효과가 있다.
③ Powder Type : 증류수나 화장수에 개어 사용한다. 분말의 흡착력으로 청결 효과가 우수하다.
④ Cream Type :제품을 바른후 10~20 분의 일정 시간이 지나면 제품은 그대로 있고 유효 성분만 흡수된다. 보습, 유연효과가 우수하다.
⑤ Wax Type : 파라핀 왁스, 바셀린 등 왁스류를 사용한다. 영양침투촉진 및 밀봉요법 작용이 크다.

아로마 테라피

1. 아로마테라피(Aromatherapy)의 정의와 역사

'아로마테라피(Aromatherapy)'는 1937년 프랑스의 화학자 르네 모르스 가테포스가 그의 저서를 통해 '향, 향물질, 냄새를 사용한 치료방법'이라는 의미로 처음 사용된 용어로서, 향기나는 식물에서 추출한 휘발성의 에센셜오일을 사용하여 신체와 정신의 건강을 치유·향상·유지하는 의미의 Aroma(향 또는 향기)와 Therapy(치료)의 합성어로 방향(芳香)요법 혹은 향기(香氣)요법이라고도 한다.

향요법의 역사를 거슬러 보면 고대 이집트에서도 그 흔적을 찾아볼 수 있는데 당시의 벽화를 통해 주로 종교의식이나 미용을 목적으로 사용되었음을 알 수 있다. 또한 파피루스에 일부 식물들의 의학적인 효과와 사용법에 대해서도 기록되어 있으며 이후 그리스로 전파되어 기원전 4세기경 히포크라테스에 이르러 아로마를 이용하여 질병을 치료한 기록들로 보아 체계적인 기틀을 마련한 것으로 보인다.

아로마 오일을 사용한 목욕문화가 성행하고 서민층에까지 확산되면서 12세기에 이르러는 이슬람문화와 더불어 알코올 및 증류 기술의 발명으로 아로마 오일의 생산과 품질이 향상되었다. 중세 이후에는 전 유럽에 붐이 일었으나 19세기 과학적인 의학과 화학의 발달로 저렴한 가격의 의약품과 합성물질이 생산되면서 아로마 오일에 대한 관심이 한때 막을 내리는 듯 했으나 20세기에 들어서 화학 합성물질에 대한 부작용 사실이 알려지면서 다시 천연 아로마 오일에 대한 인식이 부각되어 현재까지 끊임없이 연구·발전되어 오고 있다.

2. 에센셜오일(Essential Oil)의 정의

에센셜오일(정유)은 꽃, 약초, 과실, 나무껍질, 잎, 뿌리, 수액 등 식물에서 추출한 휘발성 향을 가진 100% 순수한 자연 오일 성분으로 극소량으로 존재하나 식물의 생육에 반드시 필요한 중요 성분이라 할 수 있다.

식물이 가지는 향기의 가장 중요한 성분으로는 탄화수소와 산소가 포함되어 있는 알콜, 케톤, 페놀, 알데히드 등의 화합물을 들 수 있으며 이러한 다양한 성분들의 복잡한 조합으로 구성되어 있기 때문에 천연 아로마와 같은 효과를 내는 인공향을 만들어 내기란 거의 불가능한 일이며 분자량 또한 적기 때문에 합성화합물보다 신체 흡수가 용이하여 더 큰 효과를 기대할 수 있다.

3. 에센셜오일의 체내 유입과 효과

현재까지도 아로마테라피가 어떻게 작용을 하는지, 어떻게 사용되어야 큰 효과를 기대할 수 있는지 등에 대한 논란이 여전하다. 그러나 에센셜 오일이 구강, 질, 코 등으로 흡입되거나 피부로 흡수됨으로써 많은 긍정적인 효과를 보이고 있음은 여러 임상을 통해 확인되고 있다.

대부분의 오일은 피부를 통해 흡수되며 피부나 폐를 통해 유입된 아로마 오일 분자는 혈관을 통해 각 조직과 기관으로 전달되어 혈액순환과 신진대사를 원활히 하고 통증의 완화, 항균·항염 작용 및 그로 인한 신체적 안정감을 준다.

또한 후각을 통해 흡입된 아로마는 분자 정보가 전기적 신호로써 후각신경을 통해 대뇌피질과 시상하부로 전달됨으로써 호르몬 분비 및 소화기관, 생식기관에 영향을 미치며 엔돌핀과 노르아드레날린의 생성을 촉진시키는 등 감각적이고 본능적인 활동에 관여하게 된다.

우리가 인지하지 못하는 사이에도 삶의 모든 부분에서 향기의 영향을 받고 있으며 좋은 향기에 의해 스트레스로 의한 피로가 해소되고 심신의 긴장을 해소시키며, 충분한 수면을 통해 혈액순환에 의한 영양분의 공급과 노폐물 제거 등 신체의 균형을 유지할 수가 있다.

4. 에센셜오일의 추출법

1) 냉침법(Maceration, 비휘발성 용매추출)

식물유에 꽃들을 72시간 가량 재워 꽃의 향기물질이 포화될 정도까지 정기적으로 신선한 꽃들로 교체해 주는 방법으로 최상의 품질로 천연에 가까운 꽃향을 얻을 수 있으나 시간이 많이 소요된다.

2) 수증기 증류법(Steam distillation)

경제적이고 단시간에 많은 양을 얻을 수 있어 가장 많이 이용되는 방법으로 원료에 스팀을 쬐어 휘발된 물질을 냉각시켜 포집한 후 물보다 비중이 낮은 오일이 상층으로 분리되므로 얻어 낼 수 있다.

3) 압축법(Expression)

식물의 과실, 특히 감귤류 등의 껍질을 직접 압착하는 방법이다.

4) 휘발성 용매 추출(Solvent)

냉침법과 유사하나 추출 후 용매가 휘발되고 오일만 잔존함으로써 얻을 수 있는 방법으로 수율이 높으나 소량의 용매가 잔존할 수 있는 단점을 가지고 있다.

5. 캐리어 오일(Carrier Oil)

에센셜 오일은 농도가 짙으므로 특정 오일을 사용하는 몇 가지 상황을 제외하고는 사용시 희석이 필요한데 이때 사용되는 희석용 오일을 캐리어오일(베이스오일)이라고 한다. 캐리어오일은 그 자체로도 치료효과를 가지는 순도 높은 식물성오일로 대개 향이 없으며 에센셜 오일의 피부 침투를 용이하게 하며 넓은 부위에 골고루 흡수될 수 있도록 전달자 역할을 한다.

대표적인 캐리어오일로는 Sweet almond, Avocado, Jojoba, Olive Oil 등이 있다. 각각의 오일은 점도, 색상 및 효능이 다르기 때문에 사용 목적에 알맞은 캐리어 오일을 선택하는 것 또한 에센셜 오일 선택 못지 않게 중요하다.

6. 에센셜 오일의 일반적인 사용방법

1) 확산법(Vaporization)

아로마 램프, 스프레이 등을 이용하여 에센셜 오일의 휘발성 분자들이 공기 중에 확산됨으로써 실내 유해균과 냄새 제거 및 심리적인 안정 등의 효과를 얻을 수 있다.

2) 목욕법

전신욕, 족욕, 좌욕시 용기에 아로마 오일을 넣음으로써 피부를 통해서 뿐만이 아니라 수증기 속의 향기가 호흡기를 통해 유입됨으로 큰 효과를 거둘 수 있는 이점이 있다.

3) 마사지법

마사지는 건강을 유지할 수 있게 해주는 유용한 방법의 하나로 사용시에는 목적과 적용부위에 따라 적절한 오일 선택과 양을 조절해야 한다.

4) 흡입법(Inhalation)

에센셜 오일을 구강과 코를 통해 흡입하는 방법으로 단시간에 빠른 효과를 기대할 수 있다. 더운물에 에센셜 오일을 혼합하여 증기를 흡입하는 습식(steam)흡입법과 티슈나 헝겊에 오일을 묻혀 코로 흡입하는 건식(dry)흡입법이 있다.

5) 습포법(Compress)

흔히 찜질이라고 하는 것으로 특히 상해 부위에 사용하면 혈액순환을 개선하고 통증을 완화시키는 등의 일시적인 효과를 기대할 수 있다.

7. 피부관리에의 적용과 사용시 주의사항

아로마테라피는 피부의 기능이 정상화 되도록 유도하고 여드름, 염증, 아토피 피부염이나 비만 관리 등 전신 미용에 효과를 증대하기 위한 방법으로 많이 활용되고 있다. 따라서 사용 가능한 많은 종류의 오일 중에서 관리 목적과 피부타입에 알맞은 적절한 오일의 선택이 중요하다(표1 참조). 대개 얼굴 관리에는 캐리어오일에 에센셜오일 1~2%를, 바디 관리에는 2~3%를 넣고 희석하여 사용하되 피부의 상태와 조건에 따라 적절히 배합 비율을 가감하는 것이 바람직하다.

에센셜 오일 사용에 있어서 주의사항은 ① 반드시 희석하여 사용하며 ② 사용전 패치테스트를 실시하여 부작용 및 알러지 유무를 확인한다 ③ 눈 부위에 닿지 않도록 주의한다 ④ 블랜딩한 오일은 산화되지 않도록 반드시 갈색병에 밀봉하여 보관한다 등이 있다.

■ 에센셜오일의 피부유형별 적용과 효과

오일명	피부유형	효 과
Lavender	중성	소염, 항박테리아, 진정효과 (불면증해소, 긴장완화에 효과적)
Geranium	지성	수렴, 진통, 피부염치유, 림프계와 순환계 활동 촉진
Peppermint	여드름, 지성	항염증, 항박테리아, 순환계촉진 호흡기 · 소화기계질환에 효과적
Chamomile	민감성, 건성	수렴 · 소염 · 살균 · 소독작용, 진정작용 및 탈취효과
Cypress	여드름, 지성	수렴, 혈행촉진, 셀룰라이트분해 (비만, 부종해소, 림프배액촉진)
Juniper	여드름, 지성	해독작용, 지방분해 및 수렴작용, 각질제거
Rosemary	노화, 지성	세포재생, 혈행촉진, 항균 · 진통 · 염증완화 소화촉진, 치매예방
Jasmin	건성, 지성, 민감성	긴장완화, 호르몬균형조절, 강장, 모유분비촉진, 피부질환치유

발관리

1. 발관리의 정의

발을 예쁘게 가꾸기 위한 미용의 개념뿐만 아니라 발의 미관적 결함을 보안하여 편안한발, 건강한발 그리고 위생과 청결을 유지할수 있게 관리해주는 것을 말한다.

2. 발관리 역사

1) 중국의 발관리

발관리의 기원은 중국에서 시작되었다. 지금으로부터 약 5,000년전 춘추시대 중국최고의 의학문헌인 "황제내경"에 쓰여있는 "관지법"이 그 기원이라 할 수 있다.

"관지법"은 혈도를 자극하여 인체내의 조직, 기관 등에 각각 일치하는 상응점 또는 반사점이 손과발에 분포해 있다는 반사원리를 이용하여 치료효과를 나타내는 방법으로 침술요법과 같은 시기에 발생하였다.그 후 한나라 시대의 명의인 화타는 발가락을 자극하는 "관지법"을 다시 연구 정리하여 "화타비지"를 저술하였는데 이것이 오늘날의 "족심도"이다.

2) 16세기의 발관리

16세기 유럽에서는 라이프찌히출신의 Dr. Ball에의해 발반사 요법이 학문적 이론의 체계를 갖추면서 서서히 일반인에게 알려지기 시작하였다.

3) 19세기의 발관리

1883년 파블로프와 그동료 Dr. Speansing은 뇌는 외부로부터 오는 자극을 받아들이고 응답하는 방식을 통해 보다 많은 반사기관들을 돕는다고 발표하였다.

영국의 신경학자인 Henry head경은 Head schen부분의 통증을 느끼는 내부부위와 관련된 상응부위를 처음으로 지적했다. 이후 미국의 내과의사인 Dr. Riley는 일정한 신체 부위가 발에서 신경반사가 이어지고 있다는 것을 임상을 통해 발표 "리플렉스 존 테라피"의 이론을 확립하기에 이르렀다.

4) 20세기의 발관리

1913년 미국의 내과의사인 윌리엄 헨리 피츠제널드 박사는 손과 발의 반사구역을 스스로 자극하는 본능을 착안 체내기관과 상호연결되어 있음을 밝히고 "리플렉스 존 테라피" 이론으로 의학계에 발표하여 반사요법을 창시하여 근대사에 큰영향을 주었다.

1975년 독일인 Hanne Marquard는 "발의상응부위"라는 책을 펴내 발관리의 나아갈 방향을 제시해주었다.

발관리가 일반인에게 널리 알려지게 된것은 대만에서 선교활동을 하고 있던 오약석 신부에 의해서다.(스위스. Fr. Josef Engster)

그는 오랫동안 류마티즘으로 고생하였는데 스위 스간호사 헤디마사프래트의 책에 소개되어 있는 "발의 반사부의 치료법"으로 효과를 보아 1982년 "오약석 신부의 병리안마법"으로 세상에 널리 보급시켰다.

3. 발반사의 원리

반사는 자극에 대한 일종의 지각성이 없는 무의식적인 반응이다. 자극에 의한 작용은 혈액과 신경을 통해서 내분비선 또는 근육에 반사운동을 일으킨다.

이러한 원리를 이용하여 신체의 기관이나 조직기능에 이상이 있으면 그와 상응하는 반사구에 반응이 나타나며 그 반사구에 자극을 주면 인체부위와 기관들이 기능을 회복하여 건강한 상태로 되돌아가는 것을 말한다.

4. 발관리가 인체에 미치는 영향

(1) 신경계에 미치는 영향

발에는 약 7,000개의 말초신경이 분포되어 있다. 발에 자극을 주면 신경반사에 의해 인체내부기관의 기능을 활성화 시키고 신경기능을 증진시킨다.

(2) 순환계에 미치는 영향

발은 심장에서 가장 멀리 떨어져 있어 혈액순환장애를 비롯 여러 가지 부조화를 일으키기 쉬운 신체적 특성을 갖고 있다. 발을 자극함으로 인해 신체시스템을 효율적으로 기능하게 하여 심혈관으로 하여금 혈액이 잘 흐르도록 혈액순환을 촉진시켜준다.

(3) 림프계에 미치는 영향

혈중에 림프의 흐름을 증가시켜 림프순환을 촉진시킨다.

(4) 혈액에 미치는 영향

발관리시 혈색소와 적혈구의 수치가 증가된다.

(5) 근조직에 미치는 영향

근육의 크기가 증가하고 적용부위의 발육이 호전된다.

(6) 피부에 미치는 영향

영양과 산소의 공급이 원할하게 도와주며 지방과 한선의 배농을 개선시켜준다.

(7) 내분비계에 미치는 영향

호르몬 분비를 촉진시켜 몸의 균형을 잡아준다.

5. 발관리법

(1) 지압판 밟기

체중을 이용하여 발바닥의 반사구를 눌러 자극을 줌으로 인해 긴장감을 해소시켜 주는 방법.

(2) 족탕법

발의 소독 및 혈액순환 촉진과 긴장을 이완시켜 주며 각질과 딱딱한 발톱을 유연하게 도와주는 방법으로 물의 온도에 따라 다음과 같이 적용할 수 있다.

① 차가운발 : 44~45도의 고온욕
② 정상일 경우 : 39~41도의 온욕
③ 심장병,고혈압,당뇨 : 36~37도 미온욕
④ 땀 또는 열이 나는발 : 18~20도 저온욕

(3) 푸쓰플레게

발의 청결 및 위생관리로서 티눈, 못박힌 발, 굳은살, 갈라진 뒷꿈치, 냄새나는 발, 열나는 발을 관리하는 방법

(4) 스크럽마사지

미세한 알갱이를 이용 피부의 각질제거 및 피부에 자극을 주어 모세혈관을 강화시키고 신진대사를 원활하게 도와준다.

(5) 정맥마사지

심장에서 나온 혈액을 발끝에서 다시 심장쪽으로 보내주는 방법으로 운동부족으로 인한 순환 및 혈행장애,울체된 혈액의 이동, 노폐물 배출 등을 원활하게 도와준다.

(6) 발반사요법

발바닥에 분포된 신경반사구를 자극하여 특정기관이나 선 또는 근육의 규칙적인 운동을 일으키게 하는 방법으로 손의 관절 또는 나무로 된 반사봉을 이용하여 자극하는 방법이다. 이는 신체의 기능을 정상화 시키고 긴장해소와 스트레스 경감 및 신경기능증진, 세포조직에 혈액을 원활하게 공급하여준다.

(7) 파라핀팩 또는 석고팩

50도 이상의 온열효과를 이용하여 혈액순환을 촉진시키고 피부에 완전하게 밀봉하여 말초신경을 자극시키고 노폐물 배출과 세포재생을 활성화시킨다.

6. 건강하고 이상적인 발

① 발바닥의 색이 분홍색을 띠고 맑고 깨끗해야 한다.
② 발목에 부기가 없어야 한다.
③ 발가락이 변형이 없고 발가락 사이 사이 부채처럼 벌어져야 한다.
④ 발내측에 아치형태가 정상적으로 형성되어야 한다.
⑤ 관절의 움직임이 불편함이 없어야 한다.
⑥ 발에 통증이 없어야 한다.
⑦ 발에 무좀, 티눈 등 기형적인 형태가 없어야 한다.

7. 발관리시 금하거나 유의해야 할 사항

① 식후 1시간 이내는 자극하지 말 것
② 임산부 또는 노인, 허약자인 경우 자극하지 말 것
③ 수술 후 회복단계의 환자 자극하지 말 것
④ 정맥과 림프계의 염증이 있는 경우 자극하지 말 것
⑤ 감염성 질환 또는 심장질환이 있는 경우 자극하지 말 것

경락마사지

1. 경락과 경혈

경락이란 인체에 있어서 기혈순환의 일정한 반응계통 노선으로 안으로는 오장육부와 바깥으로는 피부와의 상관성을 갖고서 체표에 나타나는 반응이 어떠한 선을 나타내고 있는데 이것을 경락이라하며 그 반응 선상에 일정한 점을 경혈이라고 한다. 이 경혈에 물리적인 힘을 가하면 인체에 일정한 반응이 나타나며 한의학에서는 이를 이용하여 질병을 치료한다.

2. 경락의 기능

인체의 조직과 장기에 밀접한 관계를 갖고 있으며 생리기능과 병리현상에 중요한 기능을 갖고 있다.

① 인체의 이상을 나타낸다.
② 외부로부터의 자극을 내부로 전달한다.
③ 기혈 운행과 인체 내 영양 공급을 한다.
④ 외부로부터의 병 침입 전달로이다.

3. 경락의 효과

① 심신에 흥분과 진정을 리드미컬하게 한다.
② 쾌감과 만족을 준다.
③ 자율신경에 균형을 맞추어 준다.
④ 심신에 생리기능을 원활하게 하여 자연치유력의 기능을 강화시킨다.
⑤ 여성미를 한층 가꾸어 준다.

* 경락은 체표에서 가장 활발하게 표현된다.

4. 경락의 구성

경락은 경맥(經脈)과 낙맥(絡脈)으로 나뉜다.

① 경맥 : 경락의 큰줄기로서 인체의 상하, 종횡으로 몸속깊이 분포되어 있다.

② 낙맥 : 경맥에서 갈라져 나온 분지로서 인체의 옆으로 비스듬하게 (횡사행)분포되어 있으며 주로 표층에 분포되어 있다.

5. 14경락

1) 수태음폐경(手太陰肺經)

어깨쪽의 쇄골아래에서부터 시작되어 팔 안쪽의 위쪽을 따라 엄지손가락으로 흐르는 경락(經絡)이다. 체내에서는 폐(肺)에 속하고 대장(大腸)으로 연락되며 위(胃). 후(喉)에 연결된다. 체표에서는 포부(胞部)의 외측 상부에서부터 팔의 내측을 따라 내려가 엄지손가락 끝에 이른다. 이곳에 병이 있으면 주로 해소, 해혈(咳血), 천식 및 목이 마르고 숨이차며 가슴이 답답하고 어깨와 잔등에 통증이 오며, 손바닥에 열이 나고 땀이 흐르며 소변이 잦고 색이 누렇거나 붉은 색을 띠는 증상과 병증(病症) 그리고 이 경맥(經脈)의 순행부분에 국부적인 증상이 나타난다.

2) 수양명대장경(手陽明大腸經)

순행하는 경로는 체내에서는 대장(大腸)에 속하고 폐(肺)로 연락된다. 체표에서는 집게손가락 끝에서부터 팔의 외측을 거쳐 어깨, 목, 턱을 지나 콧구멍 옆에서 끝난다. 이 경맥(經脈)에 병이 있으면 주로 설사, 이질, 인후염증, 치통, 코피, 코막힘, 눈의 충혈 및 목이 붓고 눈에 누런빛이 돌며 입안이 마르고 한기(寒氣)를 느껴 온몸이 떨리는 등의 증상과 병증, 그리고 이 경맥(經脈)의 순행부분에 국부적인 증상이 나타난다.

3) 족양명위경(足陽明胃經)

체내에서는 위(胃)에 속하고 비(脾)로 연락된다. 체표에서는 코에서부터 머리측면 얼굴, 목, 흉부, 복부를 거쳐 다리의 외측을 지나 발의 두 번째 발가락에 이어진다. 이 경맥(經脈)에 병이 있으면 주로 위장염, 위통, 인후염증, 코피, 정신이상, 열병발광 및 입과 눈이 삐뚤어 지고 입술이 부르트며 목이 붓고 한기를 느껴 온몸이 떨리며 장에서 소리가 나고(장명腸鳴), 배에 물이 차는(복수腹水) 등의 증상과 병증, 그리고 이 경맥(經脈)의 순행부분에 국부적인 증상이 나타난다.

4) 족태음비경(足太陰脾經)

체내에서는 비(脾)에 속하고 위(胃)로 연락되며 아울러 심(心)과 설근(舌根)에 이어진다. 체표에서는 엄지발가락에서부터 다리 내측을 지나 복부, 흉부를 따라 흉부 외측에 이어진다. 이 경맥(經脈)에 병이 있으면 위통, 구토, 대장염, 복부팽창, 트림, 수종, 황달 및 몸이 무겁고 행동이 불편하며 반듯이 눕지 못하고 혀에 통증이 오거나 혀뿌리가 경직되며, 소변이 통하지 않는 등의 증상과 병증, 그리고 이 경맥(經脈)의 순행부분에 국부적인 증상이 나타난다.

5) 수소음심경(手少陰心經)

순행경로는 체내에서는 심(心)에 속하고 소장(小腸)으로 연락되며, 아울러 인(咽). 안(眼)에 이어진다. 체표에서는 겨드랑이 아래에서부터 팔의 내측을 따라 내려가 새끼손가락 끝에 이른다. 이 경맥에 병이 들면 주로 가슴에 통증이 있고 목이 마르며, 목구멍이 건조해지고 눈이 누런 빛깔을 띠며 옆구리가 결리고 아픔 등의 증상과 병증, 그리고 이 경맥의 순행부분에 국부적인 증상이 나타난다.

6) 수태양소장경(手太陽小腸經)

순행경로는 체내에서는 소장(小腸)에 속하고 심(心)으로 연락되며 아울러 위(胃). 안(眼). 이(耳)로 이어진다. 체표에서는 새끼손가락 끝에서부터 팔의 외측을 거쳐 견갑골. 목. 얼굴. 눈을 지나 귀에 이른다. 이 경맥에 병이 있으면 주로 귀울림이 있고 눈이 누런 빛깔을 띠며, 얼굴이 붓고 아래턱이 부어 목을 움직이지 못하게 인후병 등의 증상과 병증, 그리고 이 경맥의 순행부분에 국부적인 증상이 나타난다.

7) 족태양방광경(足太陽膀胱經)

순행경로는 체내에서는 방광(膀胱)에 속하고 신(腎)으로 연락되며 아울러 뇌(腦)로 이어진다. 체표에서는 눈으로부터 머리의 정수리를 넘어 뒤로 넘어가 목의 뒷부분, 등, 엉덩이, 다리 후면을 거쳐 새끼발가락 끝에 이른다. 이 경맥에 병이 들면 주로 학질, 치질, 코피, 소변불리 및 정신이상과 눈이 누런 빛깔을 띠고 눈물이 나며, 머리와 목이 뻣뻣해지고 허리와 등이 아프며 소변이 잦고 통증이 있는 등의 증상과 병증, 그리고 이 경맥의 순행부분에 국부적인 증상이 나타난다.

8) 족소음신경(足少陰腎經)

순행하는 경로는 체내에서는 신(腎)에 속하고 방광(膀胱)으로 연결되며 아울러 척수(脊髓), 간(肝), 횡격막(横膈膜), 후(喉), 설근(舌根), 폐(肺), 심(心), 흉강(胸腔) 등과 이어진다. 체표에서는 새끼발가락에서부터 발바닥. 내측 복사뼈. 다리의 내측. 복부를 거쳐 흉부에 이른다. 이 경맥(經脈)에 병이 있으면 주로 해혈(咳血), 천식, 두려움, 답답함, 복통, 설사, 황달, 시각불량, 인후병 및 입안에 열이 나고 혀가 마르며, 배가 고파도 식욕이 없고 여위며 얼굴이 검어지고 정신이 희미해지며, 잠자기를 좋아하고 몸에 마비 현상이 오는 등의 증상과 병증, 그리고 이 경맥(經脈)의 순행부분에 국부적인 증상이 나타난다.

9) 수궐음심포경(手厥陰心包經)

순행경로는 체내에서는 심포락(心包絡)에 속하고 삼초(三焦)로 연락되며 아울러 횡격막(横膈膜)과 이어진다. 체표에서는 흉부의 외측에서부터 겨드랑이, 팔의 내측의 중앙선을 거쳐 중간손가락 끝에 이른다. 이 경맥(經脈)에 병이 있으면 주로 불안, 답답함,정신이상 및 얼굴이 누런 빛을 띠며 눈이 충혈되는 등의 증상과 병증, 그리고 이 경맥의 순행부분에 국부적인 증상이 나타난다.

10) 수소양삼초경(手少陽三焦經)

순행경로는 체내에서는 삼초(三焦)에 속하고 심포락(心包絡)으로 연락되며 아울러 이(耳). 안(眼)과 이어진다. 체표에서는 네번째 손가락 끝에서부터 팔의 외측 중앙선을 따라 어깨. 목의 옆. 머리의 옆, 귀를 거쳐 눈에 이른다. 이 경맥(經脈)에 병이 있으면 주로 귀병, 인후병이 생기고 눈이 아프며 얼굴이 붓고 땀이 나는 등의 증상과 병증, 그리고 이 경맥(經脈)의 순행부분에 국부적인 증상이 나타난다.

11) 족소음담경(足少陰膽經)

순행경로는 체내에서는 담(膽)에 속하고 간(肝)으로 연락된다. 체표에서는 눈에서부터 머리의 옆, 귀, 뺨, 목의 옆, 어깨, 흉부와 복부의 외측, 다리의 외측을 거쳐 네번째 발가락에 이른다. 이 경맥(經脈)에 병이 있으면 주로 학질, 두통, 오한, 흉부에 통증이 있어서 몸을 돌리기가 힘들고 땀이 나며, 턱과 눈이 아프고 입이 쓰며 쇄골과 겨드랑이가 붓고 아프며, 갑상선이 부어 오르고 임파결핵에 걸리는 등의 증상과 병증, 그리고 이 경맥(經脈)의 순행부분에 국부적인 증상이 나타난다.

12) 족궐음간경(足厥陰肝經)

순행경로는 체내에서는 간(肝)에 속하고 담(膽)으로 연락되며 아울러 생식기(生殖器). 위(胃). 횡격막(橫膈膜). 인후(咽喉). 안구(眼球)와 이어진다. 체표에서는 엄지발가락에서 다리의 내측을 따라 허벅지로 오르고 외음부. 복부를 거쳐 흉부 외측에 이른다. 이 경맥(經脈)에 병이 있으면 주로 소변불통. 월경부조. 자궁출혈이 생기고 가슴이 답답하며 구역질이 나고 허리가 아프며, 입과 목이 마르고 얼굴이 검은 빛을 띠며 설사와 유뇨(遺尿)등의 증상과 병증, 그리고 이 경맥의 순행부분에 국부적인 증상이 나타난다.

13) 임맥(任脈)

기경팔맥(奇經八脈)의 하나. 하복부에서 시작하여 척추뼈 내부를 따라 위로 오른다. 동시에 회음부(會陰部)로 나가 전음(前陰)으로 올라가서 복부의 중앙선을 따라 배꼽,흉부, 목의 중앙에 이르고 아랫 입술의 중앙에 온다. 여기서 좌우로 갈라져 눈에서 그친다. 순행과정에서 각 음경(陰經)과 서로 연계되므로 임맥은 음경경맥(陰經經脈)의 총령이다. 이 경맥에 병이 있으면 주로 산증(疝症), 흉복부의 내장의 기능실조, 원기의 쇠약, 대하증등의 증상과 병증이 나타난다.

14) 독맥(督脈)

기경팔맥(奇經八脈)의 하나. 회음부(會陰部)에서 시작하여 등(背)의 척추중앙선을 따라 위로 올라 목을 지나 머리 정수리를 넘어 얼굴의 윗 잇목의 정중앙(이상은 모두 중앙선을 따라 분포됨)에 이른다. 순행과정에는 척수(脊髓). 뇌(腦) 및 각 양경(陽經)과 서로 연계 되었으니 독맥은 양경경맥(陽經經脈)의 총강이다. 이 경맥에 병이 있으면 주로 히스테리. 정신병. 소변불통. 치질. 유뇨(遺尿). 불임증. 체력감퇴 및 정신이 맑지 않고 목과 등이 뻣뻣하며, 몸이 뒤틀리고(각궁반장角弓反張) 목구멍이 마르며, 산증(疝症)이 생기는 등의 증상과 병증이 나타난다.

하이드로테라피

1. 수요법(Hydrotherapy)

물의 여러 가지 다양한 물리, 화학적 성질을 이용하여 형태와 방법을 달리해 인체에 적용하는 요법으로 최근에는 자연치유의 한 방법으로서 건강을 증진시키고 질병을 예방하며 인체의 생리적 활력을 증진시키는 등 광범위하게 적용되어지고 있다.

2. 수요법(Hydrotherapy)의 역사

수요법은 인류의 시작과 더불어 일상적인 생활에서 유용하게 사용되어져 왔다. 예를들면 더러움을 방지하기 위해 손을 씻는 행위나 갈증을 느낄때 물을 마시는 행위 그리고 몸의 누적된 피로를 풀기 위해 더운물에 몸을 담그는 행위 등을 들 수있다.

이러한 원리를 이용하여 기원전 4세기경 고대 그리스 의사 히포크라테스는 근육의 경련과 관절염에 온욕을 처방하였으며 로마시대에는 온천을 이용한 공중목욕탕이 발달해 황제를 비롯하여 일반시민에 이르기까지 물을 이용한 요법들이 널리 활용되어졌다.

16세기에 들어와서는 엄격한 관리하에 개발된 수요법이 유럽에서 유행을 하였으며 19세기초 빈센트르리스니츠는 사람과 동물을 대상으로한 실험을 통해 연구개발한 수요법들을 대중화시켰다. 그 방법들은 압주법, 습지찜질법, 마찰법, 한냉전신욕, 발한법,습포, 좌욕 등으로 현대에 와서도 이 방법들은 그 결점들을 보안하여 사용되어지고 있다.

1960년대 부터는 물의 사용이 더욱 발전하여 특정질병의 치유와 더불어 건강증진을 위한 수요법이 미국에서 본격적으로 발전하기 시작하였다. 오늘날의 수요법은 다양한 수압 및 수류, 물의 열, 부력 등을 만드는 각종 장비를 사용하여 건강을 증진시키고 질병을 예방하며, 스트레스해소, 신체의 컨디션을 조정하며 의료적 처치의 병행요법 등의 광범위한 분야에 적용되어지고 있다.

3. 수요법(Hydrotherapy)의 종류

(1) 완전침수요법

머리를 제외한 신체의 모든 부분을 물속에 잠기게 하는 요법

(2) 부분침수요법

신체의 일부를 물속에 잠기게 하는 요법

(3) 기계적 자극을 동반한 수요법

물의 기계적작용을 이용하여 신체에 자극을 주는 요법으로 다음과 같은 방법이 있다.

① 수욕조에 신체의 일부를 침수시켜 터번을 환측에 직접 적용시키는 방법
② 물기둥을 이용하여 시간, 온도, 압력, 물의 량을 조절하여 신체에 직접 분사하는 방법

(4) 팩,습포 찜질 수요법

물에 젖은 타올이나 팩을 이용하여 신체에 적용시키는 방법으로 온도에 따라 달리 적용할 수 있다.

(5) 증기수요법

증기를 신체에 적용하는 요법

(6) 물의 수화학적 적용 수요법

물을 이용하여 화학적 반자극 효과를 목적으로 포말욕, 산소욕, 이산화탄소욕과 자극제를 첨가하는 방법으로 아로마욕, 송진욕, 염수욕, 청주욕 등이 있다.

4. 수요법(Hydrotherapy)의 효과

1) 온도에 의한 효과

인체에 물을 적용할 때 나타나는 중요한 생리학적 효과는 체온의 변화다. 물의 온도가 체온보다 높을 경우 체온이 떨어지게 되는데 이는 혈관확장을 촉진시켜 열손실을 증가 시키기 때문이다. 또 물의 온도가 체온보다 낮을 경우는 신진대사 활동과 체열 생산이 증가된다. 이러한 반응은 열적, 기계적 자극에 의해서 또는 화학적 자극에 의해서도 발생하게 된다.

피부의 온도의 변화에 따라 나타나는 효과는 다음과 같다.

① 자극효과
② 안정효과
③ 강장효과
④ 이뇨효과
⑤ 발열효과
⑥ 대사작용 증진효과
⑦ 해열효과
⑧ 수면효과

2) 물의 기계적 자극에 의한 효과

물의 수압 수류의 차이를 이용한 요법으로 다음과 같은 효과를 나타낸다.

① 혈액순환촉진
② 림프구의 순환촉진
③ 신진대사증진
④ 신경계와 영양중추 자극
⑤ 노폐물 배출의 촉진
⑥ 지방콜라겐의 분해 촉진

3) 물의 생화학적 작용에 의한 효과

모든 살아있는 세포는 그 바깥쪽의 삼투막을 분자들이 관통함으로써 영양분을 공급받는다. 이러한 삼투압현상을 이용한 요법으로 해수요법을 들 수 있다. 해수의 양전하와 피부의 음전하로 인해 세포내의 이온들이 쉽게 왕래하며 미네랄교환을 촉진시킨다.

4) 정수압에 의한 효과

몸을 물속에 담그면 수면 깊이에 비례하여 몸의 표면에는 주위의 물에 의한 압력이 가해지는 것을 정수압이라한다.

정수압은 인체에 다음과 같은 효과를 미친다.

① 혈액순환촉진
② 운동신경,자율신경의 기능을 촉진
③ 림프액의 순환촉진
④ 부종해소

5) 부력작용에 의한 효과

물속에서의 물체는 위로 떠밀려 올려지는 듯한 힘을 받는데 그때의 힘이 부력이다. 부력은 물의 농도가 높을수록 더욱 증가하게 되는데 이를 이용하여 재활치료시 또는 신체의 일부가 자유롭지 못한 사람에게 적용되어 신체의 기능을 회복시켜주는 보조제 역할을 하게 된다.

5. 수요법(Hydrotherapy)이 인체에 미치는 영향

(1) 순환계에 미치는 영향

수요법 적용 시 맥박이 증가되는데 이는 심장으로부터 혈액의 유출량이 많아져 혈액순환이 원활해지기 때문이다.

고온에서는 혈관이 확장되어 혈류의 양과 혈액용량이 증가하게 되는데 이는 내장혈관을 반사적으로 수축시켜 세포간 체액이나 저장혈량이 빠져나가게 한다. 그로인해 수요법 직후에 맥박은 안정상태의 2배인 120회가 된다.

(2) 비뇨기계에 미치는 영향

신체는 고온상태에서 신혈류량이 상승하나 이어 저하되는 현상이 일어나며 신사구체여과율도 저하된다. 그러나 냉수에 적용시 체온이 낮아지며 빈뇨가 증가하며 칼슘, 마그네슘의 배설이 증가하게 된다. 이같은 현상은 세포내외의 전해질 이동으로 인해 일어나는 현상이다.

(3) 피부에 미치는 영향

물의 압주나 마찰 등으로 모세혈관 확장이 일어나고 혈류량이 증가하며 압력의 증가로 혈청단백은 그 주변의 조직에 들어가 수분축적을 초래한다. 또 말초혈관의 온도상승으로 혈관의 투과성이 높아지게 된다.

(4) 근육계에 미치는 영향

냉욕은 근육계의 수의근과 불수의근에 긴장도와 에너지 및 근육기능 능력을 증가시키고 동시에 열을 생산하고 산화를 증가시킨다.

온욕은 근육의 피로와 근육흥분을 감소시키며 근육의 이완기능과 근육 수용능력, 근육긴장도를 감소시킨다.

(5) 신경계에 미치는 영향

단시간 냉욕은 피부 신경끝의 감각을 둔화시킨다. 장시간 냉욕은 감각을 마비시키고 통증을 경감시킨다. 장시간 열욕은 장시간 냉욕보다 통증을 경감시키고 진정작용을 한다.

(6) 호흡기계에 미치는 영향

시간과 온도가 많아질수록 폐의 환기량이 증가하여 많은 산소가 인체내에 유입되어 에너지 소모량에 영향을 미친다.

림프드레나쥐

1. 림프계(Lymphatic system)

인체 순환기 계통의 구성은 혈액이 흐르는 혈관계와 림프계로 나눌 수 있다. 혈관계는 동맥, 정맥, 모세혈관으로 구성되며 림프계는 림프관, 림프절과 독립된 기관인 편도, 비장 및 가슴샘으로 구성되어 있다. 림프계는 여러 가지 항원 자극에 대해 면역반응을 나타내어 생체를 방어하는 기능을 하는데 가장 중요한 역할을 하는 것이 림프이다. 림프는 골수에서 생산되어 일부는 가슴샘으로 운반되어 T세포가 되고, 나머지는 체액성 면역반응에 관여하는 B세포가 된다.

2. 림프의 정의

사람의 몸속에 존재하는 체액의 일종으로, 조직세포 간극에 존재하는 액체를 조직액이라 하는데, 이것이 림프관에 들어가면 림프(임파)라고 한다. 원래 조직액은 혈장성분이 모세혈관을 통해 배어 나온 것이며, 조직액이 과잉한 경우 조직 간극에 분포해 있는 림프관에 들어가 조직에서 제거되는 구조로 되어 있다. 우리 인체에는 600개 이상의 림프가 존재하며, 약 160개 정도는 목부분에 모여 있다.

화학조성은 혈장과 비슷하나 단백질량은 적고, 지방성분이 많으며 혈액속에 있는 적혈구나 혈소판이 없고 대신에 림프구와 항균작용에 관여하는 단핵구가 있으며 혈장의 여과에 의해 생긴 것이어서 저분자의 것이 많다.

3. 림프의 기능

림프는 모세혈관에서 새어 나온 대부분의 단백질 분자를 혈류로 운반함과 동시에 조직액에 들어갈지도 모르는 박테리아 세포들과 바이러스 같은 다양한 외부 물질을 림프구가 많은 림프절로 운반한다. 또한 림프는 외부물질, 손상된 세포, 세포 부수러기 등을 삼켜서 파괴하는 대식구를 잡고 있다.

림프로부터 입자들은 여과시키고 특별한 병원체의 영향에 대해 면역과 저항을 제공해 주는 림프구의 활동을 도와줌으로써 그 조직을 감염으로부터 보호해 주며 배출을 통하여 조직을 정화할 뿐 아니라 생활 기능을 수행할 수 있도록 보호 및 방어를 한다.

4. 주요 림프 기관

(1) 흉선(Thymous, 가슴샘)

흉선은 심장 앞쪽, 흉골 바로 위에 위치해 있으며 사람마다 크기가 다르며 일반적으로 사춘기 전에는 비교적 크나 이후는 점차 줄어드는 경향이 있고 성인기에는 아주 작다. 골수에서 생기는 세포 전구물질들에 의해 생겨난 많은 양의 림프구가 가슴샘으로 운반되어 T세포의 성질을 획득하는 동시에 활발한 분열이 일어나고, 대다수는 불활성으로 남으며 일부는 전신의 림프조직으로 가서 면역기능을 가진 그룹으로 발육한다.

(2) 비장(Spleen)

림프기관 중 가장 크며 복부의 왼쪽 윗부분에서 위의 뒤쪽과 횡격막의 바로 아래 부위에 위치한다. 혈관이 매우 많을 뿐 아니라 부드럽고 탄력이 있으며 혈액 저장소로서 운동하는 동안이나 낮은 산소 농도나 출혈 등의 발생시에 저장된 혈액의 순환이 일어난다. 비장에는 적색수질과 백색수질의 중요한 두 조직이 있다.

적색수질은 주로 늙은 적혈구의 파괴와 관련이 있고 적혈구, 백혈구, 혈소판을 공급해 주는 공급창고이기도 하다. 백색수질은 림프조직 덩어리들로 구성되어 중심 동맥 주위에 밀집하여 존재한다.

(3) 림프절(Lymph Nodes)

림프절은 조직액과 림프액이 말단 부위로부터 흉관으로 이동해 가는 동안 그안에 있는 항원을 걸러내는 신체 그물망의 일부를 형성한다. 림프절은 림프관이 분지하는 곳에 존재하고 림프속의 유해물질을 거르고 림프구를 생산하며 식작용이 왕성한 방어 장치이다.

결합조직의 피막으로 덮여있고 B세포 구역인 바깥피질(Cortex), T세포구역인 속피질(paracortex), T세포와 B세포, 형질세포와 대식세포들을 함유하고 있는 중앙의 수질로 구성되어 있다. 주요 림프절로는 목, 겨드랑이, 서혜, 골반강, 복강, 흉강 림프절이 있다.

5. 림프구와 면역체계

(1) 면역(Immunity)

인체는 피부, 호흡기, 소화기, 비뇨생식기 등의 여러 경로를 통하여 침입하는 많은 종류의 병원성 미생물에 대한 면역반응이 필요하다. 면역은 병원체와 같은 특이한 이물질 또는 그들이 분비하는 독소에 대해 저항하는 것으로 특이 존재를 인식하고 그것을 제거하는 작용으로, 면역이 성립된 개체의 혈청 중에는 항원과 반응한 결과로 항체가 형성되어 세균에 작용하거나 독소를 중화하게 된다. 항체는 림프구에 의해 생성된 단백질로서 혈액속의 면역글로블린(immunoglobulin)을 말하며 A, D, E, G, M 등이 있다.

(2) 림프구(Lymphocyte)

림프구는 혈액과 림프속에 존재하는 백혈구의 일종으로 인체 내에 침투하는 외부 물질에 대하여 면역과 방어체제 역할을 수행하므로 인체에 매우 중요하다. 모든 림프구는 골수간세포로부터 유래되며 흉선에서 분화한 T림프구와 골수에서 분화한 B림프구로 나누어진다.

T림프구는 세포 매개성 면역에 관여하여 주로 바이러스가 감염된 세포를 직접 제거하며 B림프구는 체액성 면역에 관여하여 세균에 대한 항체를 생산하여 세균을 제거한다. 림프구는 감염에 대한 방어뿐만 아니라 다른 개체로부터 이식된 조직, 자신의 체내에서 발생한 병적인 세포, 노화세포, 대사산물 등 개체 본래의 구성성분과 다른 물질을 구별하여 이를 제거함으로써 정상을 유지하도록 끊임없이 활동하고 있는 중요한 기전을 가지고 있다.

6. 림프 드레니쥐 마사지(Lymph drainage Massage)

(1) 효과

정확한 림프드레니쥐의 시행은 보통의 림프 흐름을 10~20배 빠르게 함으로써 자율신경계를 적절히 자극하여 고객의 만족도를 증진하고 피부 노폐물과 독소를 제거하며 이완효과가 매우 크고 피부의 민감한 말초신경과 피부 부종을 진정시키는 효과가 있다. 또한 피부 속에 흐르는 림프액을 림프관으로 원활하게 돌려보내므로써 신체 면역능력을 증대시켜 피부재생을 빠르게 한다.

림프의 흐름을 저해하는 요인으로는 흡연, 음주, 스트레스, 꽉끼는 의상이나 높은 신발, 과다한 피하지방의 축적, 수술 등으로 인한 림프선 절단, 다리를 꼬고 앉는 자세 등으로, 림프 부종이나 셀룰라이트가 생기는 원인이 된다.

(2) 적용 및 기법

림프드레니쥐는 물리적 자극을 피해야 할 민감한 피부, 알러지 피부, 여드름 피부, 홍반, 수술 후의 상처 회복 및 부종과 셀룰라이트 제거 등에 적용되며 심장병, 천식, 암, 결핵, 악성질병, 중증 고혈압 환자 등은 피해야 한다.

일반 마사지는 주로 혈액이 흐르는 것을 돕지만 림프 마사지는 림프가 잘 흐르도록 하기 위한 것이기 때문에 일반 마사지보다 좀 더 특별한 동작이 필요하다. 림프 마사지의 특징은 손을 피부에 대고 원을 그리는 듯한 느낌으로 피부를 제자리에서 누르는 것이다.

동작을 한자리에서 3~5회 되풀이하는데, 압력을 너무 강하게 하거나 혹은 너무 약하게 하지 않도록 주의해야 한다. 적당한 압력은 가볍게 악수를 하면서 상대방의 손을 잡는 정도면 된다. 압력 방향은 림프 흐름에 일치하여 시행하며 압력기를 이완기보다 길게 해주며 일반적으로 피부가 붉게 되지 않게 해야하며 통증을 느끼게 해서도 안된다.

3편 메이크업

1. 메이크업의 개요와 역사
2. 메이크업의 기초이론
3. 메이크업의 실제
4. 분장의 기초이론
5. 매체별 분장의 실제

Chapter 1. 메이크업의 개요와 역사

메이크업의 개요와 역사

1. 메이크업의 정의

메이크업(Make-up)의 사전적인 의미는 '보완하다', '완성시킨다' 라는 뜻으로 결점을 커버하고 장점을 더욱 더 아름답게 보이도록 꾸미고 매만지는 행위를 뜻한다. 우리말로는 화장(化粧)을 의미하며, 토일렛(Toilet), 드레싱(Dressing), 마뀌아쥬(Maquillage) 등으로도 불리워진다. 프랑스어인 마뀌아쥬(Maquillage)는 원래 분장을 뜻하는 연극용어이며, 토일렛(Toilet)은 뜨왈렛트(Toilette)가 1510년경 영국에 전해지면서 변한 말로서, 화장을 포함한 치장 전반을 가리킨다.

메이크업(Make-up)이란 용어가 최초로 사용된 것은 16세기 세익스피어의 희곡 중 페인팅(Painting)이라는 용어의 등장으로부터 시작되었고, 그 후 17세기 초 영국의 시인 리처드 크러쉬(Richard Crashou)가 여성의 매력을 높여주는 행위로서 최초로 메이크업이란 단어를 사용하였다. 현대에 이르러서 메이크업의 의미는 단순히 얼굴 위주의 화장개념에서 벗어나 자신의 개성을 표현하는 수단으로써 사용되고 있으며, 그 표현 방법 또한 다양해졌고 새로움을 재창조해내는 전문분야로서 자리 매김을 하고있다.

2. 메이크업의 역사

1) 한국화장사

(1) 고대의 화장(부족국가 시대)

단군 신화에 의하면 곰과 호랑이에게 백일동안 햇빛을 보지 못하도록 하고 쑥과 마늘만 먹으며 굴속에서 칩거하도록 했는데 이것은 정신을 맑게 수양하고 백색피부로 가꾸기 위해 행하였던 것으로 추측된다. 그만큼 우리민족은 백색피부를 선호하였으며, 쑥과 마늘의 효능을 통해서도 잘 알 수 있다.

쑥은 옛부터 피부를 위한 민간요법으로 쓰였던 식물인데, 목욕할 때 달여서 사용하였던 것으로 미백효과와 잡티제거, 피부병의 예방효과가 있다. 마늘은 찧어서 꿀과 혼합하여 얼굴에 골고루 펴 바른 후 씻어내어 사용하였던 것으로 혈액순환을 돕고 미백효과를 주며 또한 벌레에 물린 곳에 문질러 바르면 살균효과를 내고 기미, 주근깨 등을 제거하는데 사용되기도 하였다.

부족국가시대의 읍루(揖婁)와 말갈(靺鞨)인들은 피부관리를 중요시했다. 읍루(揖婁)인들은 가공된 돼지기름을 피부의 노출 부위에 발라 추위를 이겨내었는데 후한서의 기록에 의하면 이는 피부를 부드럽게 하며 동상을 예방하는데 썼다고 한다. 이러한 후한서의 기록은 이미 고대부터 피부보호 수단이 강구되고 있었음을 말해주는 것이라 하겠다. 뿐만 아니라 말갈인들은 피부를 희게 가꾸기 위하여 미백효과가 큰 오줌으로 세수를 하였다는 기록이 있어 고대인들이 자연 환경을 이용할 줄 아는 지혜가 있었음을 알 수 있다.

(2) 삼국시대의 화장

삼국시대에는 중국과의 교역이 활발한 시기였는데 그 중에서도 고구려는 중국과 가장 가까이 위치하고 있었으므로 화장문화 또한 중국의 영향을 많이 받았다. 수산리 고분벽화에 나타난 고구려의 귀부인 상을 보면 볼과 입술이 연지로 단장되어 있고, 평상시와 나들이 및 의례의 치레가 달랐으며 또한 계급과 신분에 따라 꾸밈을 달리했음을 알 수 있다.

▲ 수산리고분의 귀부인도

백제는 고구려나 신라에 비해 화장품이나 화장술에 대해서 구체적인 내용을 밝힌 기록이 거의 없다. 중국문헌을 통해서 짐작할 수 있는데 백제인들은 분은 바르되 연지를 바르지 않았다고 기록되어 있으며, 고구려에 비해 백제인들은 엷고 은은한 화장을 즐겼다고 전해지고 있다.

신라시대는 영육일치사상(靈肉一致思想)으로 인하여 몸을 청결히하고 아름답게 꾸미는 풍조가 성행하였다. 남자들은 목걸이, 귀걸이 같은 장신구로 치장을 하였고 화장까지 하였다. 이러한 현상으로 인해 화장술과 화장품이 발전하게 되었다. 또한 신라인들은 미묵이라는 화장품을 제조하여 눈썹을 그렸다. 남자들은 진한 팔자 눈썹 모양을 그렸으며 여자들은 눈썹이 많은 경우에는 족집게로 뽑거나 가다듬은 다음 화황을 발라 부드러우면서도 엷은 색을 표현하였다.

◀ 쌍영총의 귀부인도

(3) 통일신라시대의 화장

통일신라시대에는 중국과의 교역이 활발하였는데, 중국 여인들의 짙고 화려한 화장의 영향을 받아 통일 이전의 엷은 화장에 비해 다소 화려해졌다.

백분에 붉은 색을 염색한 색분을 사용하였으며 7세기에는 연분을 만들어 세계화장사에 기록을 남겼다.

귀부녀복▶

(4) 고려시대의 화장

고려의 화장문화는 신라의 화장 풍습이 전승되어 발전되었으며 탐미주의 색채가 더욱 짙어졌다. 고려 여인들은 분을 많이 사용하였는데 분은 곡식의 분말과 분꽃, 백토 등 자연 재료의 대중적인 백분과 납 성분의 납분을 사용하였다. 눈썹화장은 곡선형의 가늘고 선명하게 강조된 요염한 스타일으로 주로 기생들에 의해 행해졌다. 기생들은 교방에서 가르친 방법대로만 화장하도록 하였으며 이를 분대(粉黛)화장법이라 하여 여염집 화장과는 구분을 두었다. 분대화장은 얼굴이 창백해 보일 만큼 하얗게 바르고 눈썹을 가늘게 가다듬어 또렷하게 그렸으며 머릿기름을 반질거릴 정도로 많이 바르는 특징이 있었다.

▲ 신윤복의 미인도

(5) 조선시대의 화장

조선시대에는 유교적인 도덕관념과 남성위주의 사회 풍조로 인하여 궁녀와 기생들을 제외하고는 화장을 거의 하지 않았으며 고려시대에 비하여 소박한 화장을 한 것이 특징이라 하겠다.

화장은 기녀들만 이용하는 것이라는 관념이 강하여 여염집 여인들은 검소함과 청결함이 강조되었고 피부손질 위주로 하는 엷은 색조의 은은하고 수수한 담장(淡粧)을 즐겼다. 반면 화려한 분대화장은 기생을 중심으로 행하여졌으며 양반여인들의 화장과는 구분되었다.

(6) 현대의 화장(개화기 이후)

조선시대 이후, 개화의 물결로 인해 화장품이 수입되기 시작하였고 이같은 외제 화장품의 수입은 화장품 제조를 촉진시키는 기폭제 역할을 했다.

화장은 이제 더 이상 신분이나 특수한 계층의 전유물에서 벗어나, 화장품의 대량생산에 힘입어 대중들에게 널리 보편화되었다.

현대의 화장은 대중매체의 발달로 인해 더욱 더 발전되었으며 오늘날에는 개개인의 개성 표현의 수단으로서 동·서양의 구분이 점차 없어져가고 있다.

2) 서양화장사

(1) 고대의 화장

▲ 고대의 화장

이집트 화장술의 목적은 외부의 곤충이나 질병으로부터 신체를 보호하고 종교적인 의식에서 발달된 화장술이라고 할 수 있다. 이집트 여인들은 눈의 보호를 위해 푸른 공작석에서 얻은 안료를 눈 화장에 사용하였으며 이는 곤충으로부터 접근을 방지하는 역할을 하기도 했다.

또한 색조화장으로 고운 가루의 붉은 진흙을 입술과 볼에 사용하였다. 식물성 염료인 헤나로 손바닥이나 발바닥에 연한 장미빛으로 물을 들이기도 하였다. 이집트인들은 성별과 계층별로 화장을 구분하였고 여자들은 희게, 남자들은 갈색피부로 가꾸었으며 평민들의 몸단장은 제한되었다.

이집트의 화장술은 마지막 여왕 크레오파트라에 의해 절정을 이루었다. 이는 다양한 화장품 제조를 가능하게 하였고, 이 시기에 개발되었던 화장품 원료의 많은 부분이 현대에 이르러서도 연구되어 쓰여지고 있다.

그리스시대에는 이집트인들의 화려한 색조화장에 비해 전체의 균형미와 조화미를 중시하였으며 과학적인 원리에 기초를 두었다. 얼굴은 백납으로 하얗게 바르고 볼과 입술에는 단사를 발랐으며 종교의식을 위해 목욕을 즐겨 했다. 로마시대는 자유로운 토론문화와 목욕문화로 인해 공중목욕탕이 번성하였고, 남자들도 목욕과 마사지, 향유 등을 즐겼다. 여성들은 하얀 피부를 선망하여 백분을 하얗게 발라 연약한 모습을 연출하였다. 그리고 진한 눈화장을 하였는데 식물이나 꽃, 황토로 만든 흙가루를 기름에 섞어 사용하였다.

(2) 중세의 화장

중세에는 기독교 금욕주의의 영향으로 여성들의 화장에 대한 태도에 큰 영향을 끼쳤고 화장을 경시하는 풍조가 강하였다. 화장은 저속한 것으로 여겨졌으며 음탕함과 매춘을 상징하였다. 때문에 화장은 행실이 나쁜 여인이나 예능인들만으로 극히 제한됐다.

◀ 그리스의 화장

(3) 근세의 화장

르네상스 시대를 맞이하여 그 동안 제한되었던 화장문화가 이탈리아 여성을 중심으로 점차 발전하기 시작하여 화장을 안한 상태로 외출하는 것이 이상하게 여겨질 정도로 화장은 사교를 위한 필수조건이 되었다.

프랑스의 루이 15세의 정부였던 퐁파두르(Pompadour)는 화려한 화장법으로 유명하였다. 머리 위에 중국에서 수입한 쌀가루 분을 뿌렸던 것이 유행이되어 온 집안에 쌀가루가 날리는 것을 방지하기 위해 독립된 방을 만들어서 파우더 룸이라 불렀는데, 이때부터 파우더 룸은 '화장하는 방'을 뜻하게 되었다.

17세기에는 주근깨와 여드름을 감추기 위해 달, 초승달 모양을 한 애교점이 인기를 끌었는데 이를 팻치(Patch)라 하였다. 애교점은 그 위치에 따라 눈 주위에는 '뇌쇄적'을 의미하였고, 입술주위에는 '장난기 있음', 볼 위는 '절(인사)' 등의 의미로 표현되었다.

이사벨라 크라라 유제니아 왕비 ▶
(Infanta Isabella Clara Eugenia)

바로크 시대의 화장 ▶
'티치아노의 화장하는 여인의 초상'

◀ 로코코 시대의 화장
애귀랑데 부인(The Marquise Aiguirandes)

(4) 현대의 화장

20세기에 들어와 화장은 화장품 산업의 발달에 힘입어 많은 사람들에게 보편적으로 행해지게 되었다. 영화를 비롯한 대중매체의 등장으로 인해 대중 스타들이 패션과 메이크업 경향을 주도하였으며, 일반인들에 의해 모방되어져 왔다. 20세기 후반에는 포스트모더니즘의 영향으로 표현의 무제한성과 다원성이 대두되었으며, 이러한 경향은 다양한 스타일로 표현되고 있다.

현대의 화장은 다양한 스타일이 동시다발적으로 등장하면서 유행의 주기는 더욱더 가속화되는 추세이며 개인의 자유로운 미의식의 표출이라는 독자적인 개성화, 다양화를 추구하고 있다.

1910년대 테다바라 ▶

▲ 1940년대 에바가드

▲ 1950년대 마릴린 먼로

▲ 1960년대 트위기

▲ 1970년대의 펑크 스타일

◀ 1980년대 마돈나

1980년대 브룩실즈 ▶

Chapter 2. 메이크업의 기초이론

메이크업의 기초이론

1. 메이크업의 구성요소

1) 색상

색은 메이크업 디자인에 있어서 가장 자극적인 요소이다. 또한 시각적으로 가장 먼저 인식 되어지며 색에 대한 감정이 오래도록 지속되는 복잡하고 창조적인 기능을 가지고 있다.

메이크업을 실행함에 있어 색에 대한 선택은 매우 중요하다. 따라서 색이 가지고 있는 감정을 이용하기 위해서는 색에 대한 폭넓은 이해가 필요하다.

팽창색이나 수축색, 진출색이나 후퇴색 그리고 원근(음영)색 등의 색채심리를 잘 파악하여 화장에 응용하면, 표현하고자 하는 이미지를 효과적으로 연출할 수 있다. 화장한 얼굴에는 이미지가 있고 메시지가 들어있다.

메시지가 없는 화장은 결국 그 사람의 개성을 아름답게 빛나게 할 수 없다. 그러한 의미에서 색채는 메이크업과 불가결한 관계라고 할 수 있다.

(1) 메이크업과 색채의 심리효과

연령에 따라 선호하는 색상과 선택의 범위가 다르다. 어린이들은 엷고 자극이 적은 파스텔 색조가 바람직하며, 10대는 젊고 발랄한 느낌의 색이 잘 어울리므로 고명도· 고채도의 색이 이용된다. 20~30대는 성숙하며 아름다운 느낌의 색으로 세련미를 주는 가라앉은 색을 선호한다. 그러나 때로는 순색에 가까운 화려한 색을 사용하기도 한다.

나이든 사람들은 선명한 색을 피하는 경향이 많아 점잖은 느낌을 주는 색채들을 선택한다. 대체로 난색은 행복하고 자유롭고 발랄하게 보이며, 한색은 온화하고 경험이 풍부하며 성숙하게 보인다.

명색조는 순수하며 젊고 천진난만하게 보이며, 암색조는 나이가 들고 부드러우며 원숙하게 보인다. 선명한 채도는 젊고 발랄하게 보이며 탁한 채도와 무채색은 성숙하고 세련되며 차분한 느낌을 준다.

① 따뜻함과 차가움

온도감이 미치는 효과는 색에 있어서 가장 기본적인 요소라 할 수 있다. 일반적으로 적색계열의 색은 따뜻하고 청색계열의 색은 차갑게 느껴진다. 따뜻해 보이는 색을 난색이라 하는데 적극적이고 활동감이 있어 보인다.

반대로 차가워 보이는 색을 한색이라 하며 진정적인 효과가 있다. 색채의 온도감은 사람의 성격과도 관련이 있는데, 난색계통을 좋아하는 사람은 외향적이며 새로운 것을 쉽게 받아들이고 적응력이 강한 반면, 한색계통을 좋아하는 사람은 자기 표현에 소극적인 경향이 많다.

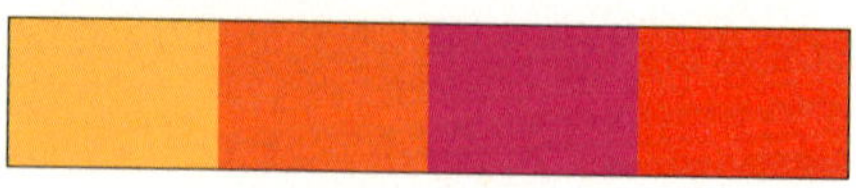

따뜻한 느낌의 색

차가운 느낌의 색

② 진출색과 후퇴색

색은 앞으로 튀어나와 보이는 색과 뒤로 물러나 들어가 보이는 색이 있는데 이를 진출색과 후퇴색이라 한다. 난색계는 진출되어 보이고, 한색계는 후퇴되어 보인다. 또한 명도가 높은 색은 튀어나와 보이는 성질이 있으며 어두운 명도의 색은 후퇴되어 보인다. 색의 이러한 운동감을 이용하여 메이크업에 응용하면 얼굴의 입체감과 거리감을 잘 살릴 수 있다. 예를 들면 코가 낮은 경우, 콧 등에 밝은 색의 파운데이션을 사용하면 낮은 코를 커버할 수 있으며 튀어나와 보이는 눈에는 어두운 색상의 아이섀도우를 사용하여 들어가 보이는 효과를 줄 수 있다.

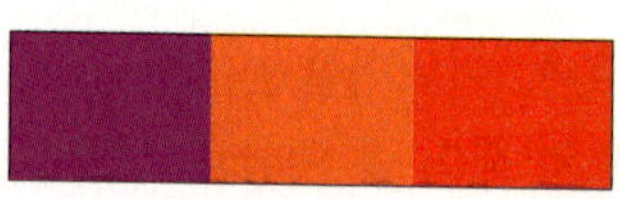

진출색

후퇴색

③ 단단함과 부드러움

색에는 경도가 있다. 시각적 경험에 의해 딱딱하게 느껴지는 색과 부드럽게 느껴지는 색이 있다. 이를 색의 경연감이라 하는데 경연감은 명도와 채도의 영향을 많이 받는다. 난색계열의 낮은 채도에 높은 명도의 색은 부드러운 느낌을 주고 한색계열의 높은 채도의 색은 딱딱한 느낌을 준다. 일반적으로 흰색이 많이 섞인 색은 부드러운 느낌이 난다.

단단한 느낌의 색

부드러운 느낌의 색

④ 가벼움과 무거움

명도가 높은 색은 가벼운 느낌을, 명도가 낮은 색은 무거운 느낌을 준다. 색의 중량감은 안락감과도 관계가 있으며 가벼운 색이 훨씬 편안하고 부드러운 느낌을 준다. 대체로 가벼운 색이 위에 놓이고 무거운 색이 아래에 있는 것이 안정감이 있으며 반대로 배열하면 불안정해 보이나 동적이고 강한 느낌이다.

색의 가벼움

색의 무거움

⑤ 화려함과 소박함

고채도의 색이 저채도의 색보다 화려해 보인다. 순색의 이미지는 명쾌하고 자기 주장이 강한 색이다. 혼색은 색 수가 증가하면 증가할수록 소박해 보이며 차분한 느낌이 드는 반면 화려한 색은 동적이며 강한 이미지를 강조할 수 있다.

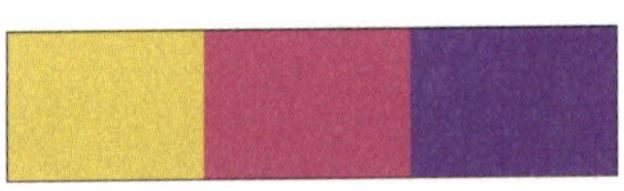

화려함

소박함

■ 농담 · 계열 · 대비에 따른 이미지

농담		계열		대비	
짙음	연함	난색	한색	유사색	보색
강한느낌 개성적 젊음 힘있는	부드러움 고요한 내성적인 성숙한	여성적 따뜻함 부드러움 젊음	남성적 차가움 냉정한 지적인	부드러움 무난함 대중적 여성스러움	강한 대담함 활동적인 화려함

2) 선

메이크업은 선이라고 하는 연속적인 표시에서 시작이 된다고 할 수 있다. 선을 그어서 공간을 만들면 그것이 형이 되는데 이러한 선과 형은 모든 메이크업의 기초가 되며 선은 그 방향이나 형태에 의해 다양한 변화를 만들어 낼 수 있다.

(1) 선의 형태

선은 일반적으로 직선과 곡선의 두 가지 형태가 있다. 직선은 곧고 강한 느낌을 주며 곡선은 부드러움과 여성스러움을 표현할 수 있다.

(2) 선의 방향

선에는 수평, 수직, 사선(상향선, 하향선) 등 세 가지 방향이 있다.

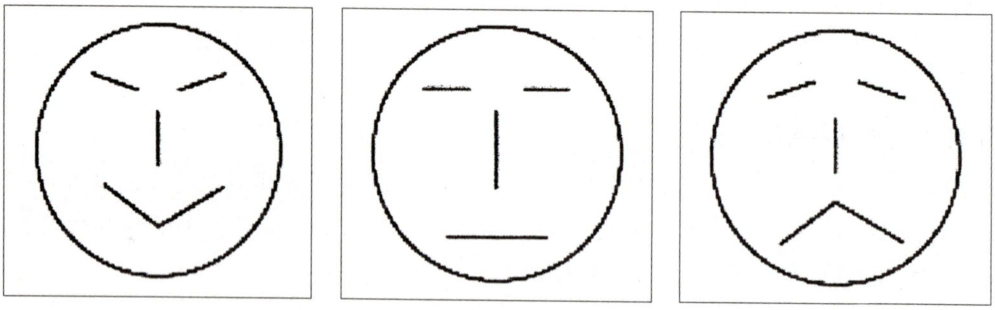

▲ 상향선, 수평선, 하향선

■ 선의 형태와 방향

형태		이미지
수직선		위아래로 향한 선 공격적인, 강인한, 명확한, 남성적인
수평선		가로지르는 선 온화한, 여성적인, 무난함, 부드러움, 평범함
사선	상향선	명랑, 쾌활, 개성, 젊어보임 차갑고 강해 보이는 단점
	하향선	유머러스함, 온화, 착해보임 바보스럽고 우울해 보임, 지쳐보이는 단점

3) 질감

질감은 표면에서 반사되는 빛의 정도에 따라 결정되는 광택의 차이에 의해 표현된다.

메이크업에서 질감이란 무광택 아이섀도우나 파우더에서 얻을 수 있는 건조함이라든지 오일을 이용한 윤기있는 입술표현, 펄에 의한 반짝이는 피부 등을 말한다. 현대의 메이크업은 컬러와 테크닉 뿐만 아니라 다양한 재료에 의한 질감의 섬세한 표현에 점점 관심을 기울이고 있는 추세이다.

(1) 표준질감(Standard Texture)

가장 무난한 타입의 질감이며 광택의 변화가 적다.

(2) 건조한 질감(Mat Texture)

광택이 없는 상태에서 빛을 흡수하며 소프트 매트(Sofe Mat)와 하드 매트(Hard Mat)로나눌 수 있다. 소프트 매트는 가볍고 부드러운 인상을 연출할 수 있으며 다소 평면적으로 보이는 반면 하드 매트는 무겁고 볼륨감 있는 질감을 표현할 수 있다.

이 질감은 피부가 건조해지는 단점이 있으나 색을 강하게 표현할 수 있으며 지속력이 우수하다.

(3) 윤기, 광택있는 질감(Gloss)

번들거리고 표면이 매끈해 보이며 빛이나 조명의 각도에 의해 다양하게 표현되어 진다. 윤기를 표현하기 위해서는 오일을 많이 함유하고 있는 제품을 사용하여야 하며 이러한 제품은 메이크업의 지속력을 떨어지게 하는 단점이 있다.

(4) 펄 질감(Iridescent)

펄파우더나 펄을 함유한 화운데이션,샤도우 등의 제품을 이용하여 피부에 광택을 주어 화려하고 개성있는 메이크업을 표현할 수 있다.

▲ 표준질감(Standard)

▲ 건조한 질감(Mat)

▲ 광택있는 질감(Gloss)

▲ 펄 질감(Iridescent)

2. 메이크업과 조명

메이크업은 빛이나 조명에 의해 색이나 형태를 표현할 수 있으며 조명을 고려하여 메이크업의 색상이나 표현을 달리 하여야 한다. 조명은 인공조명과 자연조명으로 나뉜다.

1) 자연조명

자연광선은 본래의 색상을 충분히 나타내 주며 사실 그대로 노출되기 때문에 정교하고 자연스러운 메이크업이 필요하다. 그러나 계절에 따라 비치는 태양광선의 강도 차이에 의해 색상이 다르게 표현되므로 주의하여야 한다.

2) 인공조명

인공조명은 색상을 다양하게 변화시킨다. 인공조명 아래서의 실내화장, 혹은 태양광선이 없는 야간에는 30%정도 색이 조명에 흡수되므로 그만큼 메이크업을 강하게 표현하여야 한다. 그러므로 메이크업을 효과적으로 연출하기 위해서는 인공조명이 메이크업에 미치는 영향을 사전에 이해하고 고려하여 메이크업을 실시하여야 한다.

(1) 백열등

차가운 톤을 경감시키고 따뜻한 톤을 더욱 강하게 만든다. 붉은색, 갈색, 베이지색, 핑크색 등은 백열등 아래서 실제의 색보다 진하게 나타난다.

(2) 형광등

파운데이션 사용 시 황색계열이나 베이지색은 진하게 표현되므로 가능한 피해야 한다. 또한 푸른색은 보랏빛으로 변해 보이므로 반드시 주의가 필요하며 핑크색은 다양하게 변화되어 나타난다. 회색 아이섀도우는 진하게 나타나는 반면 다른 색은 형광등 아래서는 연하게 나타나므로 이를 사전에 체크한 후 메이크업을 실시하여야 한다.

3. 이상적인 Face Proportion

얼굴에서 각 부분이 차지하는 이상적인 비율을 그림으로 표현해 놓은 것을 얼굴의 균형도(Face Proportion)라 한다.

▶ 얼굴의 길이(가로 분할 3등분)
전체적으로 3등분하여, 이마에서 눈썹까지, 눈썹에서 콧망울까지, 콧망울에서 턱선 까지의 간격이 같아야 한다.
▶ 얼굴의 길이(세로 분할 5등분)
귀에서 눈꼬리의 간격, 눈꼬리에서 눈머리, 눈과 눈 사이의 간격 등 전체적으로 5등분 하였을 때 간격이 동일하여야 한다.

▶ 눈썹의 위치
이마에서 1/3이 되는 지점이다.

▶ 눈썹머리
콧망울에서 일직선으로 연결되는 지점이다.

▶ 눈썹 꼬리
콧망울에서 눈꼬리를 지나 45도가 되는 지점이다.

▶ 입술
가로 길이는 눈동자의 안쪽을 지나는 수직선보다 크지 않으며 대략 눈길이의 1.5배 정도이며, 윗입술과 아랫입술의 이상적인 비율은 1:1.5이다.
▶ 턱
형태에 따라 표준형의 턱은 이마를 수직으로 연장한 선상에 위치하며 이상적인 턱의 크기는 눈 사이의 간격과 동일하다.

▲ 이상적인 Face Proportion

4. 메이크업 제품과 기초이론

1) 베이스 메이크업(Base Make-up)

베이스 메이크업은 일반적으로 바탕화장을 뜻한다. 전체 메이크업의 80%를 차지할 정도로 중요하며 메이크업 베이스, 파운데이션, 페이스 파우더가 이에 속한다.

(1) 메이크업 베이스(Make-up Base)

① 메이크업 베이스(Make-up Base)의 목적

- ▶ 피부색을 조절하여 피부의 결점을 보완시킨다.
- ▶ 파운데이션의 퍼짐력과 밀착력을 높여준다.
- ▶ 피부에 인공막을 형성하여 수분 증발을 방지함으로서 파운데이션이 피부에 주는 손상을 막아 준다.

② 제품의 종류

- ▶ 리퀴드 타입(Liquid Type)
  수분을 많이 함유하고 있는 제품으로 중성이나 지성피부에 적합하다.
- ▶ 크림타입(Cream Type)
  리퀴드 타입보다 커버력이 강해서 기미나 주근깨 등 잡티가 많은 모델에게 적당하다.

(2) 파운데이션(Foundation)

파운데이션(Foundation)이란 사전적 의미로는 '기초', '속옷'이란 뜻으로서 얼굴 위에 하나의 속옷을 입히는 작업이다. 아무리 색조화장이 훌륭하여도 피부표현이 깨끗하지 못하면 좋은 효과를 볼 수 없다. 파운데이션을 선택할 때는 사용감이 좋은 제품을 선택하고 피부에 부담감을 주지 않아야 한다.

① 사용목적

- ▶ 피부색을 일정하게 하여 피부의 색을 조절하고 결점을 커버한다.
- ▶ 외부의 자극으로부터 피부를 보호한다.
- ▶ 파운데이션 색상을 이용하여 얼굴의 윤곽을 수정하고 입체감을 부여한다.

② 파운데이션의 종류

▶ 리퀴드 파운데이션(Liquid Foundation)
수분 함유량이 많아 촉촉하며 투명감이 있어 자연스러운 화장을 할 수 있다. 그러나 커버력과 지속력이 떨어진다.

▶ 크림 파운데이션(Cream Foundation)
수분보다는 유분 함유량이 많으며 리퀴드 파운데이션보다는 커버력이 우수하다. 사용감이 부드러워 건성피부에 적당하다.

▶ 스틱 파운데이션(Stick Foundation)
유·수분을 혼합시켜 고체화시킨 것으로 커버력이 우수하다. 기미나 잡티 커버에 좋으며 다른 제품에 비해 두터운 느낌을 주는 것이 단점이다.

▶ 팬 케익(Pan Cake)
물 또는 유연 화장수와 같이 사용한다. 방수성과 내수성이 우수하며 지속력이 뛰어나 장시간 흐트러짐이 없는 제품으로 장시간 조명을 받는 패션쇼 메이크업에 적당하다. 또한 여름철에 주로 사용하며 피지분비가 많은 지성피부에 좋으나 색의 혼합이 쉽지 않은 단점이 있다.

▶ 케익 파운데이션(Cake Foundation)
매트 한 타입의 파운데이션으로 커버력이 좋고 화장을 오래 유지시켜 주며 사용법이 간편하다. 그러나 쉽게 건조해지며 장시간 사용 시 잔주름이 생길 수 있다. 속도를 요하는 화장이 가능하며 휴대가 간편해서 직장 여성들이 선호하는 제품이다.

▶ 컨실러(Concealer)
피부의 음영이나 주근깨, 점 등의 잡티를 커버해 주는 전문 커버용 파운데이션이며 커버력이 우수하다. 펜슬타입, 크림타입, 스틱타입이 있다.

■ 파운데이션 색의 선택법

명칭	파운데이션 색상 선택법
베이스컬러(Base Color)	모델의 피부색과 유사한 색
● 섀도우컬러(Shadow Color)	베이스컬러보다 1~3단계 어두운 색
● 하이라이트컬러(Highlight Color)	베이스컬러보다 1~3단계 밝은 색

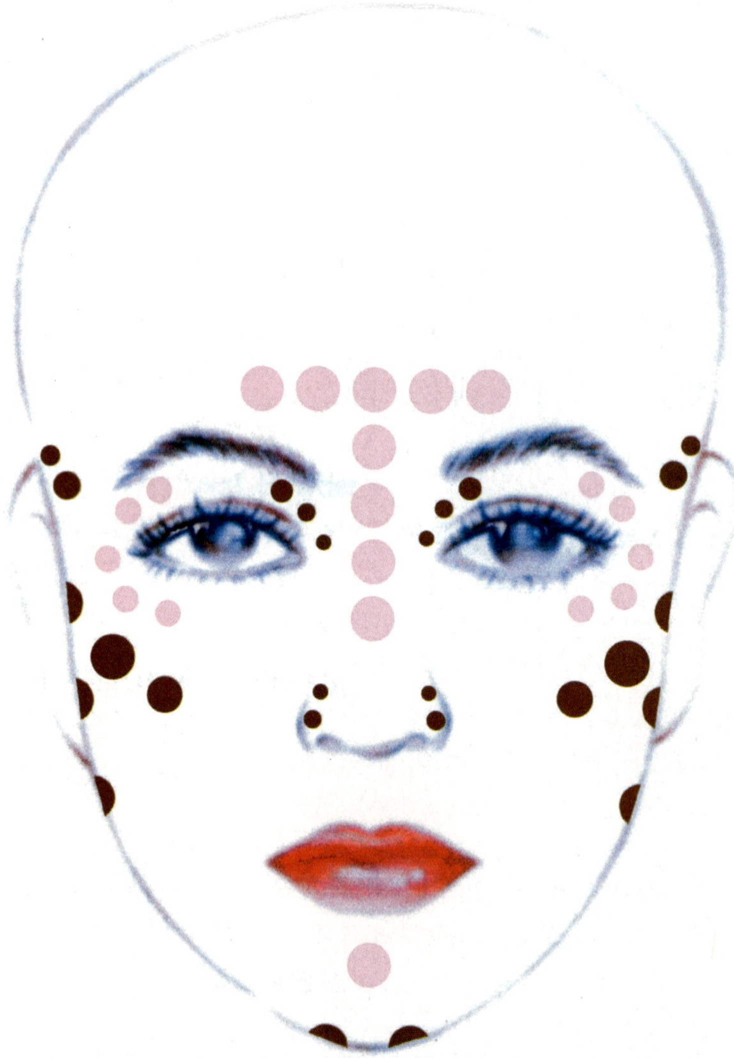

▲ 파운데이션 색상 선택법

(3) 파우더(Powder)

파우더는 파운데이션을 밀착시키고 지속시키는 역할을 하며 외부로부터 피부를 보호하여 아름다운 피부색으로 표현해 준다.

① **파우더의 종류**

▶ 루스파우더(Loose Powder)

가루분 자체를 루스 파우더라 하며 색상이 다양하다. 루스 파우더는 입자가 고와서 얇게 발라지는 장점이 있는 반면, 가루분이 날릴 수 있음으로 휴대하기가 불편한 단점이 있다.

- 투명파우더 : 파운데이션의 색조를 변화시키지 않고 그대로 표현하고자 할 때 사용하며 피부색을 깨끗하게 마무리 해준다.
- 컬러파우더 : 피부에 맞는 컬러 파우더를 선택하여 피부에 필요한 색을 보다 완벽하게 조절해주며 다양한 이미지를 연출 할 수 있다.

▶ 프레스트 파우더(Pressed Powder)

파우더를 고형화하여 용기에 담아 압축한 상태의 파우더를 뜻한다. 루스 파우더에 비해 색상 표현력과 커버력이 뛰어나며 휴대가 간편하다.

2) 아이 메이크업(Eye Make-up)

(1) 아이 브로우(Eye Brow)

눈썹은 얼굴 전체의 인상을 좌우하며 이미지를 표현하는 아주 중요한 부분이다. 눈썹은 그 형태나 각도, 굵기의 정도에 따라 자유롭게 이미지를 변화시킬 수 있으며, 무엇보다도 자연눈썹을 최대한 이용하여 얼굴형에 어울리는 눈썹형을 선택하여야 한다.

① **제품의 종류**

▶ 펜슬 타입(Pencil Type)

눈썹을 한올 한올 심듯이 그릴 수 있으나 깍아서 사용하는 번거로움이 있다.

▶ 섀도우 타입(Shadow Type)

자연스럽게 눈썹을 그릴 수 있으며 색상을 섞어서 만들 수 있다.

▶ 케익 타입(Cake Type)

지속성이 우수하며 선명한 눈썹을 그릴 때 좋다.

② 아이브로우의 이상적인 Proportion

▶ 눈썹머리 : 콧망울에서 이마 으로 일직선상에 위치한 지점

▶ 눈썹산 : 눈썹 전체길이를 3등분 했을 때, 2/3 지점에 위치한 지점

▶ 눈썹꼬리 : 코끝에서 눈꼬리를 지나는 사선으로 연결하여 만나는 지점

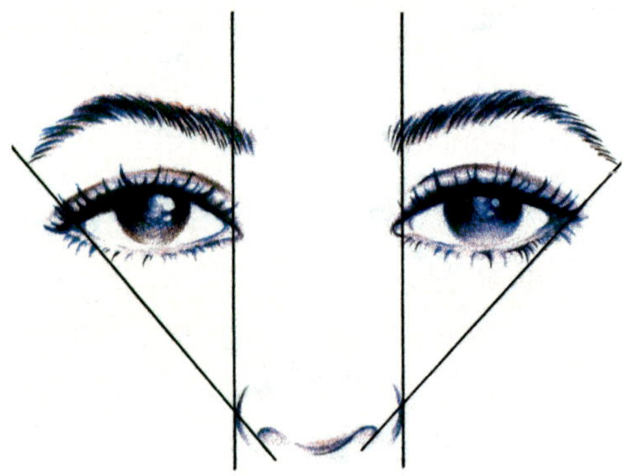

■ 아이브로우의 형태에 따른 이미지

눈썹의 형태		이미지
눈썹의 굵기	굵은 눈썹	건강한 인상, 젊음을 표현할 수 있다.
	가는 눈썹	부드럽고 여성적이나 나이 들어 보일 수 있다.
눈썹의 색상	흑색	긴장, 고전적, 강한 이미지이다.
	회색	가장 무난하고 대중적이다.
	갈색	지적이고 성숙한 이미지를 표현할 수 있다.
눈썹의 길이	짧은 눈썹	귀여워 보이며 동적인 인상을 연출할 수 있다.
	긴 눈썹	여성스러워보이나 나이가 들어보일 수 있다.

(2) 아이새도우(Eye-shadow)

아이새도우는 눈에 음영을 주어 깊이감과 입체감을 표현하며 눈매를 수정하고 보완하는 역할을 한다. 또한 색이 가지고 있는 감정을 이용하여 다양한 이미지를 연출 할 수 있다. 아이새도우의 색상을 선택할 때는 계절, 이미지, 의상색이나 립 메이크업, 볼터치 색상과의 조화를 고려해야 한다.

① 제품의 종류

▶ 케익 타입(Cake Type)
가장 일반적인 제품으로 색상이 다양하며 그라데이션이 용이하나 지속력이 떨어지는 단점이 있다.

▶ 크림 타입(Cream Type)
발색효과가 뛰어나며 색상이 선명하다. 크림타입의 섀도우를 사용한 후에는 같은 색의 케익섀도우나 파우더로 고정을 해주면 지속력을 높일 수 있다.

▶ 펜슬 타입(Pencil Type)
간편하게 화장할 수 있으며 포인트 메이크업이나 선적인 느낌을 표현할 때 효과적이다. 그라데이션이나 부드러운 색상표현은 힘들다.

② 아이새도우의 명칭

▶ ㉠ 베이스 컬러(Base Color)
눈화장의 이미지를 좌우하는 컬러로서 눈두덩이나 아이홀에 펴바른다.

▶ ㉡ 엑센트 컬러(Accent Color)
눈매를 강조하기 위해 바르는 컬러로 주로 진하고 선명한 색상을 사용한다.

▶ ㉢ 하이라이트 컬러(Highlight Color)
돌출되어 보이고자 하는 부위에 바르는 컬러로 밝은 색이나 펄 컬러를 많이 사용한다.

▶ ㉣ 새도우 컬러(Shadow Color)
눈에 음영을 주기 위해서 사용하는 컬러로 들어가 보이고자 하는 부위에 바른다.

▶ ㉤ 언더 컬러(Under Color)
아래 눈꺼풀에 바르는 컬러로 선적인 느낌으로 깨끗이 발라준다.

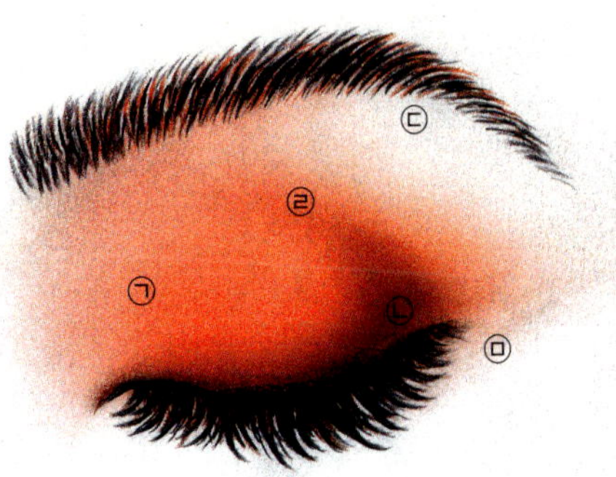

▲ 아이새도우의 명칭

(3) 아이라이너(Eye liner)

눈매를 선명하고 뚜렷해 보이도록 하며 속눈썹이 나는 곳을 따라 섬세하게 그려주어야 한다. 아이라이너는 눈 모양에 맞게 선의 폭이나 굵기를 조절하여 눈매를 수정할 수 있으며 얼굴의 이미지를 변화시켜 주는 역할을 한다.

① **제품의 종류**

▶ 펜슬 타입(Pencil Type)
사용이 간편하고 그린 후에 그라데이션이 가능하여 눈매를 자연스럽게 표현할 수 있다.

▶ 리퀴드 타입(Liquid Type)
색상이 선명하며 붓으로 그리기 때문에 가늘고 섬세하게 그릴 수 있으나 광택으로 인하여 다소 인위적으로 보일 수 있다.

▶ 케익 타입(Cake Type)
물이나 스킨에 섞어서 사용하는 타입으로 물의 양에 따라 색감 조절이 가능하다.

(4) 마스카라(Mascara)

속눈썹을 짙고 길어 보이게 하여 눈매를 선명하게 보이는 역할을 한다. 흑색이 일반적이나 밤색, 청색, 녹색, 와인색 등 아이섀도우와 어울리는 색상을 선택하면 훨씬 매력적인 눈매를 연출할 수 있다.

① **제품의 종류**

▶ 리퀴드 마스카라(Liquid Mascara)
액상 타입이며 접착력이 뛰어나 속눈썹을 선명하게 표현해 주며 일반적으로 가장 많이 사용되는 제품이다.

▶ 롱래쉬 마스카라(Long-lash Mascara)
섬유소가 들어있어 속눈썹이 길어 보이는 효과가 있다.

▶ 케익 마스카라(Cake Mascara)
물이나 스킨을 이용하여 붓에 묻혀서 사용하며 눈물 등에 번지기 쉬운 단점이 있다.

▶ 워터프루프 마스카라(Waterproof Mascara)
내수성이 좋아 땀이나 얼룩에도 잘 지워지지 않으며 주로 여름철에 많이 사용한다.

▶ 볼륨 마스카라(Volume Mascara)
속눈썹의 숱을 풍성하게 해주어 눈매를 강조할 수 있다.

(5) 인조속눈썹

인조속눈썹은 속눈썹의 숱을 많아 보이게 해주면서 길어 보이게 하는 효과가 있다. 눈의 길이나 모양을 결정하고 나서 선택하는 것이 좋으며, 한올 한올 심는 속눈썹 타입과 하나로 연결되어 있는 속눈썹 타입이 있다.

3) 립메이크업(Lip Make-up)

얼굴 중에서 가장 움직임이 많고 표정을 좌우하는 곳이 입술이다. 입술화장은 입술의 형태나 색감에 의해 얼굴 전체를 생동감 있게 표현해 주며 이미지를 전달하는 가장 강력한 수단이기도 하다. 립 컬러를 선택할 때에는 피부색, 의상색, 계절 등을 고려하여 선택하여야 한다.

(1) 제품의 종류

① 립스틱(Lip-Stick)

색감과 질감이 다양하고 사용이 간편하여 가장 일반적으로 많이 사용되는 제품이다.

② 립크림(Lip-Cream)

입술을 보호하고 글로시한 입술을 표현해 준다.

③ 립그로스(Lip-Gloss)

오일 타입으로 입술에 윤기를 주어 촉촉하게 표현해 주며 입술을 보호해 준다. 지속력이 떨어지는 단점이 있다.

④ 립라이너(Lip-Liner)

펜슬 타입으로 입술선을 선명하게 표현할 수 있으며 입술화장이 얼룩지지 않게 오래 지속시켜 준다.

⑤ 립밤(Lip-Balm)

보습효과가 뛰어나며 빠르게 흡수되어 입술이 건조할 때 바르면 효과적이다.

⑥ 페이스트 타입(Past Type)

용기에 담겨져 있는 타입을 뜻하며 부드럽고 윤기가 있으며 색상표현 보다 입술보호 효과가 크다.

⑦ 립크레용(Lip-Crayon)

오일의 함유량이 적은 제품이며 립펜슬 보다 두꺼운 형태이다. 사용이 간편하고 휴대가 편리하다.

▲ 직선커브

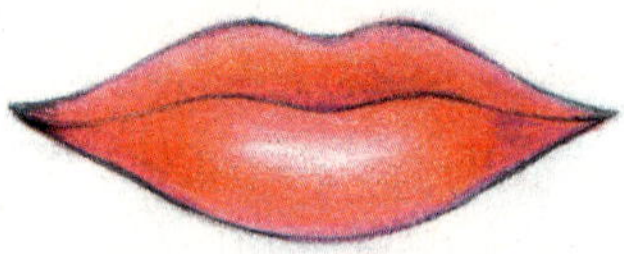

▲ 인커브

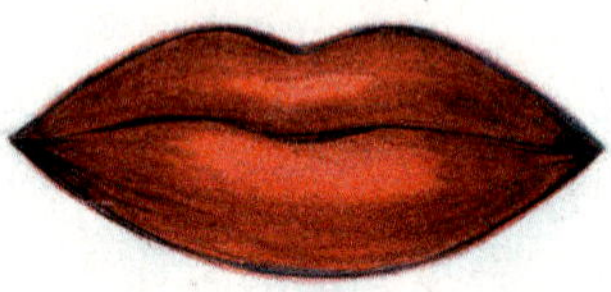

▲ 아웃커브

(2) 립라인(Lip Line)에 따른 이미지

▶ 직선 커브(Straight Curve)

- 활동적이고 현대적인 이미지, 샤프하고 지적인 이미지

▶ 인 커브(In Curve)

- 여성스럽고 귀여운 이미지

▶ 아웃 커브(Out Curve)

- 세련되고 섹시한 이미지 본래의 입술선보다 넓고 둥글게 그리면 여성적이면서 에로틱한 이미지를 연출할 수 있다.

■ 립스틱의 질감별 특성

Texture	특 성
표준질감 (Standard texture)	색상의 변화가 없고 약간의 윤기가 있다. 가장 무난한 타입의 질감이다.
매트한 질감 (Matte Texture)	광택이 없고 색이 강하게 표현되며 지속력이 우수하다. 건조해지기 쉬운 단점이 있다.
모이스춰라이징 (Moisturzing)	보습성분이 있어 바르면 촉촉해지며 윤기가 있다. 오일 함량이 많아서 색의 퍼짐성이 좋으나 번질 우려가 있으며 지속력이 떨어진다.
그로스(Gloss)	왁스보다 오일을 많이 함유하고 있어 색이 진하고, 번들거린다. 건조가 빠르기 때문에 자주 덧발라야 하는 번거로움이 있다.

■ 립스틱 색상에 따른 이미지

색 상	이미지
핑크톤(Pink Tone)	여성스럽고 귀여운 느낌
레드톤(Red Tone)	정열, 관능, 여성적인 색으로 가장 대표적인 립칼라
오렌지톤(Orange Tone)	활동적이며 발랄한 이미지 약간 검은 피부에 잘 어울린다.
퍼플톤(Purple Tone)	우아한 여성미 강조, 화려한 이미지 표현에 좋다.
브라운톤(Brown Tone)	지적이고 차분한 이미지, 가장 무난한 색상

(3) 블러셔(Blusher)

블러셔는 얼굴에 혈색을 부여하여 여성미와 건강미를 강조할 수 있다. 또한 얼굴형에 음영을 주어 결점을 보완시켜 주는 역할을 하며 블러셔의 색상에 따라 개성있는 이미지를 연출할 수 있다.

① 제품의 종류

▶ 케익타입(Cake Type)
브러쉬를 이용하며, 색감표현이 자연스럽고 손쉽게 사용할 수 있다.

▶ 크림타입(Cream Type)
파우더 바르기 전에 사용하며 손가락이나 퍼프를 이용하여 펴 바른다. 케익에 비해 지속력이 좋다

▶ 파우더타입(Powder Type)
가장 자연스럽게 표현할 수 있다.

② 블러셔의 위치

블러셔의 위치는 모델이 정면을 바라보았을 때 눈동자의 바깥 부분에서 콧망울 윗쪽 이내에 광대뼈를 스치듯이 펴 바른다.

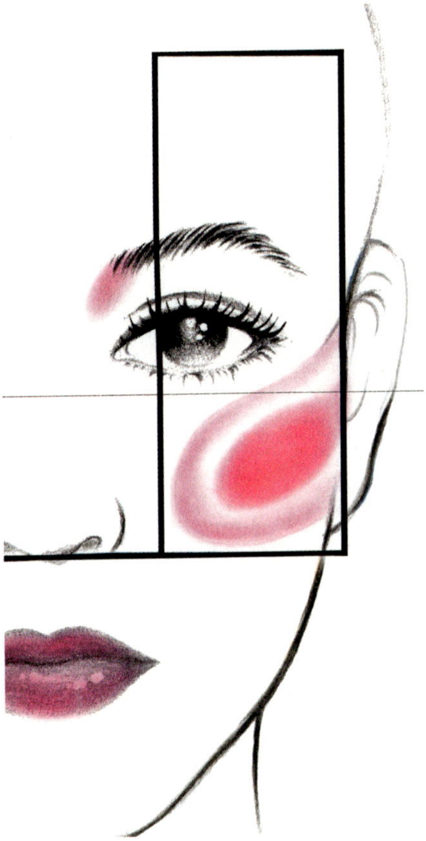

▲ 블러셔의 기본위치

Chapter 3. 메이크업의 실제

메이크업의 실제

1. 메이크업의 분류

1) 시간에 따른 메이크업

(1) 데이 메이크업(Day Make-up)

낮 화장을 뜻하며 대부분의 여성들이 아침에 하는 자연스러운 화장을 의미한다. 인위적인 느낌보다는 자연 그대로를 표현하며 의상이나 헤어스타일과의 조화를 고려하여 색상을 선택하는 것이 좋다. 모델의 피부톤과 크게 차이가 나지 않아야 하며 너무 강한 색상보다는 은은하고 내츄럴한 색상을 선택하는 것이 좋다.

▲ Day Make-up

(2) 나이트 메이크업(Night Make-up)

저녁 시간대의 모임이나 이벤트를 위한 성장 화장으로, 데이 메이크업에 비해 색상대비가 강하며 다소 인위적인 메이크업이다. 이는 조명에 의한 색의 변화를 염두해 두어야 하기 때문이다.

역시 의상과의 조화를 고려하여야 하며 조명에 의해 반사되는 점을 이용한 화려한 칼라의 사용과 반짝이는 펄 제품을 이용하여 이벤트의 목적에 맞게 메이크업 하는 것이 좋다.

▲ Night Make-up

(3) 계절 메이크업

계절의 변화를 표현할 수 있는 색상의 선택이 무엇보다도 중요하며 그에 어울리는 테크닉의 조화도 고려하여야 한다. 최근에는 각 계절별 컬러 선택에 대한 경계가 점점 자유로워지고 있는 추세이다.

▶ 봄 이미지

밝고 생동감 있는 이미지. 봄을 연상시키는 그린, 옐로우, 핑크, 오렌지계열의 가벼운 색상을 이용한 달콤하고 부드러운 느낌의 메이크업을 표현한다.

▶ 여름 이미지

블루, 민트 등 시원한 계열의 색상을 사용한 활동감 있는 메이크업. 여름은 땀이 많이 나고 피지 분비가 증가하므로 사용감이 가볍고 자외선을 차단할 수 있는 제품을 사용하는 것이 중요하다.

▶ 가을 이미지

가을의 이미지는 지적이며 성숙한 여인의 이미지로, 오렌지, 카키, 브라운 톤을 이용한 강약의 조절을 통해 깊이감 있게 표현한다.

▶ 겨울 이미지

고채도의 레드 립스틱과 실버, 화이트 섀도우를 이용한 화려하고 차가운 느낌을 주는 겨울이미지 메이크업과 와인계열을 사용하여 따뜻하고 깊이감 있는 메이크업으로 표현하기도 한다.

▲ 봄 이미지

▲ 여름 이미지

▲ 가을 이미지

▲ 겨울 이미지

2) 이미지 메이크업 (Image Make-up)

모델의 결점을 커버하기보다는 개성을 살려서 이미지를 표현하는 메이크업으로, 각각의 테마에 어울리는 색의 선택과 메이크업의 표현 요소들을 통일감 있게 선택하는 것이 중요하다.

창의력 있는 디자인과 상상력이 요구되는 감성적인 메이크업이라 할 수 있으며 무엇보다도 표현하고자 하는 이미지의 특성을 파악하여 헤어, 메이크업, 의상 등의 전체적인 코디네이션을 통해 완성감 있게 표현하여야 한다.

섹시 메이크업, 스포티 메이크업, 클래식 메이크업, 파티 메이크업, 데카당트 메이크업, 프리티 메이크업 등의 구체적인 이미지 메이크업과 추상적인 이미지 메이크업 등 모두를 포함하는 메이크업이다.

3) 패션 메이크업(Fashion Make-up)

패션이 중심이 되는 메이크업으로 사실상 모든 메이크업이 여기에 포함된다고 해도 과언은 아니다. 패션과 메이크업은 따로 떼어 내서는 생각할 수 없으며 현대 사회는 헤어, 의상, 메이크업, 악세서리 등의 조화를 이루는 토탈 코디네이션의 중요성이 커져가고 있다.

패션(Fashion)이란 '유행'을 의미하는 말로서 항상 변화를 추구한다. 패션 메이크업은 의상이 가지고 있는 색상이나 계절적인 감각, 이미지를 고려한 가장 대중적인 메이크업을 뜻한다. 일반적으로 무채색의 의상에는 무거움을 보완할 수 있는 밝은 피부 톤과 선명한 립 칼라를 선택하여 메이크업 하는 것이 좋으며 화려한 의상에는 너무 튀지 않는 부드러운 컬러를 사용하는 것이 좋다.

4) 트랜드 메이크업(Trend Make-up)

현재 가장 유행하는 메이크업을 뜻한다. 패션 뿐만 아니라 사회적인 이슈나 문화적인 현상에 의해 영향을 많이 받으며 주로 일반인들보다는 패션 카다로그나 패션쇼 등의 광고 분야에서 표현되어 진다. 유행의 주기에 의해 패션리더들이나 전문가 그룹에 의해 발표되어 일반인들에게로 하나의 유행으로 확산되어 받아들여진다.

세기말의 불안감을 표현한 퇴폐적인 메이크업, 반짝이는 피부의 질감과 광택을 강조한 글로시 메이크업, 포스트모더니즘에 영향을 받은 에스닉 메이크업, 미래에 대한 동경을 표현한 사이버 메이크업 등 다양하며, 현대의 메이크업은 재료나 표현에 대한 제약이 점점 사라져 가고있다.

5) 미디어 메이크업(Media Make-up)

미디어의 사전적 의미는 '매체, 수단'이라는 뜻으로서, 대중들에게 정보를 전달하는 신문, 잡지, 영화, TV 등의 대중매체를 뜻한다. 매체의 종류에 따라 신문, 잡지 등의 인쇄매체(지면 광고)와 TV, 라디오, 영화, CF 등의 전파매체로 구분되어 지며 이와 같은 모든 매체에서 이루어지는 메이크업을 미디어 메이크업이라 한다.

미디어 메이크업은 아름다움을 목적으로 하는 뷰티 메이크업 분야와는 달리 표현하고자 하는 캐릭터나 광고의 상황에 맞는 이미지를 분석하는 총체적인 지식이 필요하다. 그러기 위해서는 메이크업의 기술 뿐만 아니라 전체를 스타일링 할 수 있는 코디네이터의 감각이 요구된다.

(1) 인쇄매체(지면광고)

신문, 잡지, 카다로그, DM 등이 해당되며 주로 사진작업에 의해 이루어지는 광고라고 할 수 있으며 포토메이크업이 여기에 해당된다.

포토메이크업은 조명이 강하므로 얼굴을 입체감 있게 표현해야 한다. 무엇보다도 광고의 이미지에 맞는 의상과 메이크업의 조화가 중요하다.

(2) 전파매체

영화, 드라마, CF, 방송 프로그램 등이 해당되며 필름에 의한 메이크업이다. 모델의 움직임에 따라 세심하게 메이크업을 해야 한다. 방송에 대한 지식이 요구되며 스탭들과 공동작업이 많으므로 책임감 있는 전문인으로서의 자세가 필요한 분야이다. 방송 프로그램이나 광고, 드라마에 등장하는 연기자의 성격을 분석하여 그에 맞는 의상과 메이크업, 헤어스타일을 적절하게 표현해야 한다.

6) 웨딩메이크업(Wedding Make-up)

가장 아름답게 표현해야 하는 메이크업이다. 결혼식을 위한 메이크업으로 무엇보다 신부의 사랑스럽고 우아한 이미지를 강조한다.

예식장소, 시간, 웨딩드레스의 이미지, 모델의 이미지를 고려하여 세심하고 지속력 있는 메이크업의 필요하다. 주로 핑크계열이나 부드러운 느낌의 산호색 계열을 많이 사용하며 차분한 신부의 이미지를 표현할 때는 브라운계열을 사용하기도 한다.

주의할 점은 신부의 화사한 이미지를 연출해야 하므로 너무 강하거나 개성있는 메이크업은 피하는 것이 좋으며 신랑과의 조화를 고려하여 메이크업 해야한다.

Chapter 4. 분장의 기초이론

분장의 기초이론

1. 분장의 의의와 목적

영어로 말하면 화장이나 분장 모두 Make Up에 해당되는 것이나, 우리 나라에서는 요즈음 일반 화장은 Make Up이라 말하고 연극, TV, 영화 등의 특수한 매체를 위한 행위는 분장이라고 말하고 있다. 하지만 엄밀히 말하자면 화장을 지칭할 때는 그냥 메이크업이 아닌 Beauty Make Up이라 말해야만 분장과 혼동되거나 혼용됨을 막을수 있을 것이다. 이 장에서 다루게 될 분장은 단순히 외모를 수정 보완해 좀더 나은 이미지로 업그레드 시키는 미화 목적의 화장이 아니라 "주어진 역할(신분과 캐릭터 등)에 맞고 그 인물을 투영하는 미디어(매체)의 메카니즘에 적합한 인물의 변화 행위"로 말하고자 한다. 즉 분장의 목적은 본연의 자신의 외모에서 탈피해 주어진 역할속의 성격, 신분, 시대, 건강상태 등에 맞게 변신하는 행위로서 보는 사람들로 하여금 그 작품속의 인물로 동일시하고 공감을 줄수 있는 행위, 또한 연기자로 하여금 자신의 역할에 더욱 몰입할 수 있도록 하는 "심리적인 최면효과"까지도 줄 수 있다는 데 있다. 분장은 안면의 변화만으로 그치지 않고 두발, 의복, 소품, 장신구, 수염, 치아보철 등을 활용할 수도 있으며 화장과 다른 점으로는 무조건적인 미화가 아닌, 오히려 추하게 만들고 단점을 부각시킬수도 있다는 점이며 의도적인 신분의 은폐를 위한 변장(變裝: disguise)과도 또한 다르다.

2. 분장의 분류

분장의 영역이나 종류를 분야별로 나누기 위해서는 먼저 매체별로 분류해 각각의 매체에 속하는 분장을 짚어 봄이 타당할 것이다. 매체는 크게 "영상매체와 인쇄매체"로 나누어지고 직접적인 관객과의 호흡이 가능한 "무대"라는 장이 하나 더 있다.

■ 매체별 분장의 분류

무대	연극, 뮤지컬, 쇼, 발표회, 이벤트 등
영상매체	TV, 영화, CF 등
인쇄매체	신문, 잡지, 카다로그 등

3. 분장의 재료와 도구

① 라이닝 칼라(Lining Color)

분장용 유성 컬러로 일종의 컬러 파운데이션이다. 붓, 스폰지, 손가락 등에 묻혀 원하는 위치에 고르게 펴 바르되, 반드시 가루분으로 마무리해 주어야 번지지 않는다. 무대분장, 이미지 분장, 아트 메이크업시에 사용된다.

② 도란(Dohran)

뷰티용이 아닌 분장용 파운데이션을 흔히 도란이라 부른다. 리퀴드 타입이나 크림 타입의 파운데이션보다 훨씬 커버력과 퍼짐성이 좋은 반면, 땀이나 조명 등에 의해 뭉치거나 잘 번지는 경향이 있다.

③ 블랙 스폰지(곰보 스폰지, Stipple Sponge)

나일론으로 만든 스폰지로 송송 구멍이 나있어 주로 수염자욱과 긁힌 상처 등을 표현할 때 사용한다. 구멍 홈의 크기에 따라 촘촘한 것과 성근 것 두가지 종류가 있다.

④ 아쿠아 컬러(Aqua Color)

물에 묻혀 바르는 수성 안료로 페이스 페인팅, 바디 페인팅 등, 아트 메이크업시 사용되는 재료로 다양한 색상이 있으며 각색을 물로 섞어 새로운 색을 만들 수 있다.

⑤ 수염(생사, 인조사)

누에고치의 실로 만들어진 흰 실로 색소를 배합해 염색을 하면 흑갈색, 흑색으로 변한다. 생사는 천연의 누에고치 실인 반면 인조사는 화학사인데, 수염의 부드럽고 뻣뻣한 질감 표현을 가능케 한다. 두 종의 실을 적합한 비율로 배합하면 가장 이상적인 수염의 표현을 할 수 있다.

⑥ 스프리트 검(Spirit Gum)

알콜 용액에 송진을 배합한 액체로 수염 접착제이다. 용액의 농도 조절을 잘해야 수염 붙이기가 용이하고 너무 진한거나 걸쭉해지지 않도록 마개를 잘 닫아 보관해야 한다.

⑦ 라텍스(Latex)

불투명한 흰색의 액체로 암모니아 냄새가 나며 주로 노역분장, 상처 분장 등에 사용된다. 많은 양을 피부에 바를 경우에는 드라이어의 바람을 이용해 빨리 건조시킨다.

⑧ 왁스(Wax)

눈썹 지울때, 상처를 입체감있게 표현하고자 할 때, 마녀의 매부리 코 등을 만들때 쓰이는 재료이다. 끝부분을 밀착감있게 마무리 할때는 바셀린을 살짝 발라주면 된다.

⑨ 튜플라스트(Tuplast)

상처나 물집, 부풀어 오른 부위 등을 표현할 때 사용되며 약한 피부면이나 입술 등은 화끈거리므로 주의한다.

⑩ 게로스킨(Kelo Skin)/콜로디옹(Collodion)

칼로 패인 자욱, 칼자욱 흉터 등을 표현시 사용되며 건조후, 상처 부위 형태를 정해 만들어 준다.

⑪ 실러(Sealor)

왁스를 바른 후 피부 표면 질감을 위해 밀봉제 역할을 하는 재료이다.

⑫ 올드 스킨 플라스트(Old Skin Plast)

주름을 분장하기 위한 특수재료로 섬세한 주름을 만들기에 적합하다.

⑬ 벌드캡(Buld Cap)

글라짠에 의해서 만들어진 대머리 분장용 쓰개

Chapter 5. 매체별 분장의 실제

매체별 분장의 실제

1. 무대 분장(연극 / 오페라와 뮤지컬 / 동극/패션쇼 / 졸업작품 발표회 등.)

1) 기원

무대분장은 어느 분야보다도 가장 먼저 시도되고 필요성이 대두된 분장의 장르로서 그 기원은 다음과 같다. 그리스 연극이래 가면극의 전통이 쇠퇴하여 무대를 옥내에 설치하게 되자 16세기 르네상스기부터 무대분장의 필요성이 대두되었고 이후 가스, 조명 등이 발달되면서 무대 분장법이 고안되어 19세기 후반 사실주의 연극의 성행기 때에는 각종 안료와 분장용품의 개발 등으로 더욱 정교한 분장술이 발전할 수 있게 되었다. 유럽에서는 19세기 중엽까지 3가지의 크림물감만이 사용되다가 1870년경 독일의 오페라 가수, 라이히너가 그리즈 페인트(GREASE PAINT)라는 유성 파운데이션을 "도란" 이라는 회사를 통해 시판하기 시작해 좀더 사실적인 표현이 가능해지게 되었다. 오늘날 우리들이 흔히 유성 파운데이션을 "도란" 이라 부르는 기원은 이로부터 비롯된 것이다.

2) 무대 분장의 특징

무대분장은 먼저 극본속에 나오는 인물분석을 통해 분장의 컨셉과 이미지를 가시화 할 수 있으며 "클로즈 업(Close-Up)이나 줌인(Zoom-In)" 같은 카메라 조작이 불가능하므로 최대한 객석에서 그 인물의 외형적 특징이 부각되어야 한다는 점이 특징이다.

구체적으로 말하자면 이목구비의 디테일을 살리고 리얼리티를 부각시키기보다는 얼굴의 전체적 윤곽이나 굴곡, T 존을 부각시켜야 하며 번역극의 경우에는 가발, 수염의 색상이나 혈색의 강조 등 액센트를 살려 그 인물의 대표성을 드러내는데 주력해야 한다는 말이다.

인물의 분장 정도, 강약은 대개 공연장의 규모, 즉 객석과 무대사이의 거리에 따라 결정되며 한번 연극의 막이 오르면 한 인물이 무대에서 퇴장하기 전까지는 중간에 분장을 수정하거나 변화를 줄 수 없다는 점, 또한 무대 조명의 여러 조건, 즉 심리조명(예 : 불안한 심리를 대변하는 붉은 조명)이나 상징적인 조명의 컬러(예 : 새벽을 상징하는 푸른기의 조명)에 따라 분장의 컬러가 영향을 받는다는 점을 그 특징으로 들 수 있다.

3) 무대 기본 분장(남자)

얼굴의 기본 톤을 표현하는 파운데이션을 고르게 펴 바른후, 얼굴의 중앙 부위, 즉 T 존 부위에는 기본 톤보다 밝은 베이지계열의 파운데이션을 바르고, 얼굴의 외곽, 즉 턱 주변과 헤어라인 부위, 눈 두덩과 코의 윤곽에는 기본톤 보다 어두운 다크 브라운 계열의 파운데이션을 잘 펴 바른다.

남성의 경우 눈썹은 다소 굵고 한 올 한 올 심듯이 자연스레 그려준다. 마지막으로 헤어스타일을 표현하고 가발이나 기타 수염 등을 설정했을 경우 마무리를 해준다.

4) 무대 기본 분장(여자)

베이스 파운데이션을 얼굴 전체에 고르게 펴 발라준 후, T 존부위에 하이라이트용 베이지계열 파운데이션을 바른 다음, 광대뼈와 턱 외곽에 쉐이딩을 해 얼굴의 윤곽을 살린다. 눈꺼풀 보다 약간 위에 인조 아이홀 라인을 갈색으로 잡아준 뒤, 바깥쪽으로 그라데이션해준다.

인물의 성격이나 인종, 직업 등에 따라 아이홀 부위에 아이새도우 색상을 바르고, 눈꺼풀 안쪽에는 메꾸지 않고 밝은 아이보리색 계열로 칠한다. 립라인은 모델의 실제 라인보다 약간 아웃 커브(Out-Curve)형으로 잡아주고 아이새도우 색상이나 인물의 성격에 맞게 립스틱 색상을 칠한다. 인조 속눈썹, 가발 등을 이용, 인물의 이미지를 더욱 살려준다.

■ 무대기본분장

▲ 소극장(남자), Stage-Make up

▲ 소극장(여자), Stage-Make up

▲ 대극장(남자), Stage-Make up

▲ 대극장(여자), Stage-Make up

5) 무대 노역 분장

노역 분장은 먼저 실제 노인들의 얼굴 윤곽이나 안면 주름 등을 주의깊게 살펴보는 것이 중요하며 노인의 연령, 건강상태, 주거지역, 생활환경, 직업, 성격 등의 요인에 따라 주름의 깊이와 방향, 형태, 수가 달라진다. 또한 피부톤의 경우도 어촌 노인의 경우, 농촌 노인보다는 약간 거무스름한 경향이 있으며 고산지대나 고생을 많이 한 노인의 경우 주름이 더 깊고, 성격이 완고하거나 고약한 경우, 미간 주름이 특히 깊다.

(1) 노역 분장시 특징 및 주의사항

무대노역 분장은 TV 노역 분장보다 훨씬 강하고 과장되게 표현하는 것이 가능하다. 노역 분장은 얼굴의 골격중 돌출부위는 더욱 돌출되어 보이도록 하고 들어간 부위는 더욱 들어가 보이도록 해 얼굴의 요철, 굴곡을 최대한 부각시키는 점이 중요한 요령이 된다. 너무 많은 파운데이션은 자칫 주름이 지저분해 지거나 오히려 분장이 뭉칠 우려가 있으므로 적당한 양을 바르도록 한다.

(2) 노역 분장의 실제

도시와 농촌 중, 어느 지역의 노인인지를 먼저 설정 한 다음 적합한 톤의 파운데이션을 바른다. 관자와 양볼, 아래턱 부위에 음영을 주어 살이 빠지거나 약간 핼쓱해 보이도록 표현한다. 파운데이션으로 주름을 처리한 후, 주름 고정과 강조를 위해 다갈색 샤도우와 아이보리색 새도우를 한번 더 발라주거나 큰 주름은 갈색 펜슬로 다시 한번 윤곽을 강조해 주기도 한다.

▲ 소극장(노교수), Stage-Make up

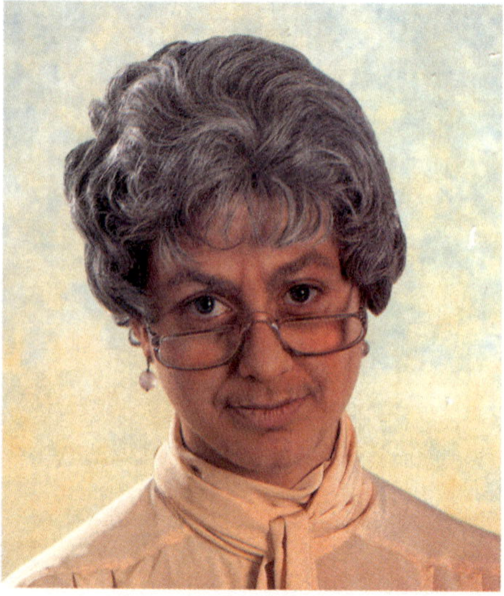

▲ 소극장(도시할머니), Stage-Make up

▲ 대극장(예술가), Grimas

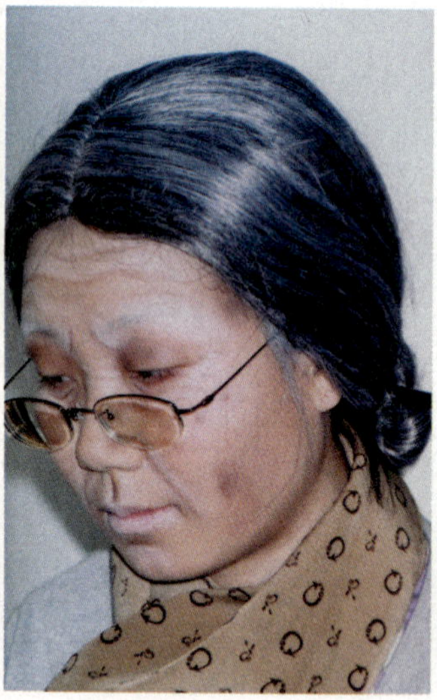

▲ 중극장(도시노인)

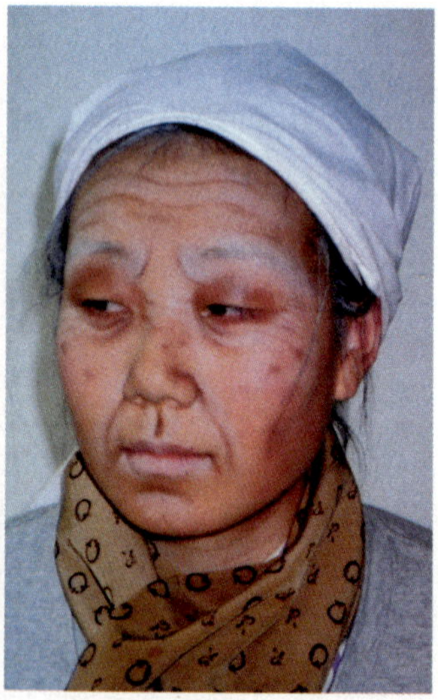

▲ 중극장(시골노인)

얼굴 바로 아래의 목 부위에도 큰 주름을 그려 얼굴과 연결되도록 하고 필요시, 손등에도 주름을 표현해 주어야 한다. 큰 윤곽 주름이 표현된 다음에는 세밀한 잔주름을 그려야 하지만 연극 노역 분장의 경우에는 그다지 세밀한 주름은 객석에서 아무런 효과도 줄 수 없으므로 큰 주름을 입체감 있게 묘사하는 편이 낫다. 캐릭터를 살릴수 있는 가발이나 콧수염을 이용할 수 있다.

6) 발레리나

▲ Make-up for the ballet, The Complete Make up

먼저 발레리나 메이크업은 단순한 인물이 아닌 공연장의 무대 인물임을 이해해야 하고 공연 도중 조명이나 땀에 의해 메이크업이 번질수 있으므로 무엇보다 피부의 기초표현을 꼼꼼히 해야 한다. 혹시 번질 우려가 있을시나 오랜 시간의 공연일 경우에는 "워터 프루프 타입"의 파운데이션과 아이라인 제품을 반드시 사용해야 한다.

피부 표현은 밝고 화사하게 밝은 베이지나 핑크 계열 파운데이션으로 곱게 발라준 다음, 관객들이 얼굴을 잘 알아볼수 있도록 눈은 인조 아이홀 기법으로 쌍꺼풀을 강조하고 노우즈 새도우로 콧대를 확실히 살려준다.

액상 아이라이너를 이용, 눈매 끝을 약간 올려 그린 후, 아래에도 눈이 실제보다 커보이도록 라인을 빼어 그린 다음 라인과 눈매 사이에 흰색의 유성 파운데이션을 메꾸어 주면 눈매가 훨씬 뚜렷하고 커보인다. 인조 속눈썹을 붙여 눈매를 마무리한다.

▲ 발레리나, 「Grimas」

7) 마녀

마녀의 이미지는 "음산하고 약간 사나운 듯한" 느낌을 주어야 하므로 얼굴의 피부톤과 윤곽을 잘 잡아주는 일이 중요하다. 먼저 기본 피부톤은 약간은 창백한 톤으로 표현하거나 청회색, 녹회색 등의 유성 또는 수성 물감을 덧칠할 경우, 더욱 이색적이고 효과적인 피부 표현이 가능해진다.

약간 나이가 든 얼굴이 효과적이므로 노역 분장의 경우와 유사하게 골격을 하이라이트와 쉐이딩 기법을 이용, 설정한다. 입술은 약간 끝을 올려 그리거나 실제보다 과장되게 그리며 눈아래에는 붉은기의 새도우로 불쾌한 시선을 강조한다.

필요시에는 왁스로 만든 인조 모형을 광대뼈와 턱끝, 콧등에 붙혀 효과를 극대화시킬 수도 있다. 초록빛, 검은빛 가발이나 두건 , 인공 치아등을 이용해 마무리 한다.

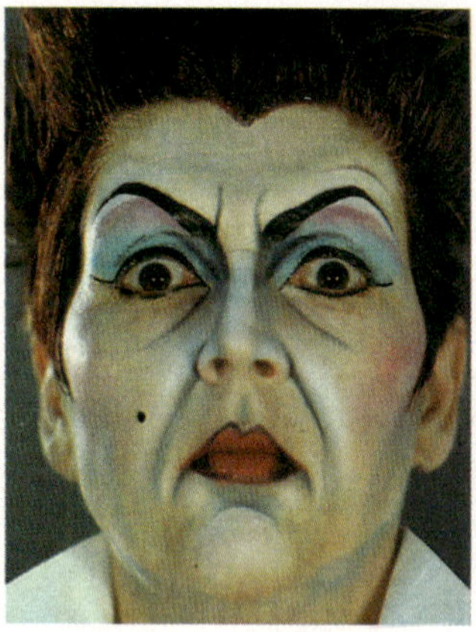

▲ 대극장(마녀), Grimas

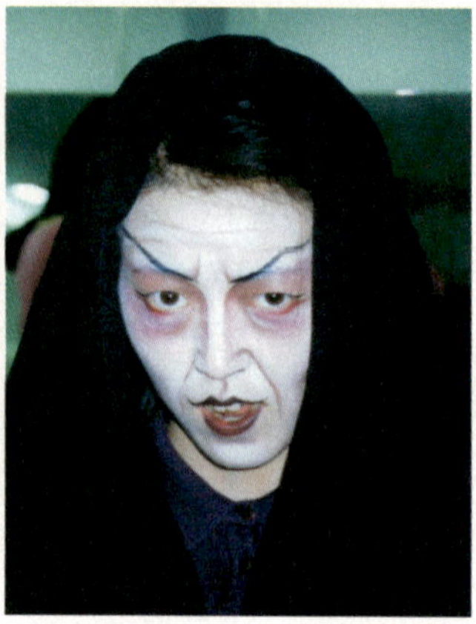

▲ 대극장(마녀)

8) 인형

▲ 인형메이크업, Grimas

인형 메이크업은 무대 위에서나 행사에 등장하는 메이크업의 일종으로 눈동자색과 가발 등으로 인형의 캐릭터를 강조할 수 있다. 피부표현은 약간 차가워 보이는 밝은 베이지 계열로 바른 다음, 눈썹은 검정색이나 갈색 수성물감(유성 도란)으로 눈썹 끝을 가늘게 아치형으로 그린다. 눈을 감은 상태에서 눈꺼풀 위에 인조 눈동자를 그리고, 입술은 약간 작고 도톰하게 핑크 계열이나 오렌지 계열로 그린후, 밝은색의 수성물감으로 입술 중앙에 하이라이트를 준다. 볼 연지는 핑크계열 치크 블러셔나 유성도란으로 둥근 형태로 자연스럽게 그리고, 인조 속눈썹을 위, 아래로 붙이거나 금색, 갈색 등의 가발로 마무리한다.

9) 판타지, 바디 페인팅, 아트 메이크업

판타지 메이크업, 바디 페인팅, 아트 메이크업 등은 한 마디로 정의하기 어렵지만 쉽게 말해 "인체라는 캔버스" 위에 수성이나 유성물감 기타 특수 재료 등을 이용, 특정의 이미지나 컨셉을 표현하는 것이라 말할 수 있다. 그러나 무조건 몸에 채색, 디자인만 하는 일에 그쳐서는 안되고 작품 속에 내재된 주제나 표현하고자 하는 의도, 또한 보는 이로 하여금 공감을 자아내게 해야만 진정한 아트 메이크업이라 말할 수 있는 것이다.

최근 국내에서는 각 기업체의 홍보 마케팅이나 각종 문화 행사의 이벤트, 행위예술제 등에서 많이 행해지고 있으며 각종 미용대학 경연대회의 한 테마로 자리잡고 있는 실정이다.

(1) 작업 과정 및 순서

① 먼저 자기가 표현하고자 하는 의도, 즉 주제를 선정해야 한다.(가시적 주제, 추상적 주제등)
② 스케치 북이나 메이크업 패턴지위의 인체 각 부위에 소재를 자리잡게 하는 작업, 즉 구도를 고려한 디자인을 한다.
③ 디자인된 스케치 위에 색연필, 물감 등을 이용, 채색 작업을 한다.
④ 모델 선정을 하고 실제 모델의 몸에 대강의 디자인을 표현해본다. 이때는 남, 녀 모델의 신체적 특징을 파악해야 하고, 특히 근육, 골격 등 신체 각 부위의 형태를 고려한 디자인이 되어야 한다.
⑤ 스케치한 디자인 위에 수성물감, 유성물감, 섀도우 기타 특수 재료를 이용 디테일하게 그리고 채색해 본다. 각 재료의 특징 및 장점, 작업시 유의사항 등을 고려해 자신의 작업에 효과적인 재료를 선택하는 안목도 매우 중요하다.
⑥ 작품의 분위기를 고조시킬 수 있는 소품이나 의상을 준비해 마무리한다.
⑦ 마지막 단계로는 작품의 연출에 해당되는 모델의 율동, 무대의 조명, 특수효과, 음악 등을 적절하게 선정하는 일이다.

■ 아트메이크업

▲ 꽃을 테마로 한 바디페인팅

▲ 바다의 파도와 해초를 테마로 한 바디페인팅

▲ 특수폼 모형과 아쿠아물감으로 표현한 Cat Woman

▲ 열정, 열음꽃을 표현한 바디페인팅

2. 영상매체 분장(TV / 영화 / 비디오 / CF)

1) TV 분장

텔레비전을 위한 분장을 할 때에는 무엇보다도 작품을 분석하는 일이 가장 중요하며 작품 분석은 여러 차례에 걸쳐 대본을 분석, 파악하면서 작중 인물의 외형과 그 심리상태까지도 이해함으로써 가능해진다. 또한 프로그램 유형별로 약간의 차이점이 있으며 프로그램의 장르, 출연자의 직업이나 특징, 방송시간대, 작가나 연출자의 의도, 심지어는 연기자나 출연자의 개인적인 취향까지도 고려해야 할 경우가 있으므로 신중하면서도 차분한 분장이 필요하다.

첫째, 텔레비전이라는 매체의 특징을 이해해야 하는데 TV 라는 매체는 불특정 다수를 향한 전파매체이며 그 프로그램의 장르가 아주 다양하다. 예를 들어 크게 분류할 경우 드라마, 오락, 쇼, 교양, 보도 및 시사, 다큐멘타리 등으로 나뉘어진다. 드라마를 일례로 들 경우, 다시 사극, 시대극, 현대극, 미래극 등으로 분류되고 현대 드라마의 경우, 일일드라마, 주말드라마, 미니시리즈, 아침드라마 등 그 방송시간대와 주 시청자층 대상에 따라 재분류가 가능해진다.

현대물의 경우 내용을 기준으로 멜로드라마, 메디컬드라마, 시츄에이션드라마, 가족 드라마 등으로 재분류되며 분장의 강도나 피부톤 등은 각 드라마의 성격에 의해 결정된다. 둘째, 텔레비전 수상기나 카메라 조명, 스튜디오 내부 환경 등 기계 역학적인 외부 조건에 의해 영향을 받으므로 메커니즘을 이해하는 일이 중요하다.

텔레비전 카메라는 대상을 실제보다 약간 확대되어 보여지게 한다거나 얼굴의 톤이 인물 뒤 셋트의 색에 영향을 받는다든가, 조명의 방향과 강도에 의해 분장의 명암과 컬러가 영향을 받는 등의 변수를 미리 가늠하고 이해해야만 분장을 적절히 할 수가 있다. 또한 카메라에는 다양한 인물을 연출해내는 기능들이 있으며 특히" 줌인" 이나 "클로즈업" 같이 인물의 특정부위를 한동안 크게 부각시키거나 고정시키는 장면에 대비해 분장을 섬세하고 실감나게 해야만 한다.

2) TV 분장의 실제

텔레비젼 분장은 크게 기본분장(스트레이트 메이크업)과 성격 분장 (캐릭터 메이크업)으로 나뉘어진다.

(1) 기본분장(스트레이트 메이크업)

① TV 기본분장(남자)

남자 기본분장은 인물의 단점은 보완하고 장점은 최대한 부각시키는 것이 목적이며 너무 무리한 윤곽 수정이나 결점 수정 등은 오히려 부자연스러운 역효과를 줄 수 있으므로 파운데이션과 파우더의 양은 가급적 줄이고 아이새도우나 립 라인 등, 남성의 이미지를 감소시킬수 있는 제품은 사용하지 않는 것이 좋다.

파운데이션은 여성의 톤보다 두 톤 정도 어두운 다크 베이지나 오클 계열이 적합하고 턱 외곽과 눈두덩 등에는 소량의 어두운 갈색 파운데이션으로 음영을 자연스레 준다. 눈썹은 자연스런 펜슬로 빈 곳만 메꾸어 주는 기분으로 그리고, 눈 아래에는 검정 펜슬로 살짝 아이라인을 그린 후, 면봉으로 펴준다.

② TV 기본분장(여자)

여성의 경우에는 자연스레 T 존을 부각시키고 얼굴 외곽이나 부어 보이는 곳에는 음영처리를 해 화면에 이상적인 메이크업을 하도록 한다. 기본 피부톤으로는 핑크나 붉은기가 있는 파운데이션은 부적합하며 베이지 계열의 파운데이션이 이상적이다.

눈썹은 가급적 표준형 눈썹형으로 그리되, 눈썹 앞머리가 각지거나 너무 표시나지 않게 그라데이션 시키고 노우즈 새도우는 TV 영상에서는 부자연스러워 보일수 있으므로 하지않도록 한다.

아이새도우는 특별한 캐릭터의 인물이 아닐 경우, 베이지, 오렌지 브라운 계열이 화면에 이상적이고 가급적 펄이 많이 들어있는 새도우는 사용하지 않도록 한다. 오렌지 브라운 계열의 립스틱을 바르고 유사색 계열의 치크 블러셔로 볼에 혈색과 생기를 준다.

▲ TV뉴스진행자 – 남자

▲ 흑백영상재현시,
연극, 영화, TV를 위한 실전메이크업

▲ TV뉴스진행자 – 여자

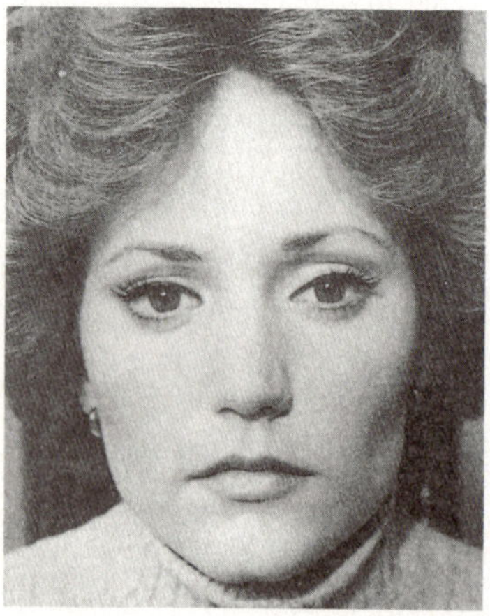

▲ 흑백영상처리시
연극, 영화, TV를 위한 실전메이크업

(2) 성격 분장(캐릭터 메이크업)

① 노역 분장

TV 노역 분장은 연극 노역 분장과 기법, 순서는 동일하나, 그 강도와 콘트라스트는 훨씬 약하고 자연스러워야 한다. 특히 텔레비젼 영상은" 클로즈 업"이라는 카메라 기법으로 인해 얼굴만 따로 화면 전체에 부각될 수 있다는 점을 감안, 최대한 실제에 가깝도록 분장에 더욱 세심한 주의를 할 필요가 있다. 주름선은 가늘고 더 짧게 그리고 음영처리 부위, 하이라이트 처리 부위도 필요 부분만 표현한다.

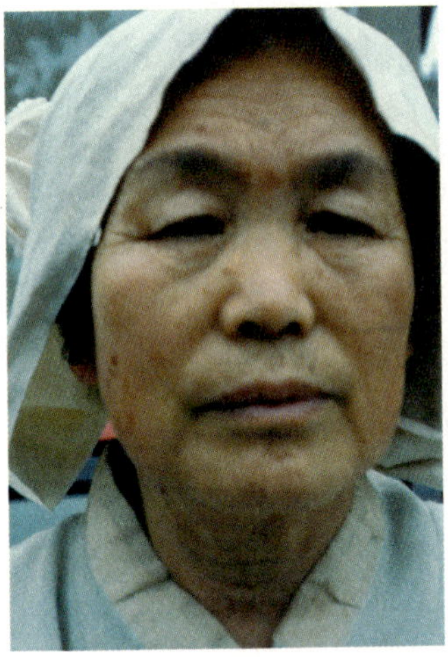

▲ 60년 중반의 실제 시골할머니
▲ 하이라이트와 새도우를 이용한 TV 노역분장(60~70대 반), 연극, 영화, TV를 위한 실전메이크업
▲ 라텍스를 이용한 입체적 TV 노역분장(80대 이후), 연극, 영화, TV를 위한 실전메이크업

② 환자

피부 표현은 창백하게 하고 눈두덩, 눈 아래 부위 등에 음영처리를 해준다. 아이라인과 마스카라, 인조 속눈썹 등은 환자의 이미지에 적합하지 않으므로 생략하고 오히려 눈 아래 붉은기나 브라운 계열의 새도우를 바른다. 환자 분장은 병명, 나이, 병의 심도 등에 따라 피부톤, 증세, 가발 등이 달라질 수 있으므로 사전 의학서적이나 전문 의료인의 자문 등을 토대로 분장을 해야한다.

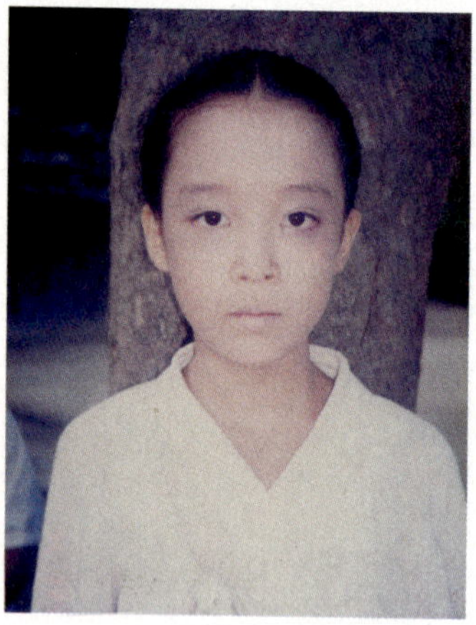

▲ 창백한 안색

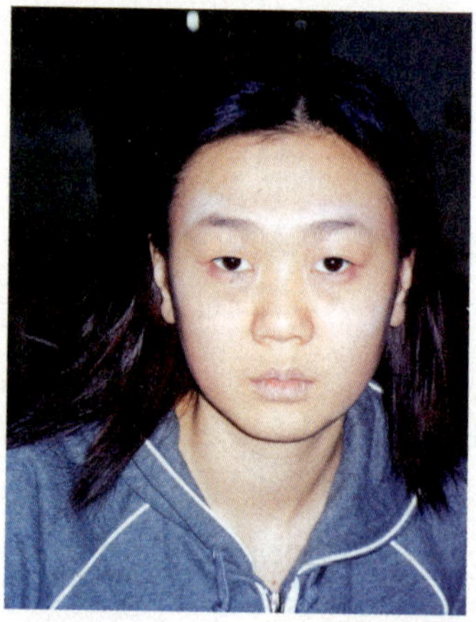

▲ 붉은 눈시울과 메마른 입술

③ 부랑자

먼저 피부표현은 약간 어둡고 지저분하게 발라준 뒤, 파우더도 약간 어두운 색조로 바른다. 부랑자의 경우, 오랫동안 세안이나 섭생을 정상적으로 못한 인물이므로 눈두덩, 양 볼, 눈아래 등을 움푹해 보이도록 음영처리하고, 눈아래에는 약간 붉은기를 준다. 찍는 수염, 붙이는 짧은 수염, 지저분한 가발 등으로 이미지를 한층 살릴 수있다.

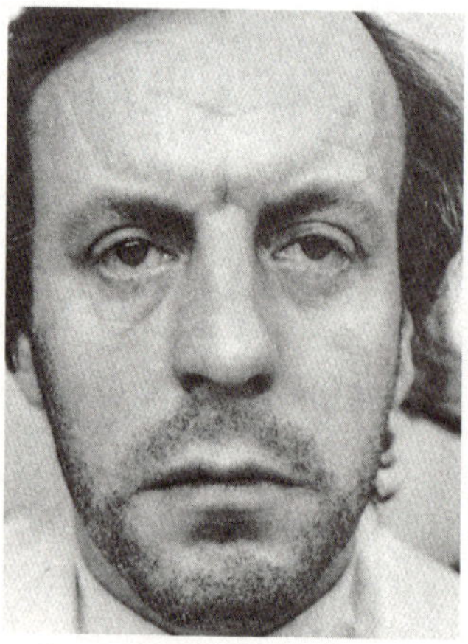

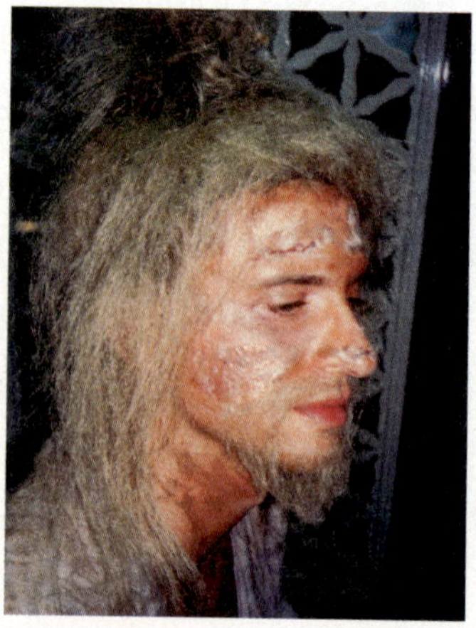

▲ 그루터기 수염의 부랑자, 연극, 영화, TV를 위한 실전메이크업
▲ 라텍스와 민상투로 표현한 표류민

④ **상처 분장**

상처 분장을 할때 사전에 먼저 파악해야 하는 점들은 상처가 생긴 원인, 시기, 정도, 매개물 등이다. 너무 과도한 양의 피를 남용하거나 혐오스러울 정도로 과장된 상처 표현은 시청자들에게 거부감을 줄 수도 있으므로 주의해야 하며 특히 연출자의 의도와 프로그램 방영 시간대, 프로그램의 성격 등 요인들을 잘 파악한 후, 분장의 강도를 결정해야 한다.

▶ 피멍

피멍이 생기는 경우는 사람의 주먹, 날아오는 물체, 담, 문 등 어떤 외부 요인에 의한 상황이므로 그 매개물을 먼저 파악해야 한다. 이후, 피멍 부위를 설정하고 먼저 브라운 계열의 파운데이션을 베이스로 펴 발라준다.

피멍에도 하이라이트와 쉐이딩 부분이 있으므로 약간 더 진한 부위는 적갈색, 짙은 와인색으로 덧칠하고 하이라이트 부위는 아이보리색 계열로 표현한다. 시간이 약간 경과된 피멍의 경우에는 적갈색 기미보다 회푸른색, 청보라색 기미가 더 강해지고 이때 하이라이트는 옅은 연두색으로 표현해주면 효과적이다.

▶ 긁힌 상처

긁힌 상처는 흔히, 사람의 손톱, 고양이 발톱, 나뭇가지, 시멘트 바닥 등에 의해 발생하는 경우가 대부분이다. 먼저 피부가 긁힌 자욱을 표현하기 위해 상처 부위에 왁스나 플라스토 등을 살짝 덜어 부착시키는데 이때 주위사항은 너무 두텁지 않아야 하고 피부에 잘 밀착시키기 위해 스파츄라를 이용해 고르고 얇게 펴주어야 한다는 점이다.

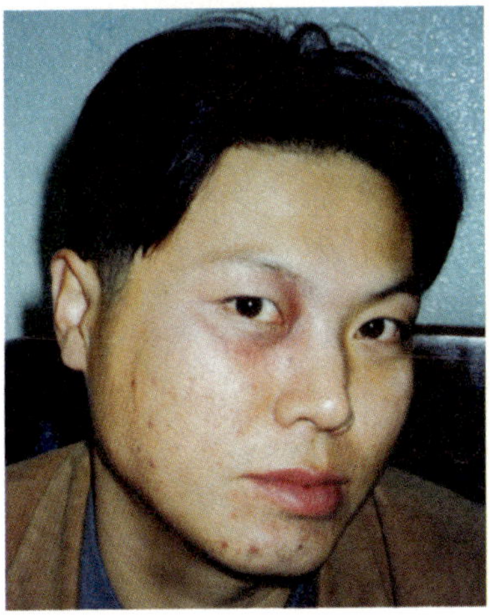

▲ 여드름 & 멍

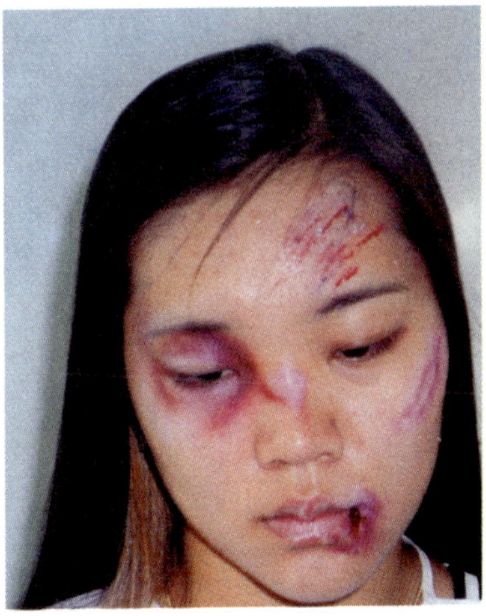

▲ 피멍, 긁힌상처 & 부르튼 입술

두터운 상처를 만들고자 할 경우에는 왁스 이전에 스프리트 검을 묻힌 솜을 부위에 조금만 부착시킨 후, 왁스를 고정시키면 촬영도중 떨어질 우려가 적고, 왁스를 깔끔하게 밀봉하고자 할 경우에는"실러"를 위에 바르면 된다.

왁스를 고정시킨 다음에, 그 위에 파우더를 조금 바르고 긁힌 자욱을 예리한 핀이나 핀셋 등으로 긁이준다. 만일 시멘트 바닥에 긁힌 자욱일 경우에는. 스테이플 스폰지를 이용한다. 굳은 피(픽스 블러드)를 약간 바른후, 액체피를 그 위에 덧바른 다음 마무리한다.

▶ 찔린

찔린 상처는 병, 못, 칼 등 뾰족하고 날카로운 매개체로 인해 생기게 되고 긁힌 상처보다 피부 깊숙히 표현되어야 하므로 왁스양을 약간 더 두텁게 발라주도록 한다. 액상 피를 이용해 흐르는 피를 표현하고 찔린 부위에 칼, 못, 병 파편 등의 매개체를 꽂아 효과를 극대화시킬수도 있다.

⑤ 수염분장

수염은 주로 사극 드라마에 등장하는데 먼저 과거 실존했던 인물들의 초상화를 살피는 것이 중요하고 실제 주변의 할아버지 수염을 관찰해 안목을 키우는 일이 필요하다. 수염의 숱과 형태, 색상은 그 인물의 직업, 신분, 연령, 건강상태, 성격 등의 요인에 의해 영향을 받게되고 그 형태가 결정된다.

▲ 연극공연시 수염분장

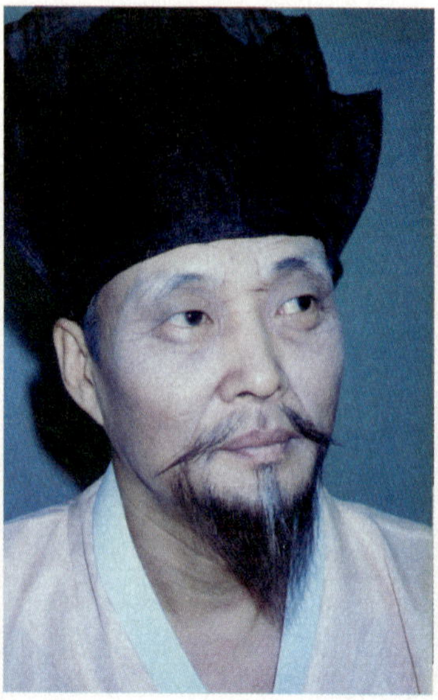

▲ 코미디 프로그램 수염분장

▲ TV 드라마 수염분장

예를 들어 이방이나 첨지 등의 수염은 숱이 적고 그 형태도 가늘고 민첩해 보이나, 대감이나 장수 등의 수염은 그 숱이 훨씬 많고 수염폭이 넓어 우직하면서도 약간 거칠어 보여야 하는 것이다. 특히 수염 분장시에는 수염 재료인 생사와 인조사의 성격, 특징 등을 잘 파악해야 하고 수염의 색은 검정 생사와 흰 생사의 배합 비율에 의해 결정된다. 또한 수염의 재질은 인조사와 생사의 배합 비율, 또는 꼰사인지 직사인지에 따라 달라진다.

3) 영화분장

영화분장은 TV 분장과 큰 차이점이 없지만 스크린이 TV 에 비해 압도적으로 큰 대형화면이므로 한 인물의 클로즈업이 될 때를 가정해 훨씬 섬세하고 꼼꼼하게 이루어져야 한다.

▲ 미세스 다웃파이어 中 로빈윌리암스

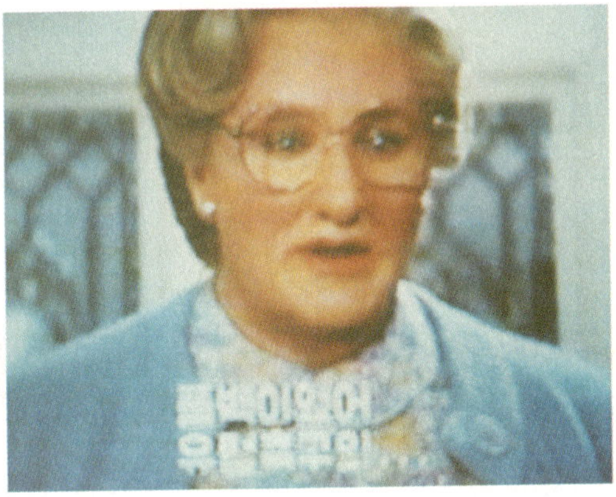

▲ 특수분장(핫 폼 마스크)을 한 로빈윌리암스

▲ 여장을 한 로빈윌리암스

▲ 쥬만지에서 수염분장을 한 로빈윌리암스

특히 영화에서는 관람대상이 한정되므로 과감한 액션장면이나 특수효과, 특수분장 등을 이용한 실감나는 장면 등을 자주 연출하곤 한다. 캐릭터 분장의 경우 편집이나 분장의 제약이 TV 보다 자유로운 편이므로 과감하게 분장의 영역을 발휘할 수 있는 장르이기도 하다.

4) CF 메이크업

상업적인 영리추구 목적의 영상이므로 무엇보다 팔고자 하는 제품의 특징과 광고주의 의도, 출연자의 특징을 파악하는 점이 중요하다.

20초에서 30초동안 나오는 짧은 영상인 반면 수차례 반복되어 나온다는 점에서 결코 만만하게 대강해서는 안되며 분장이 의도적으로 돋보여야 하는 경우(예 : 화장품 CF)를 제외하고는 너무 산만하거나 화려한 분장은 가급적 피하는 것이 좋다.

계절과 트랜드 또한 반영해야 하고 제품 주 소비자층의 성향, 경제적 동향 등에 대한 인식도 필요로 하는 경우가 있다. 광고 영상은 무엇보다 자신의 분장이 작품이 되어서는 안되고 상품과의 조화, 광고주의 기대감 등을 분명히 반영해야만 효과적인 광고 영상분장이라 할 수 있을 것이다.

▲ 「기초화장품」 광고

▲ 「색조화장품」 광고

3. 인쇄매체 분장

1) 사진

사진은 고정된 좁은 화면이므로 메이크업시, 색 선택에 세심한 주의를 기울여야 한다. 먼저 흑백 사진인지 컬러 사진인지를 파악해야 하고 모델의 얼굴 윤곽이 최대한 자연스러우면서도 장점이 부각될수 있도록 메이크업을 시술해야 한다. 그러나 특정 광고 사진이나 이미지 연출 사진의 경우, 색과 선, 질감 표현을 의도적으로 강조하기도 한다. 촬영시 조명의 영향은 사진의 가장 큰 변수로 작용하므로 조명의 입사방향, 광량, 조명의 성질 등을 파악하고 있어야 한다.

(1) 컬러 사진

얼굴이 크거나 밋밋한 모델의 경우, 본인의 기본톤보다 약간 더 어두운 파운데이션을 발라 준 다음 얼굴 외곽과 돌출부위에 갈색 파운데이션으로 음영처리를 하고 T 존 부위에는 라이트 베이지 계열의 파운데이션을 바른다. 이때 무리하게 골격과 윤곽을 수정하려는 욕심을 부리기 보단 최대한 자연스럽고 효과적으로 얼굴의 장점을 살려야 한다. 색조 화장을 할 때에는 모델의 이미지에 가장 부합하는 컬러군을 정한 뒤, 톤과 명도를 결정하고 펄 질감, 글로시 질감 등은 조명 반사로 인한 "윤곽 흐트러짐(퍼짐현상)"을 유발시킴으로 주의해야 한다.

▲ 컬러사진

▲ 흑백사진

하지만 요즈음 광고사진이나 트랜드 사진의 경우에는 의도적으로 얼굴의 광택이나 윤기를 부각시키는 경우도 있는 추세이다. 일반인을 위한 증명사진, 가족사진 촬영시에는 최대한 매트 질감으로 표현하는 것이 사진 인화시 입체감있고 윤곽이 살아 보일수 있음을 알고 있어야 한다.

(2) 흑백 사진

흑백으로 인화할 경우의 사진 메이크업은 주의사항과 고려해야 할 점이 많다. 먼저 흑백사진의 메이크업 포인트는 컬러보다는 윤곽, 즉 평면 화장법보다는 입체화장법이 되어야 한다는 점이다. 파스텔 핑크나 엷은 보라색을 아이새도우로 사용할 경우, 컬러 사진 인화시에는 매력적일수 있으나 흑백으로 인화시에는 너무 흐릿하고 밋밋한 무채색으로 재현되어 버리기 때문이다.

일반적으로 푸른색 계열은 흑백인화시, 약간 흐릿하고 밝게 나오고 진한 붉은색 계열은 흑백 인화시 확실하고 뚜렷한 톤으로 표현된다. 피부 표현은 컬러사진용 파운데이션보다 2톤 정도 밝은 파운데이션을 바른다.

뚜렷한 윤곽과 확실한 음영을 원할시에는 어두운 톤의 색조계열, 예를 들어 립의 윤곽은 다크 브라운으로 그린후, 안에는 와인 브라운이나 오렌지 브라운 등으로 칠할수 있고, 아이새도우 그라데이션을 강조하고 싶을때에는 오렌지 브라운을 펴바른후, 진한 갈색이나 다크 와인, 때로는 회색과 검정색 등으로 포인트 컬러를 표현할 수도 있다. 단, 아이새도우 컬러로 엷은 핑크와 보라색은 적합치 않으며 자연스런 눈매 표현에는 노랑, 연두색등이 적합하다. 하이라이트도 컬러사진을 위한 메이크업보다 훨씬 밝은 흰색 새도우로 표현하는 경우도 있다.

2) 잡지, 카탈로그, 포스터 등

컬러 사진 메이크업 기법과 거의 유사하나 잡지 사진의 경우, 지면의 규격, 종이의 질(유광인지, 무광인지) 메시지의 종류 등의 영향을 받게 되고 무엇보다 모델의 이미지에 적합한 메이크업의 색, 선, 질감 표현을 해야한다는 점이 중요하다.

예를 들어 펄 아이새도우나 립글로스, 펄 파우더를 부각시키려는 광고 잡지 사진을 촬영시에는 단차적인 그라데이션이나 입체감을 표현할 수 있는 메이크업 테크닉이 중요하고 의상 카달로그일 경우에는 의상의 테마와 이미지, 컨셉에 맞도록 메이크업을 해야 조화롭게 표현이 된다. 포스터의 경우에는 메시지 전달이 가장 큰 주안점이므로 전하고자 하는 메시지나 의도를 충분히 파악한 후, 주최즉과의 충분한 협의를 거친 메이크업 디자인, 시술이 행해져야 한다.

▲ mehron 社의 「라이닝 컬러」 광고 전단지

▲ 「신성대학」 미용예술 계열 홍보전단지

3) 메이크업 이미지 사진들

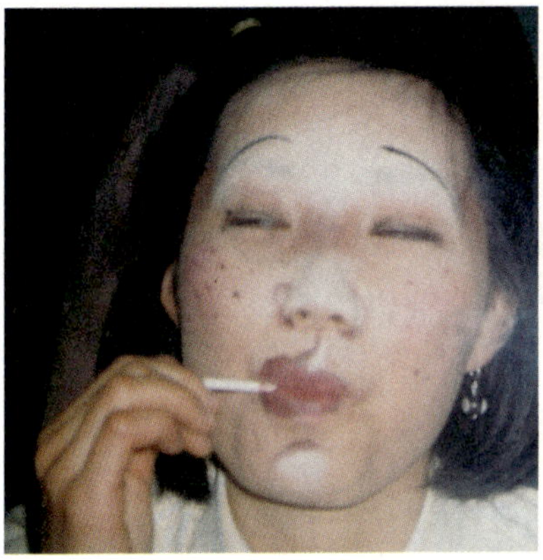

▲ 「바보」 분장

▲ 「삐에로」 분장

▲ fashion show 메이크업

▲ 「바디페인팅」 페스티벌

부록 영상 촬영 시(방송)의 용어

1. 카메라 앵글(Camera Angle) : 화면의 크기, 방향, 구도 등을 결정하는 카메라의 위치를 말한다.(카메라가 피사체를 잡는 각도와 사이즈)
2. 뷰 파인더(View Finder) : 카메라에 붙어있는 렌즈
3. 더빙(Dubbing) : 필름에 소리와 음향효과 등을 써우는 일
4. 콘티뉴티(콘티, Continuty) : 카메라의 움직임, 연기자의 대사, 지문, 동선 등 촬영에 들어가기 이전 연출자가 세우는 작업 스케줄표를 말한다.
5. 씬(Scene) : 카메라가 작동해 정지할 때까지의 샷(Shot) 들이 모여 하나의 장면을 만든 것을 씬이라 말한다.
6. 풀 샷(Full Shot) : 한 인물의 머리 끝부터 발 끝까지를 완전히 화면에 넣는 구도를 말한다.
7. 바스트 샷(Bust Shot) : 인물의 가슴 부분부터 윗 부분까지의 화면을 말하며 드라마나 대담프로그램 등에 많이 등장한다.
8. 웨이스트 샷(Waist Shot) : 인물의 허리 부분부터 윗 부분까지를 말한다.
9. 클로즈 업(Close Up Shot) : 얼굴을 크게 잡는 샷을 말한다.
10. Ad-lib : 대본이 없거나 미리 연습하지 않은채, 즉흥적으로 나오는 대사나 연기를 말한다.
11. Audio-man : 음향기술자
12. Audition : 탤런트, 가수 등의 실력과 끼를 테스트 해보는 것을 말함
13. 카메라 리허설(Camera Rehearsal) : 조명, 카메라, 마이크 등의 스튜디오 시설을 점검하고 준비해 실전처럼 연습해 보는 일
14. 스페셜 이펙트(Special Effects) : 특수효과
15. 스태프(Staff) : 연기자 이외의 제작진에 대한 총칭
16. 스튜디오(Studio) : 촬영과 녹음, 녹화 등이 이루어지는 공간
17. 시놉시스(Synobsis) : 요약, 영화의 내용을 간단한 줄거리로 나타낸 것
18. 프레임 인(Frame In) : 피사체가 카메라의 화각안으로 들어오는 것, 프레임 아웃(Frame Out)의 반대말

4편 네일케어

1. 네일케어의 개요
2. 네일케어의 분야 및 실제

네일케어의 개요

1. 네일 케어의 개요

예로부터 손은 제 2의 두뇌라고 불릴 정도로 일상생활에서 매우 중요한 부분으로 인식되고, 의사소통을 하는 언어로도 자주 사용되고 있다. 또한 손은 젊음을 나타내는 상징의 척도로 다른 신체 부분보다 빨리 노화가 시작되므로, 피부관리가 필요한 것과 마찬가지로 세심한 관리가 필요하다. 이제 네일케어는 아름다운 손을 간직하는데 없어서는 안될 토탈 패션의 한 부분으로써 타인에게 매력적인 호감을 주고 자신에게는 만족감을 부여해 주는 미용의 한 분야로 중요하게 자리매김 되고 있다.

매니큐어(Manicure)란 말은 색상을 의미하는 것이 아니라 네일의 관리를 의미하는 것으로 라틴어의 마누스(Manus/손)와 큐라(Cura/관리)에서 파생되어 네일의 모양 정리, 큐티클 정리, 손 마사지, 칼라링 등을 포함한 총괄적인 손의 관리를 뜻하며 지금까지 5000년에 걸쳐 변화되어 왔다.

1) 네일(Nail)의 의미

사전적으로 '손톱, 발톱, 고정시키다, 못박다' 등의 여러 가지 의미가 있지만 네일 케어에서 네일이 의미하는 것은 손톱, 발톱을 뜻한다. 손·발톱의 해부학적 용어는 오닉스(Onyx)이다. 또한 네일 케어 서비스를 해 주는 사람은 '네일 아티스트(Nail Artist), 네일리스트(Nailist) 혹은 매니큐어리스트(Manicurist)'라고 지칭한다.

2) 네일(Nail)의 구조

(1) 손톱

▶ 네일 바디(Nail Body)
조체, 조판이라고도 하며 눈에 보이는 손톱의 본체 부분.

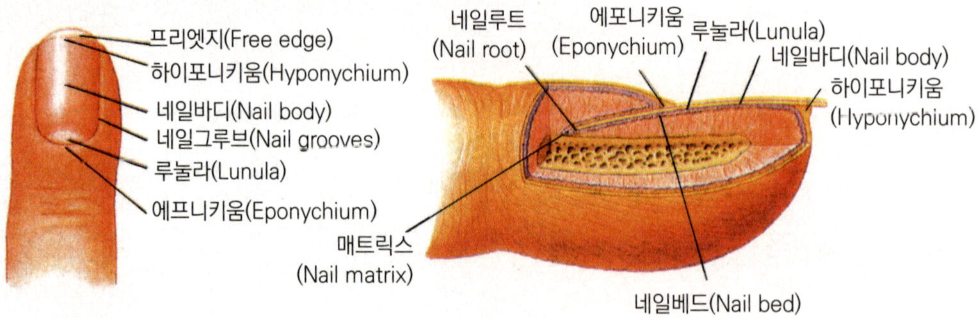

▲ 손톱의 구조

▶ 네일 루트(Nail Root)

조근이라고도 하며 손톱 베이스의 피부 밑에 묻혀있는 얇고 부드러운 조직으로 손톱의 새로운 세포가 만들어져 성장이 시작되는 곳.

▶ 프리 엣지(Free Edge)

손톱의 맨 끝부분으로서 네일 베드(Nail Bed) 없이 손톱만 자라나온 곳.

(2) 손톱 밑

▶ 네일 베드(Nail Bed)

조상이라고도 하며 네일 바디를 받쳐주는 손톱의 밑부분.

▶ 매트릭스(Matrix)

조모라고도 하며 손톱 각질 세포의 생산과 성장을 조절하고 혈관, 신경, 림프관이 분포하는 부분으로 네일 루트(Nail Root) 밑에 위치.

▶ 루눌라(Lunula)

반월이라고도 하며 네일 바디(Nail Body) 부분 중 큐티클 쪽으로 형성된 흰색의 반달모양 부분.

(3) 손톱 주위의 피부

▶ 큐티클(Cuticle)

조소피라고도 하며 손톱의 주위를 덮고 있는 피부.

▶ 네일 폴드(Nail Fold)

네일 루트(Nail Root)가 묻혀 있는 손톱의 베이스에서 깊게 접혀있는 피부.

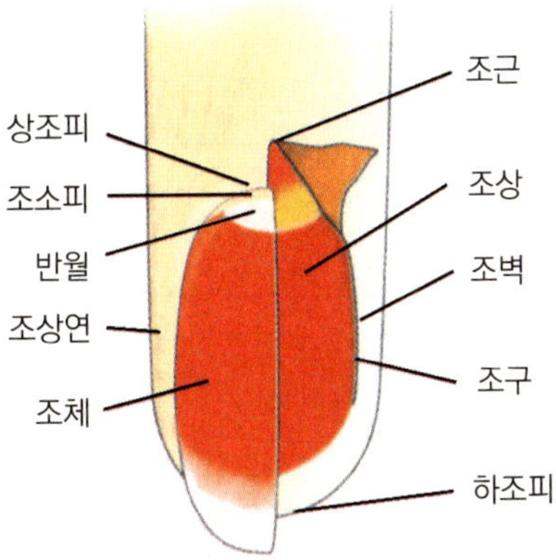

▲ 손톱 주위의 피부

▶ 네일 그루브(Nail Grooves)
조구라고도 하며 네일 베드(Nail Bed)의 양 측면에 좁게 패인 곳.

▶ 네일 월(Nail Wall)
조벽이라고도 하며 네일 그루브(Nail Grooves) 위에 있는 손톱 양쪽 면의 피부.

▶ 에포니키움(Eponychium)
상조피라고도 하며 손톱베이스에 있는 가는 선의 피부.

▶ 페리오니키움(Perionychium)
조상연이라고도 하며 손톱 전체를 둘러싼 피부의 가장자리 부분.

▶ 하이포니키움(Hyponychium)
하조피라고도 하며 프리엣지(Free Edge) 밑부분의 피부.

3) 네일의 기능

▶ 손끝, 발끝 보호 기능
▶ 방어와 공격의 기능
▶ 물건을 잡거나 긁을 때 또는 성상 구별 기능
▶ 장식적 기능

4) 네일의 성장

손톱은 한달에 0.3mm ~ 0.5mm 정도 성장하며 나이와 건강상태에 따라 약간의 차이는 있지만 하나의 손톱이 새로운 손톱으로 완전히 재생되는 데에는 약 4~6개월 정도가 소요된다. 중지 손톱이 가장 빨리 성장하고 엄지 손톱이 가장 늦게 성장하며 오른손잡이의 경우 오른손의 손톱이 빨리 자란다. 발톱의 경우 손톱의 1/2정도의 속도로 성장한다.

네일케어의 분야 및 실제

1. 네일 케어의 기기와 도구

1) 네일 케어 기기

▶ 네일 테이블(Nail Table) : 네일케어 용품을 보관할 수 있는 서랍과 공간이 마련되어 있고, 각도를 조절할 수 있는 40w정도의 램프가 부착되어 있어야 한다.
▶ 네일 아티스트용 의자
▶ 고객용 의자
▶ 습식 소독기(Wet Sanitizer) : 네일 도구의 소독이나 살균을 위해 소독액을 담아두는 용기이다.
▶ 네일 드라이어(Nail Dryer) : 에나멜 시술 후 빠른 건조를 위해 사용하는 전기기기이다. 열선, 공기의 흐름, 자외선을 이용하는 것 등이 있다.
▶ 파라핀 워머기(Paraffin Machine) : 파라핀을 이용한 특수관리시 응고된 파라핀을 녹이는 기기이다.
▶ 재료받침대(Supply Tray)
▶ 왁스 워머기(Wax Warmer) : 불필요한 털의 제모를 위하여 사용하는 딱딱한 고체 상태의 왁스를 녹이는 기기이다.
▶ 각탕기 : 패디큐어를 실시하기 전에 풋 바스(foot bath)나 아로마 에센셜 오일 등을 첨가하여 사용하는 기기이다.
▶ 팁 프리(Tip Free) : 인조 네일 제거를 용이하게 하기 위해 아세톤 원액을 부어 약간 예열시킨 뒤 손톱을 담궈 사용한다.
▶ 핑거볼(Finger Bowl) : 큐티클을 부드럽게 하기 위해 미온수를 담아 손끝을 담글 수 있는 그릇이다.
▶ 고객 손 받침용 쿠션
▶ 솜 보관기(Cotton Case)

■ 네일 케어 기기

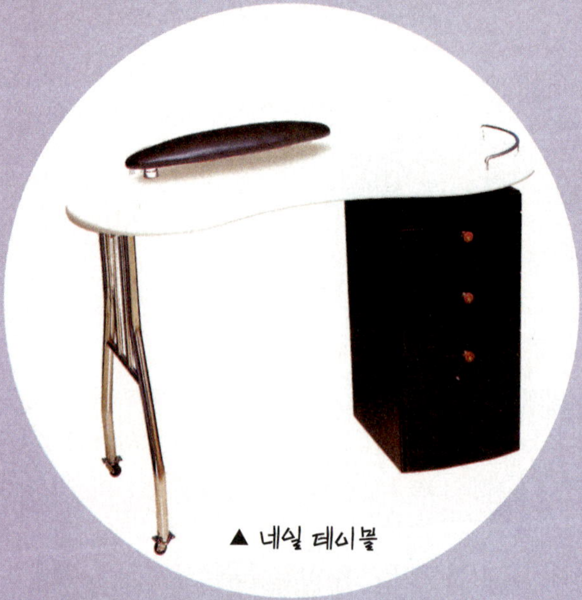

▲ 네일 테이블

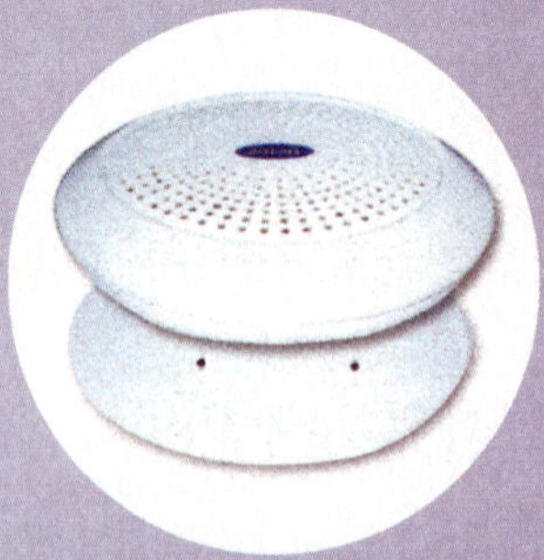

▲ 네일 드라이어

◀ 핑거볼

▲ 각탕기

◀ 왁스워머기

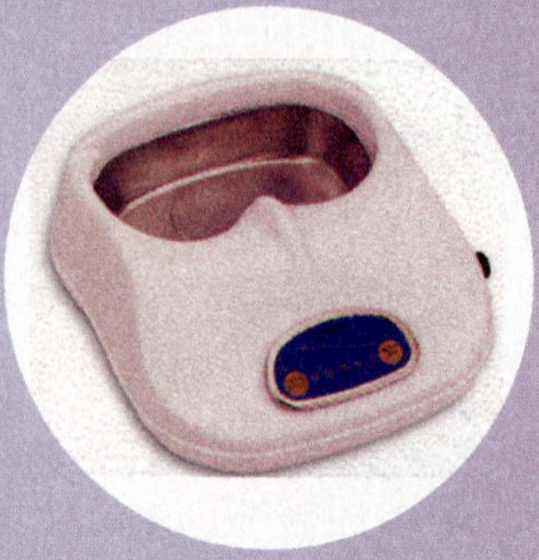

▲ 팁트리

◀ 파라핀워머기

2) 네일 케어 도구 및 재료

(1) 네일 케어 도구

▶ 큐티클 니퍼(Cuticle Nipper) : 네일 주위의 불필요한 큐티클(거스러미, 굳은 살)을 제거하고 정리할 때 사용한다.

▶ 푸셔(Pusher)

① 메탈 푸셔(Metal Pusher)

금속으로 되어 있고, 네일 주위의 굳은 살이나 각질층을 밀어 올리는데 사용한다.

② 스톤 푸셔(Stone pusher)

고운돌 성분으로 되어 있고, 큐티클을 밀어 올리는데 사용하며 메탈 푸셔 사용 후 네일 표면의 각질과 거스러미 등을 좀 더 깨끗하게 제거하는데 효과적이다.

▶ 네일 클리퍼(Nail Clipper) : 자연 네일과 인조 네일의 길이를 자르는데 사용하며, 대부분 일자형의 전문가용을 사용한다.

▶ 팁 커터(Tip Cutter) : 인조 네일의 길이를 조절하여 자르는데 사용하는 전문 도구이다.

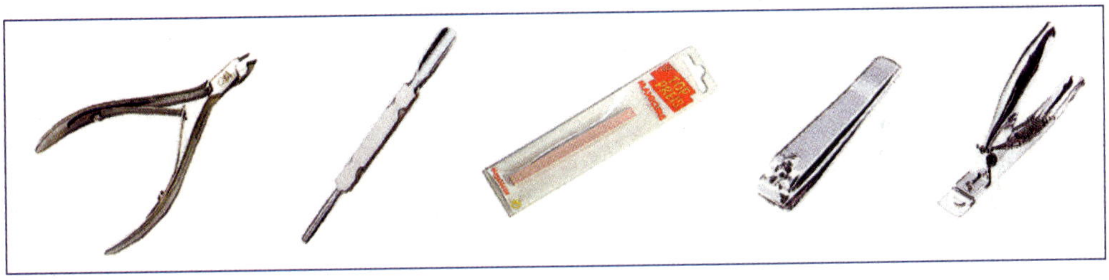

▶ 네일 브러쉬(Nail Brush) : 네일 시술시 파일링 후 생기는 먼지를 털어내는데 사용하거나 습식 매니큐어 시술시 물에 담궜던 네일을 깨끗하게 세척할 때 사용한다.

▶ 랩 가위(Wrap Scissor) : 실크(Silk), 린넨(Linen), 파이버 글래스(Fiber Glass)등 천으로 만들어진 랩을 재단하는데 사용한다.

▶ 핸드 드릴(Hand Drill) : 댕글이나 네일 액세서리를 달고자 하는 경우 네일에 구멍을 뚫을 때 사용한다.

▶ 오렌지 우드 스틱(Orange Wood Stick) : 오렌지 나무로 만든 가느다란 막대기로 한쪽 끝은 뾰족한 연필심 모양으로, 다른 한쪽 끝은 말발굽 모양으로 되어 있고, 큐티클을 밀거나 글루(Glue) 또는 젤(Gel)을 네일 위에 얹을 때, 네일 주위에 묻은 에나멜을 제거할 때 등 다양하게 사용되는 것으로서 연필을 쥐는 방법으로 잡으면 된다.

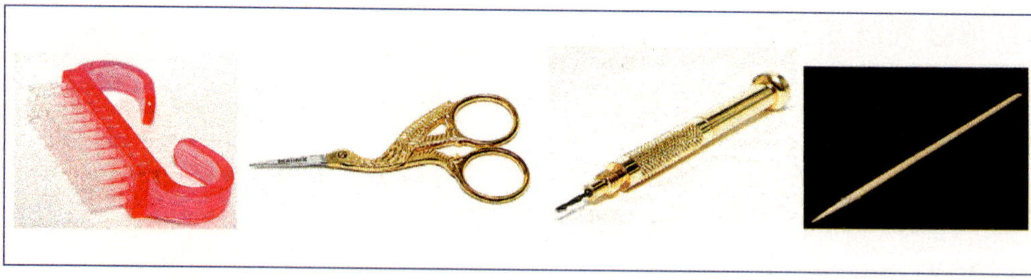

▶ 아크릴릭 브러시(Acrylic Brush) : 아크릴릭 네일 시술시 아크릴릭 브러시에 리퀴드를 묻힌 후 파우더를 이용하여 볼을 만들어 시술한다.

▶ 아크릴릭 폼(Acrylic Form) : 아크릴릭 네일 시술시 네일을 조각하여 연장할 때 프리엣지 부분에 대어 사용하는 것으로 받침대 역할을 한다.

▶ 디스펜저(Dispenser) : 리퀴드, 아세톤, 로션, 알코올, 리무버 등을 담아 사용하기 편리하게 하기 위한 용기이다.

▶ 스파츌라(Spatula) : 크림 제품 등을 덜어낼 때 사용한다.

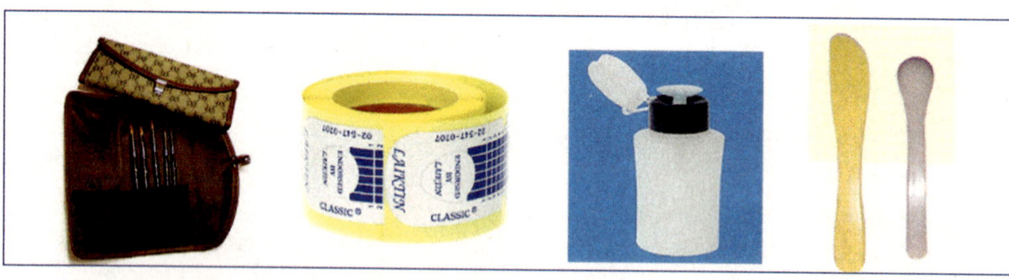

▶ 패디 파일(Pedi-File) : 패디케어 시술시 발바닥의 굳은살 제거 및 크레도 사용 후 발바닥의 버핑을 위해서 사용한다.

▶ 크레도(Credo) : 발바닥의 굳은살 제거를 위한 전문가용 칼로써 조심해서 사용해야 한다.

▶ 토우 세퍼레이터(Toe Seperator)
발가락 사이에 끼워 발가락 사이를 분리하여 고정시켜 주며 네일 에나멜을 바를때 유용하다.

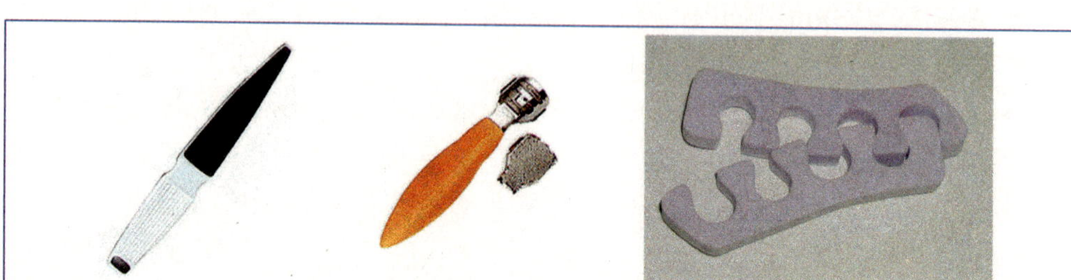

(2) 네일 케어 재료

▶ 솜 : 에나멜이나 오일 등을 제거할 때 리무버를 묻혀 사용한다.

▶ 페이퍼 타올(Paper Towel) : 고객의 손에 묻은 물기나 책상 등을 닦을 때 또는 네일과 네일 주위에 묻은 많은 양의 글루를 덜어낼 때 사용한다.

▶ 파일(File) : 자연 네일과 인조 네일의 길이 조절 및 모양을 낼 때 사용하며 표면을 매끄럽게 할 때도 사용한다. 우드, 쿠션, 메탈 등의 소재로 만들며 Grit(거칠기)의 숫자가 클수록 입자가 가늘고 부드럽다.

▶ 샌딩블럭(Sanding Block) : 네일 표면의 거칠음과 기복을 매끄럽게 정리할 때 또는 랩핑이나 네일 팁 서비스시 글루나 젤을 바른 후 부드럽게 마무리할 때 사용한다. 화이트 샌딩, 블랙 샌딩, 3-way 샌딩이 있다.

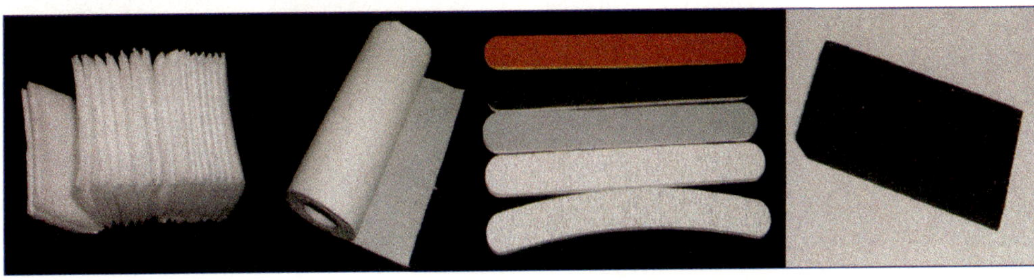

▶ 라운드 패드(Round Pad) : 파일링을 하고난 후 네일 밑의 거스러미를 제거할 때 사용한다.

▶ 삼색파일(3-way File) : 거칠기가 다른 세 면으로 되어있어 단계별로 네일 표면을 문질러 광택을 내는데 사용한다.

▶ 알코올(Alcohol) : 네일 테이블과 네일 케어 서비스시 사용되는 기기 및 도구들을 소독하는데 사용한다.

▶ 손소독제(Antiseptic) : 네일리스트와 고객의 손을 소독할 때 사용한다.

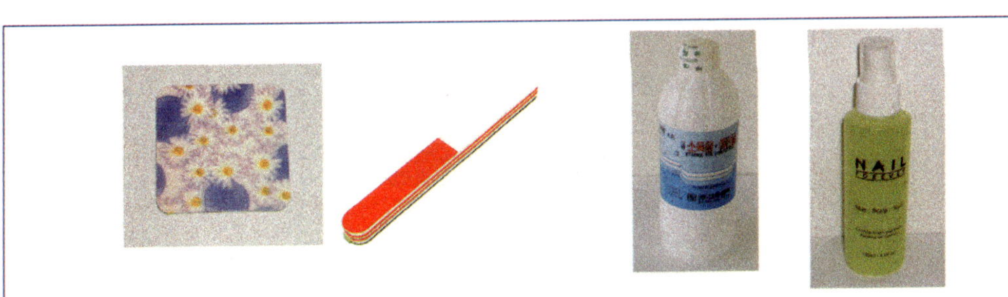

▶ 네일 에나멜 리무버(Polish Remover) : 아세톤(Aceton)과 비아세톤(Non Aceton)이 있으며 네일 팁 등을 녹이거나 에나멜 색상을 제거하는데 사용한다.

▶ 큐티클 오일(Cuticle Oil) : 네일과 큐티클 주위의 피부에 영양을 주고 부드럽게 해 주며 손톱 성장을 촉진시킨다. 주로 식물성과 동물성에서 추출한 오일을 이용한다.

▶ 베이스 코트(Base Coat) : 에나멜을 바르기 전에 바르는 것으로 자연 네일의 변색과 오염을 방지하고 에나멜이 잘 접착되도록 해준다.

▶ 탑 코트(Top Coat) : 에나멜을 바른 후에 발라주는 것으로 광택을 주고 쉽게 벗겨지지 않도록 에나멜을 보호한다.

▶ 네일 보강제(Nail Strengthener) : 잘 부러지거나 갈라지는 약한 네일에 발라주어 견고함을 부여하는 것으로 베이스 코트를 바르기 전에 사용한다.

▶ 네일 블리취(Nail Bleach) : 누렇게 변색된 자연 네일과 네일 주변의 착색된 얼룩을 제거할 때 사용하는 것으로 오렌지 우드스틱에 솜을 말아 적셔 사용한다.

▶ 네일 에나멜(Nail Enamel) : 다양한 색상을 띠고 있는 것으로 팔리쉬(Polish), 컬러(Color)라고도 일컬으며 보통 네일 표면에 2회 정도 발라준다.

▶ 네일 에나멜 띠너(Nail Enamel Thinner) : 에나멜이 굳었거나 끈적끈적할 때 한두 방울 정도 떨어뜨려 묽게 해준다.

▶ 핸드 마사지 크림(Hand Massage Cream) : 손이나 발의 마사지시 사용하는 것으로 피부에 보습과 유분을 제공해 준다.
▶ 글루(Glue) : 네일 팁이나 랩을 접착할 때 사용하는 네일 전용 접착제로서 샌딩 블럭을 사용하기 전 네일 표면에 전체적으로 도포할 때에도 사용한다.
▶ 젤(Gel) : 글루보다 접착력이 뛰어나서 네일 팁이나 랩을 오래 유지시켜 준다.
▶ 글루 드라이어(Glue Dryer) : 글루나 젤을 빨리 건조시켜 주고 강하게 해준다.

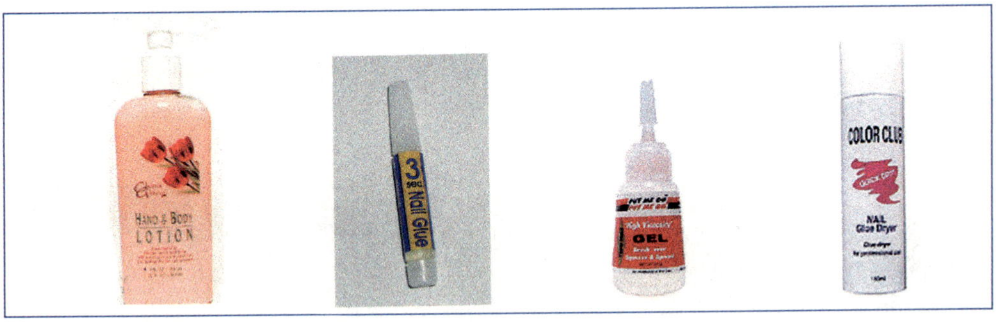

▶ 필러 파우더(Filler Powder) : 네일 팁, 랩 등의 떨어져나간 부분을 보강해 주거나, 랩 익스텐션 서비스시 네일 길이를 연장하기 위해 사용한다.
▶ 랩(Wrap) : 네일이 갈라지거나 찢어질 경우 보강을 위해 실크나 린넨, 화이버 글래스 등으로 랩핑(Wrapping)을 하거나, 네일 길이를 연장할 때 사용한다.
▶ 네일 팁(Nail Tip) : 인조 손톱으로 짧은 자연 네일 위에 접착하여 네일을 길게 연장하고자 할 때 사용하는 것으로 플라스틱, 아세테이트, 나일론 등의 소재로 되어 있다.
▶ 지혈제(Styptic) : 큐티클 제거시나 도구 사용시 실수로 출혈이 생긴 경우 출혈 부위에 바로 떨어뜨려 지혈되도록 한다.

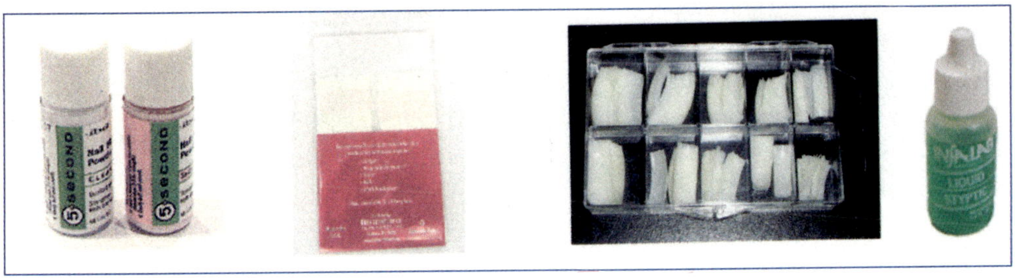

▶ 프라이머(Primer) : 네일에 올린 아크릴릭 볼이 잘 접착되도록 자연 네일에 바르는 것으로 피부에 닿지 않도록 주의해야 한다.

▶ 아크릴릭 리퀴드(Acrylic Liquid) : 아크릴릭 브러시에 아크릴릭 리퀴드를 적신 후 아크릴릭 파우더를 묻혀 사용하는 것으로, 제품을 튼튼하게 해주고 작업을 쉽게 할 수 있도록 도와준다.

▶ 브러시 클리너(Brush Cleaner) : 아크릴릭 리퀴드 사용 후 아크릴릭 브러시를 보관하기 전에 클리너에 브러시를 깨끗하게 씻은 후 보관한다.

▶ 아크릴릭 파우더(Acrylic Powder) : 아크릴로 된 파우더로 리퀴드와 혼합하여 네일 팁의 보강이나 길이 연장시에 사용한다.

2. 네일 케어의 분야와 실제

1) 네일 모양(Nail Shape)

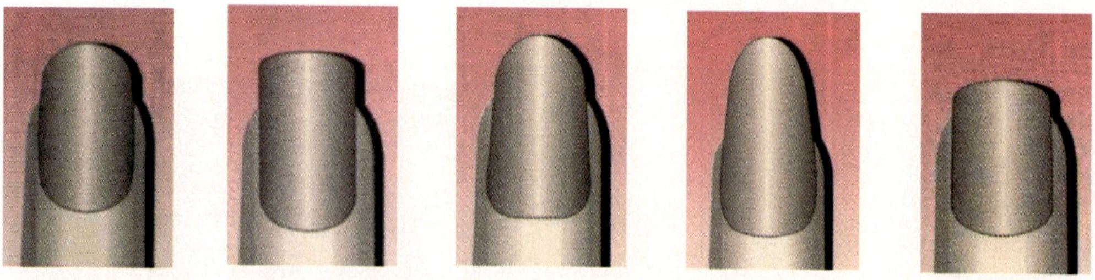

라운드형 (Round) | 스퀘어형 (Square) | 오발형 (Oval) | 아몬드형 (Almond) | 라운드스퀘어형 (Round Square)

▲ 네일의 모양

2) 손과 팔 마사지

마사지는 피부에 보습과 탄력을 주는 것은 물론 혈액 순환을 원활하게 하며 고객에게 편안함과 휴식을 주는 서비스이다.

① 로션 바르기 ➡ ② 손등 마사지 ➡ ③ 손가락 마사지 ➡ ④ 손바닥 마사지
⑤ 팔 마사지 ➡ ⑥ 팔꿈치 마사지 ➡ ⑦ 전체 쓰다듬기

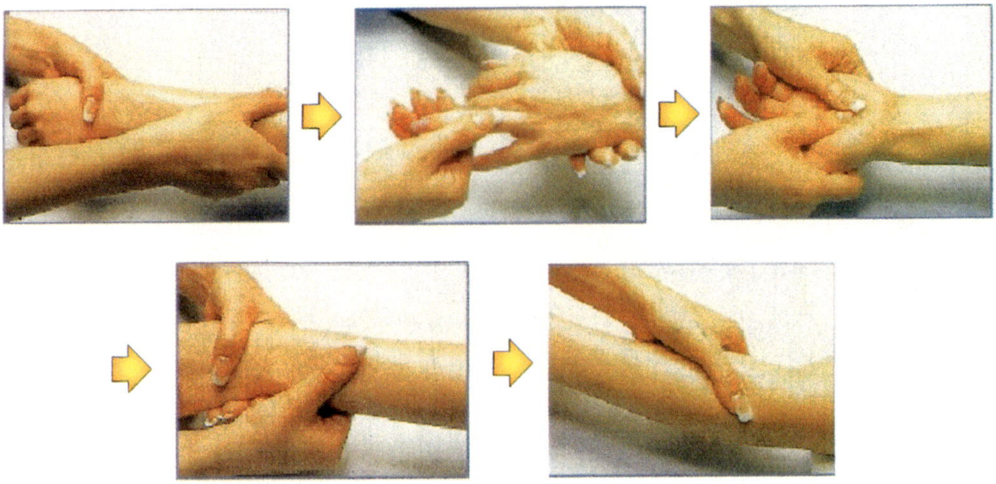

3) 레귤러 매니큐어(Regular Manicure)

가장 일반적인 손과 네일의 관리 방법으로 정돈된 자연 네일을 항균 비눗물에 담궜다가 큐티클을 깨끗하게 정리하고 마사지한 뒤 에나멜을 바르는 것으로 마무리한다.

(1) 준비물

타올, 고객용 팔 받침 쿠션, 솜, 리무버, 핑거볼, 파일, 샌딩블럭, 네일 브러쉬, 큐티클 오일, 메탈푸셔, 스톤푸셔, 니퍼, 손소독제, 페이퍼 타올, 핸드 마사지 로션, 오렌지 우드 스틱, 베이스 코트, 에나멜, 탑 코트, 에나멜 드라이어, 클리퍼, 알코올, 액체 소독제, 지혈제, 삼색 파일, 라운드 패드

(2) 사전 준비

① 모든 도구 소독.
② 매니큐어 테이블을 70% 알코올로 닦는다.
③ 타올과 고객용 팔 받침 쿠션 준비.
④ 모든 준비물을 받침대에 정돈.
⑤ 네일리스트와 고객의 손 깨끗이 닦을 것.
⑥ 따듯한 항균 비눗물을 핑거볼에 담아 놓는다.

(3) 레귤러 매니큐어 절차

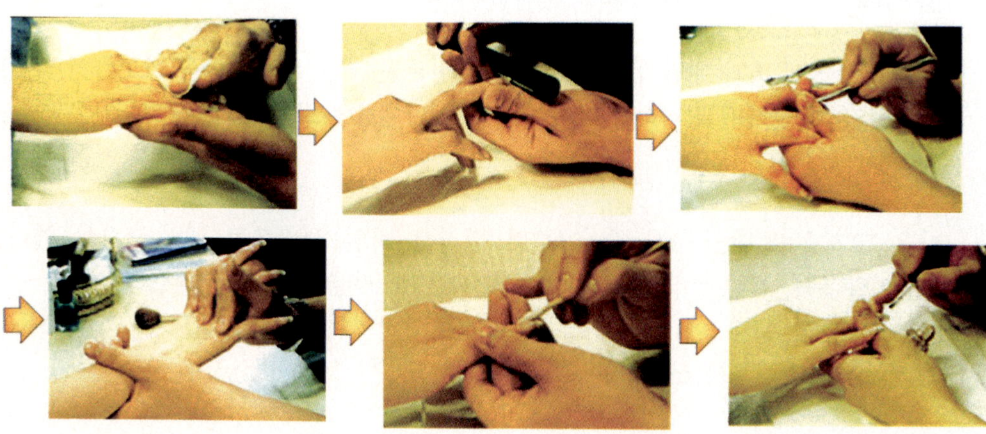

4) 프랜치 매니큐어(French Manicure)

프랜치 매니큐어는 레귤러 매니큐어와 에나멜을 바르는 순서만 다를 뿐 절차가 동일하며 프리엣지에 다른 색상의 에나멜을 발라 줌으로써 색다른 느낌을 주고, 여름철에 어울리는 매니큐어이다.

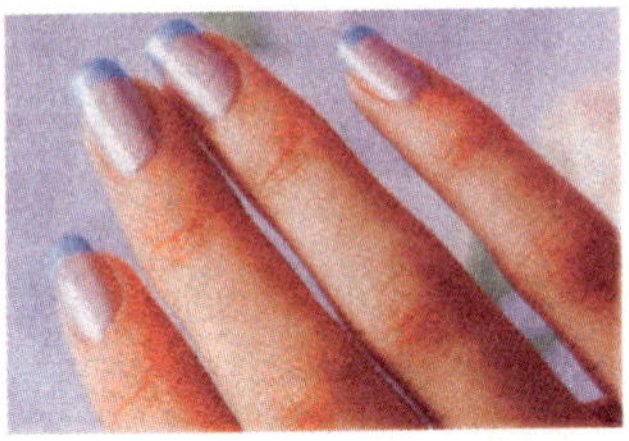

5) 파라핀 매니큐어(Paraffin Manicure)

파라핀 매니큐어는 파라핀 전용 워머기에 파라핀을 예열하여 피부에 도포하거나 담궈 막을 형성시켜 관리하는 방법으로써 피부에 열과 수분을 공급하여 모공을 열어주고, 피부의 혈액순환을 촉진시켜 거칠고 건조한 피부를 부드럽고 깨끗하게 만들어 준다.

(1) 준비물

레귤러 매니큐어의 준비물 + 파라핀 왁스, 파라핀 워머기, 손 전용 플라스틱 백, 손·발 전용 전기 장갑

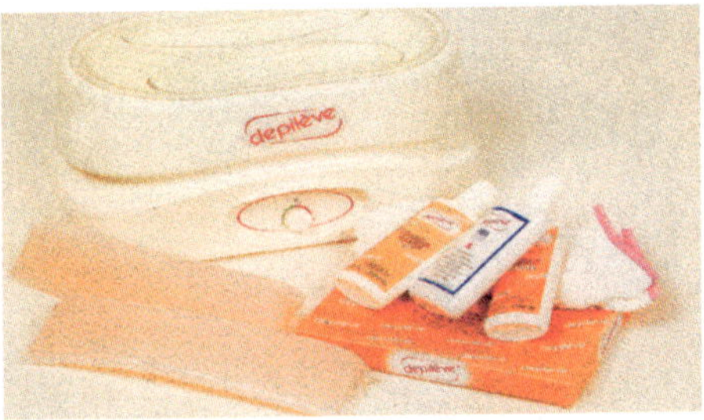

(2) 사전 준비

① 레귤러 매니큐어 사전 준비와 동일
② 파라핀 왁스가 녹는데는 3~4시간 정도가 소요되므로 미리 파라핀 워머기를 작동시켜 놓아야 함.

(3) 파라핀 매니큐어 절차

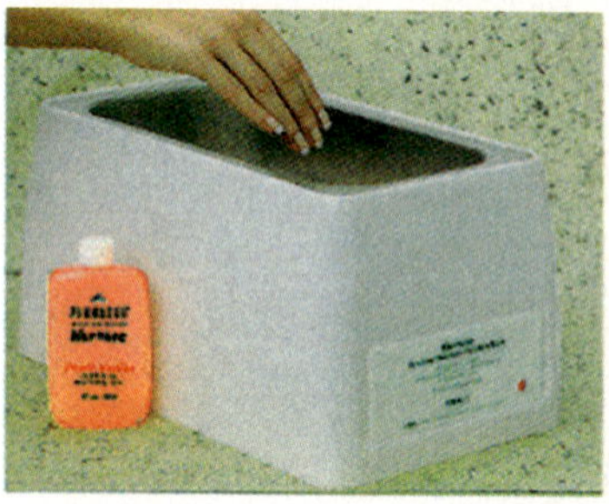

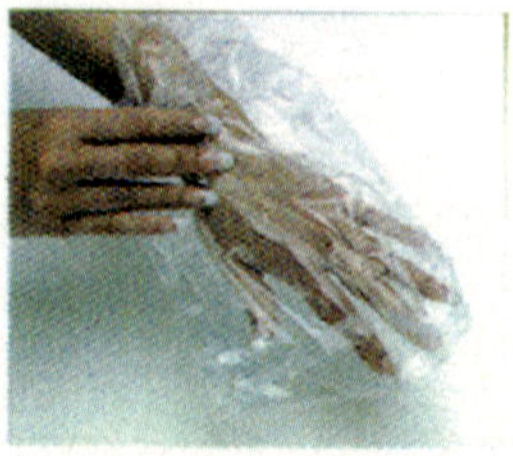

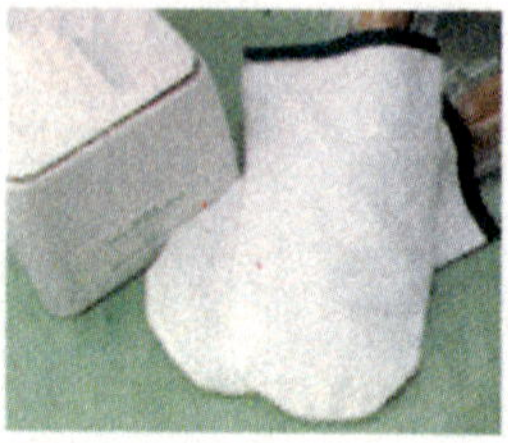

6) 패디큐어(Pedicure)

패디큐어란 발톱 길이를 정리하고 파일로 매끄럽고 예쁜 모양으로 다듬어 준 후 마사지, 네일 에나멜을 칠하는 전체 과정을 일컫는다. 일반적으로 발톱의 노출이 많은 여름철에 고객들이 많이 원하는 관리이다.

(1) 준비물

레귤러 매니큐어의 준비물 +각탕기, 고객용 의자, 네일리스트 의자, 발 받침대, 토우 세퍼레이터, 패디파일, 패디스톤, 패디큐어 슬리퍼, 발전용 파우더, 발전용, 스크럽, 발전용 로션

(2) 사전준비

① 패디큐어 도구 소독.
② 패디큐어 기구 정돈 및 70% 알코올로 닦기.
③ 각탕기에 항균 비누를 섞은 따뜻한 물 준비.
④ 발 받침대에 타올을 얹는다.
⑤ 모든 준비물을 사용하기 편하도록 진열.
⑥ 시술자의 손을 깨끗이 닦는다.

(3) 패디큐어 절차

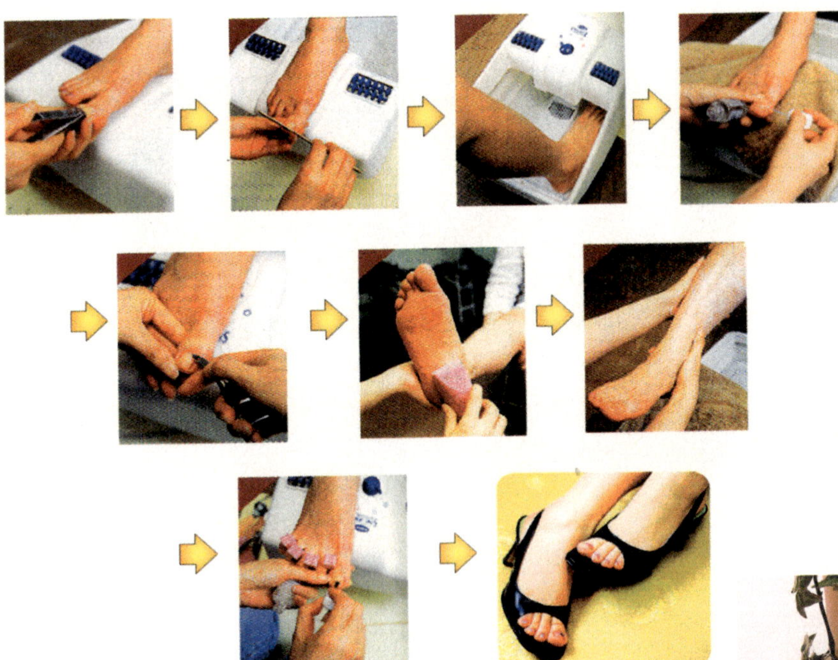

패디큐어 완성 ▶

7) 인조 네일의 응용

(1) 네일 팁(Nail Tip)

네일 팁은 플라스틱, 나일론 등으로 만들어진 것으로 자연 네일에 네일 팁을 접착하여 손톱의 길이를 길게 연상하여 주는 것으로 오래도록 유지되도록 하기 위하여 랩이나 아크릴릭 네일 등으로 접착하여 튼튼하게 할 수 있다.

▶ 준비물

레귤러 매니큐어 준비물 + 파일(거칠은 면), 글루, 젤, 네일 팁, 팁 커터, 글루 드라이어, 필러파우더.

▶ 네일 팁 완성

(2) 네일 랩(Nail Wrap)

네일 랩은 손상되고 표면이 약한 자연 네일이나 네일 팁 접착 후에 씌워 네일을 보호 또는 보강해 주는 관리이다.

▶ 준비물

레귤러 매니큐어 준비물 +네일 랩, 글루, 젤, 랩 가위, 글루 드라이어

(3) 랩 익스텐션(Wrap Extension)

랩 익스텐션은 네일 팁을 사용하지 않고 랩과 필러 파우더, 글루만을 사용하여 네일의 길이를 늘려주는 관리이다. 네일 팁에 비해 조이는 부담감이 적고 느낌이 가볍다.

▶ 준비물

네일 랩의 준비물과 동일.

▶ 랩 익스텐션 절차

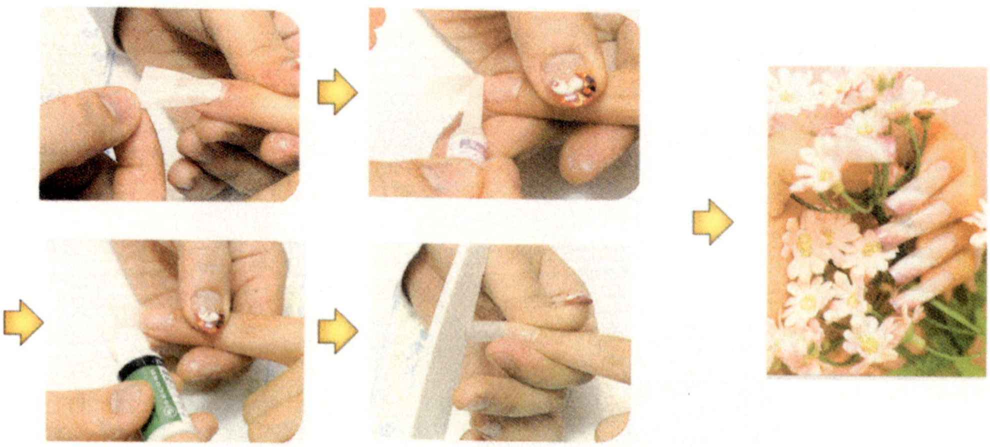

8) 아크릴릭 네일(Acrylic Nail)

아크릴릭 네일은 아크릴릭 리퀴드와 아크릴릭 파우더의 혼합으로 만드는 것으로 자연 네일과 네일 팁에는 물론 약한 자연 네일을 보강하는 등 다양하게 활용되어 진다.

(1) 준비물

레귤러 매니큐어 준비물 + 아크릴릭 리퀴드, 아크릴릭 파우더, 프라이머, 아크릴릭 브러쉬, 네일 폼, 디펜디쉬, 브러쉬 크리너, 눈 보호용 안경, 마스크

(2) 네일 폼을 이용한 아크릴릭 네일 절차

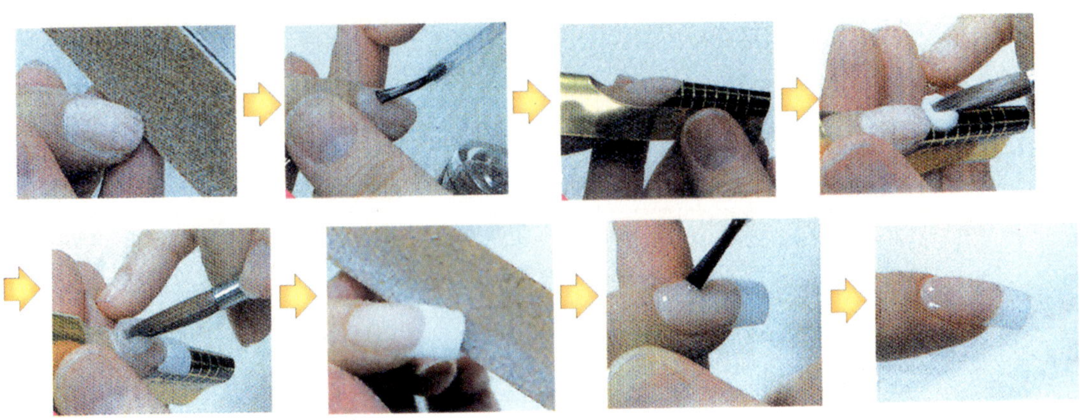

(3) 네일 팁을 이용한 아크릴릭 네일

네일 폼을 이용한 아크릴릭 네일 절차와 유사하나 먼저 네일 팁을 접착한 후에 아크릴릭 볼을 얹어 프리엣지를 만들어 간다는 점이 다르다.

9) 왁싱(Waxing)

왁싱이란 왁스를 이용하여 신체의 원하지 않는 부분의 털(겨드랑이, 팔, 다리 등)을 제거하는 방법으로 털의 모근까지 제거되기 때문에 다시 성장하는데 약 2~4주 정도 소요된다.

(1) 준비물

왁스, 왁스 워머기, 스파튤라, 무슬린 천, 족집게, 피부 소독제, 피부 진정제, 오일, 파우더, 솜, 가위

(2) 왁싱 절차

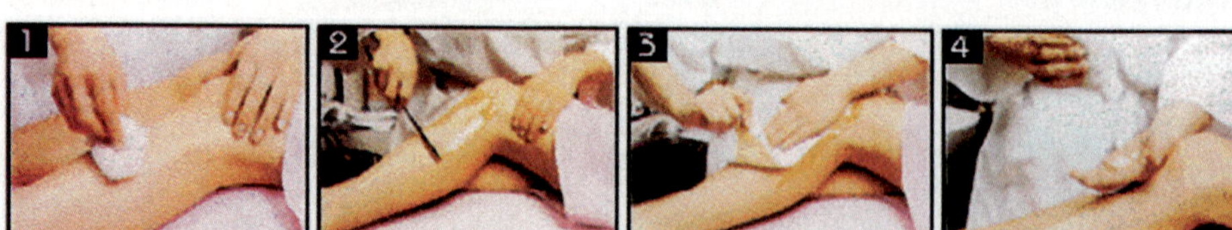

3. 네일 아트(Nail Art)

네일 디자인(Nail Design)이라고도 하며 네일 케어와 함께 더 나아가 개성과 미를 창조하는 예술작업이라 할 수 있다. 다양한 재료, 컬러를 이용하여 핸드 페인팅(Hand painting), 에어 브러쉬(Airbrush) 등의 기법으로 표현이 되어지며 네일 테크닉 중 가장 섬세함과 창조적인 능력을 요구하는 분야라 할 수 있다.

1) 네일 아트의 종류

(1) 라인 스톤(Rhine Stone)

크고 작은 다양한 색상의 라인 스톤을 붙여 주는 방법으로 표현하기가 쉽고, 핸드 페인팅이나 에어브러쉬 등의 평면 디자인과 함께 응용하면 더욱 돋보인다.

(2) 스트라이핑 테잎(Striping Tape)

라인 테이프, 사선 테이프 등으로도 불리우며 네일 아트용으로 쓰는 가는 디자인 테이프를 말하는 것으로 여러 가지 색상이 있고 주로 골드와 실버 색상이 많이 쓰인다. 선의 아름다움과 세련미를 나타낸다.

(3) 마블링(Marbling)

마블링이란 한 가지색 또는 여러 가지 색의 에나멜을 섞어 대리석 무늬와 같은 비구상적 효과를 보는 기법으로 사용 재료에 따라 워터 마블과 에나멜 마블로 나뉜다.

▶ 워터 마블(Water marble) : 물이 담긴 컵에 원하는 색상의 워터 마블용 페인트를 한 방울씩 떨어뜨리고 손가락을 넣어 잘 저은 다음 꺼내면 아름다운 마블 디자인이 연출되는 기법.

▶ 에나멜 마블(Enamel marble) : 두 가지 색 이상의 에나멜을 마블링 툴로 문질러 원하는 대로 디자인 하는 기법.

(4) 핸드 페인트(Hand Paint)

아크릴 물감과 붓을 이용하여 손톱 위에 다양한 그림을 직접 디자인 하는 기법으로 네일 아티스트의 상상력과 미술적 감각, 재능이 필요하다.

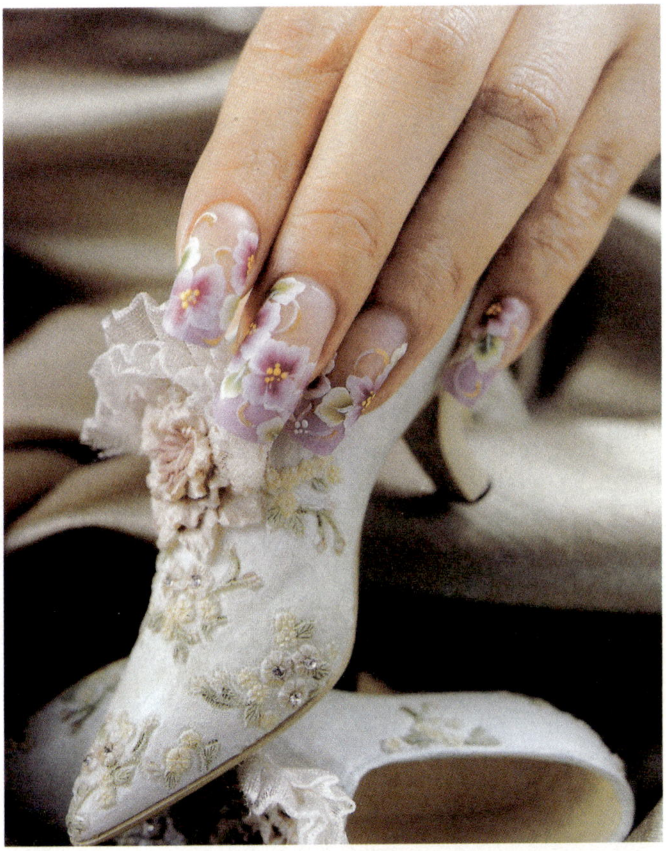

(5) 3D Art

3D(3 Dimensions) Art는 아크릴릭 파우더와 컬러 파우더를 이용해 입체적인 디자인을 연출하는 기법으로 많은 구상과 사전 제작시간이 필요한 것은 물론 네일아티스트의 섬세한 예술 감각이 필요하며 콘테스트, 네일 쇼 등에 활용되어지는 것이 보편적이다.

(6) 에어 브러쉬(Air Brush)

에어 브러쉬는 손톱 위에 물감을 분사하여 자연스럽고 신비스러운 색상을 만들어 내거나, 스텐실을 이용하여 원하는 디자인을 정교하고 빠르게 창조해 내는 기구를 이용한 아트 기법으로 어떤 네일 아트 기법과도 비교될 수 없을 만큼 자연스러운 색상 조화와 다양성을 갖춘 소재 그리고 빠르게 취급할 수 있다는 것이 특징이다.

(7) 데칼(Decals)

데칼은 가장 대중적인 네일 아트 중 하나로써 대량 생산되어 판박이 형태로 한 장의 종이에 여러 가지 디자인이 그려져 있으며 뒷면에 접착력이 있는 것과 물에 담가서 건져낸 후 시술하는 타입이 있다.

참고문헌

1. 우리옷 이천년, 문화관광부, 미술문화, 2001
2. 20세기 유행의 변천사, 라사라교육개발원 편, 라사라패션정보, 2000
3. 의상학의 이해, 이선재, 학문사, 1998
4. 현대패션 100년, 금기숙 외, 교문사, 2002
5. 영화포스터로 보는 50~60년대 흘러간 명화, 성필원 엮음, 도전과 성취, 2002
6. 클라시커 50명화, 니콜라우스 슈뢰더 저, 남완석 옮김, 해냄, 2001
7. 메이크업 & 스타일 100년사, Beauty & Health 연구회 역, 현문사 2001
8. 미용미학과 미용문화사, 전선정외, 청구문화사, 2001
9. 20세기의 모드, 이경희, 교학연구사, 2001
10. 헤어컷 디자인, 이상근, 형설출판사, 2001
11. 모발미용학, 곽형심, 정문각, 1999
12. 동서양 미용 문화사, 김춘득, 현문사, 2002
13. 1940s HAIRSTYLES, TURUDICH.D, STREAMLINE PRESS, 2001
14. marcel 3, 4호,
15. 색(色), 조기여, 이화순, 배현숙, 김영란 외, 성화, 2003
16. Hair color design, 배선향 외, 예림, 2003
17. Hair color art, 이미선 외, 현문사, 1999
18. Up-style 총론, 지상기 외, 고문사, 2000
19. 미용학개론, 김계순 외, 훈민사, 2001
20. Design of permanent wave, 정년구 외, 성화, 2002
21. Make up II, 김경순, 김미애, 박성희, 오인영, 청구문화사, 2000
22. Stage Make up, Rosemarie Swinfield, Betterway Books, 1994
23. Grimas, Make up Voor Professional En Hobby Stichting Grimas, 1992
24. The Complete Make-up Artist, Penny Dilamar Northwestern University Press, 1995
25. 연극, 영화, TV를 위한 실전 메이크업 Lee Baygan저, 이상훈 역, 예니, 1994
26. 메이크업 디자인, 강근영, 오인영, 이숙연 저, 훈민사, 2003
27. 한국분장예술, 강대영 저, 지인당, 1999
28. Make up for Theatre, Film & Television, Lee Baygan, A & C Black Publisher, 1984
29. Peluquerias 20, 29, 32호
30. Nail Pia 5호 2002, 9호 2003
31. 네일관리학, 이영순 외, 고문사, 2000
32. 모발 미용학, 이원경, 청구문화사
33. 네일회보 4호 2003
34. 메이크업&코디, 김광숙 외, 예림, 2003
35. 한국과 서양의 화장문화사, 김희숙, 청구문화사, 2000
36. Make up Design 이혜성, 현문사, 2003
37. 메이크업 디자인, 강근영 외, 훈민사
38. 100AND DE BEAUTY, beauty&health, 현문사, 2001

찾아보기

【ㄱ】
각질층· 149
각탕기·283
강찰법·169
건성피부·154
게로스킨·253
경락·185
경모·41
경찰법·169
고타법·170
과립층·150
관경서분변상도·31
광선기·61
교원섬유·152
귀부녀복·207
그라데이션 커트·81
그레타가르보·19
금속성 염모제·115
깁슨걸 스타일·19

【ㄴ】
나칭 커트·85
내낭모초·42
냉침법·174
네슬러·13
네일 그루브·281
네일 드라이어·283
네일 루트·280
네일 바디·279
네일 베드·280
네일 월·281
네일 클리퍼·285
네일 폴드·280
노말 페이퍼·84

【ㄷ】
대수·31
덴멘 브러쉬·133
도란·252
독맥·189
뒤꽂이·32
딥 페이퍼·84

【ㄹ】
라텍스·252
레이어 커트·81
롤 브러쉬·133
롱 스트록·85
루눌라·280
림프계·197
림프구·199
림프절·198
립그로스·233
립라이너·233
립밤·233
립크레용·233
립크림·233
링고 스타일·20

【ㅁ】
마스카라·232
망상층·152
머쉬룸 컷트·23
메이크업 베이스·226
메탈 푸셔·285
멜라닌·110
면역·199
모간·42
모구·42
모근·42
모낭벽 42
모수질·44
모표피·43
모피질·43
미디움 스트록·85

【ㅂ】

바디 페인팅·262
발생기·46
백코밍·139
뱀모양장식관·13
버블스타일·22
벌드캡·253
복합성피부·157
분장·251
뷰티콤·61
브로우 드라이·131
브로킹·88, 101
블랙 스폰지·252
블리셔·235
블런트 커트·80
비장·198

【ㅅ】

산성 퍼머넌트 웨이브제·96
성장기·45
세미 보브 스타일·19
세이핑 레이져·75
소프트 바이오빔·61
쇼트 스트록·85
수궐음심포경·188
수산리고분벽화모사도·27
수소양삼초경·188
수소음심경·187
수양명대장경·186
수염·252
수요법·191
수증기 증류법·175
수태양소장경·187
수태음폐경·186
스켈톤 브러쉬·133
스퀘어 커트·81
스톤 푸셔·285
스트레이트 보브 스타일·18
스트록·85
스피크만·16
슬리더링·84
습식 소독기·283
습포법·176
시뇽 스타일·21
시스테인 퍼머넌트 웨이브제·96
식물성 염모제·115
실러·253
싱글링·84
쌍영총의 귀부인도·207

【ㅇ】

아로마테라피·173
아스트베리·16
아이브로우·227
아이라이너·232
아이섀도우·230
아트 메이크업·262
압박법·170
압축법·175
어여머리·31
업 스타일·136
에센셜오일·173
에포니키움·281
엔드 페이퍼·84
여드름 피부·158
연모·41
염결합·53
예민성 피부·157
올드 스킨 플라스트·253
와인딩·102
왁스 워머기·283
왁스·253
외모낭초·42
원랭스 커트·81
웨딩메이크업·246
위빙 스트랜드·27
유-멜라닌·110
유극층·150
유두기질·42
유두층·151
유두하층·151
유성 염모제·115
유연법·170
이사도라 컷트·23
임맥·189

【ㅈ】

제트펄세이션·61

족궐음간경·189
족소음담경·188
족소음신경·188
족양명위경·186
족태양방광경·187
족태음비경·187
중성피부·154
지성피부·156
진동법·170
진피·151
진피 모근초·42
쪽진머리·31

【ㅊ】

첩지·32
측쇄결합·52
캐리어 오일·175
컬러링·28
케라틴·93

【ㅋ】

콜드 퍼머넌트 웨이브·16
콜로디옹·253
큐티클 니퍼·285
큐티클·280
크라운 봄베이지 스타일·23
크로키놀식 와인딩·91
크린싱·166
클로데트 콜베르·19
클리퍼·77
킨키헤어·19

【ㅌ】

탄력섬유·152
테이퍼링·84
퇴화기·45
투명층·150
튜플라스트·253
트랜드 메이크업·244
티오글리콜산·93
티오글리콜산제·95
틴닝 가위·74
틴닝커트·25
팁 커터·285
팁 프리·283

【ㅍ】

파라핀 워머기·283
파운데이션·227
패션 메이크업·243
페리오니키움·281
페오-멜라닌·110
페이지 보이 보브·21
펩타이드 결합·52
포니테일러·22
표피·148
푸들 컷·21
프리 엣지·280
피하조직·152
핑거볼·283

【ㅎ】

하이포니키움·281
합성 염모제·116
헤르메스 헤어두·21
헤어 트리트먼트·126
확산법·175
휘발성 용매 추출·175
휴지기·46
훙선·198
흡입법·176

INDEX

【A】
Acne skin · 158
Anagen Stage · 45
Aqua Color · 252
Aromatherapy · 173

【B】
blocking · 101
Blocking · 88
Blunt cut · 80
Blusher · 235
Buld Cap · 253

【C】
Care – Aesthetic · 145
Carrier Oil · 175
Catagen · 45
Charles Nessler · 91
Charles Nestler · 13, 16
Cleansing · 166
Clipper · 77
Clipping · 84
Collagen fiber · 152
Collodion · 253
Combination skin · 157
Compress · 176
Cortex · 43
Couperose Skin · 157
croquignole winding · 91
cuticle · 43
Cuticle Nipper · 285
Cuticle · 280
cysteine permanent wave · 96
Cystine 결합 · 52

【D】
Day Make-up · 239
Deep Taper · 84
Dermal root sheath · 42
Dermis, Cutis, Corium · 151
Dohran · 252

【E】
Effleurage · 169
Elastin fiber · 152
Electric Aesthetic · 146
End Taper · 84
Epidermis · 148
Eponychium · 281
Essential Oil · 173
Eu-melanin · 110
Expression · 175
Eye Brow · 227
Eye liner · 232
Eye-shadow · 230

【F】
Finger Bowl · 283
Foundation · 227
Free Edge · 280
Friction · 169

【G】
Graduation cut · 81
Ground substance · 152

【H】
Hair bulb · 42
Hair follicle wall · 42
hair shaft · 42
Home Haircare Advice · 126
Hydrotherapy · 191
Hyponychium · 281
Image Make-up · 242

【I】
Immunity · 199
Infanta Isabella Clara Eugenia · 210
Inhalation · 176
Inner follicle sheath · 42

【K】
Kelo Skin · 253
Keratin · 93
kinki · 19

【L】
lanugo hair · 41
Latex · 252
Layer cut · 81
Lining Color · 252
Lip-Balm · 233
Lip-Crayon · 233
Lip-Cream · 233
Lip-Gloss · 233
Lip-Liner · 233
Long Stroke · 85
Lunula · 280
Lymph Nodes · 198
Lymphatic system · 197
Lymphocyte · 199

【M】
Maceration · 174
Make-up Base · 226
Mannual Aesthetic · 145
Mascara · 232
Matrix · 42, 280
Media Make-up · 245
Medium Stroke · 85
medulla · 44
Melanin · 110
Metal Pusher · 285

【N】
Nail Bed · 280
Nail Body · 279
Nail Clipper · 285
Nail Dryer · 283
Nail Fold · 280
Nail Grooves · 281
Nail Root · 280
Nail Wall · 281
New Anagen · 46
Normal Taper · 84
Notching cut · 85

【O】
Old Skin Plast · 253
One length cut · 81
Ordinary Razor · 75
Outer follicle sheath · 42

【P】
page boy bob · 21
Papillary layer · 151
Paraffin Machine · 283
Pattin · 170
peptide linkage · 52
Perionychium · 281
Petrissage · 170
Pheo-melanin · 110
Pinching · 170
Polypeptide · 52
poodle cut · 21

【R】
Reticular layer · 152
root of hair · 42

【S】
Sealor · 253
Sensitive Skin · 157
Shaping Razor · 75
Shinging · 84
Short Stroke · 85
Slithering · 84
Solvent · 175
Spirit Gum · 252
Spleen · 198
Square cut · 81
Steam distillation · 175
Stipple Sponge · 252

Stone pusher·285
Stratum basale, Basal layer·151
Stratum corneum, Horny layer·149
Stratum granulosum, Granular Layer·150
Stratum lucidum, Clear layer·150
Stratum spinosum, Spinous cell layer·150
Stroke·85
Subcutaneous tissue·152
S형 브러쉬·133

【T】
Talogen·46
Tapering·84
terminal hair·41
Thinning scissors·74
Thinning·84
thioglycolic acid·93
thioglycolic acid·95
Thymous·198
tinning·25
Tip Cutter·285
Tip Free·283
Treatment·126
Trend Make-up·244
Tuplast·253

【U】
Up Style·136

【V】
Vaporization·175
Vibration·170

【W】
Wax Warmer·283
Wax·253
Wedding Make-up·246
Wet Sanitizer·283
Winding·102

미용학개론

2012년 3월 30일 초판발행
2014년 8월 20일 2판발행
2020년 3월 20일 3판발행

지은이 : 고경숙, 권태신, 김미선, 김서희, 김효정
노영희, 양진희, 오인영, 유현주, 장예선
펴낸이 : 이상태
펴낸곳 : 청구문화사
주소 : (03706)서울특별시 서대문구 성산로11길 15
전화 : 02)332-0541(代) FAX : 02)337-9577
등록 : 1990년 11월 2일 제9-247호

가격 25,000원

ISBN 978-89-5616-824-1-9 93590